チップ・ウォルター
梶山あゆみ［訳］

Thumbs, Toes, and Tears:
And Other Traits That Make Us Human

この6つのおかげでヒトは進化した

つま先・親指・のど・笑い・涙・キス

この6つのおかげでヒトは進化した

――つま先、親指、のど、笑い、涙、キス

THUMBS, TOES, AND TEARS

And Other Traits That Make Us Human

by

Chip Walter

Translated by

Ayumi Kajiyama

First published 2007 in Japan by

Hayakawa Publishing, Inc.

This book is published in Japan by

arrangement with

Bloomsbury USA / Walker Publishing Co. Inc.

through Japan Uni Agency, Inc., Tokyo.

この本を私の両親、ローズマリーとビルに捧げる。
ふたりとも、私が「なぜ?」と尋ねつづけるのを一度も止めたことがない。

C・W

目次

プロローグ

私たちはひとり残らず自然界の異端児である。もちろん、たいていの人はそんなふうに考えたりしない。自分が人間である以上、人間であることがいちばん当たり前に感じられるからだ。だが、いくら自分では奇妙じゃないと思っていても、客観的で明白な事実の前にはその偏った思いこみは通じない。歩き方ひとつとってみてもそうだ。私たちは、関節でつながった長い竹馬のような安定の悪い骨に乗って歩いている。こんな哺乳類がほかにいるだろうか。理屈に合わないことにかけてはゾウの鼻やカモノハシの足といい勝負である。意思を通わせる際にも、人間は異様にこみいった音を互いに投げあっている。その音がどういうわけか、感情や思考や情報が複雑に絡まりあった塊を運んでいるのだ。私たちはその音を共有し、理解する。その音がまるで風に漂う芳香であるかのように、心についた特殊な鼻でそこから意味を嗅ぎとっている。この音を使えば、相手の考えを変えられるばかりか、人を涙させることも不可能ではない。新しい物を作る力についても、人間はほかの動物と一線を画している。私たちは自分の都合のいいように、周囲にあるさまざまな物体や生き物に休みなく手を加えている。それが高じて、ほとんど自分自身の安全を脅かすほどまでに。この習性のおかげで、私たちは良くも悪くもいろいろなものを生みだしてきた。国家経済を築き、ギザやチチェン・イッツァにピラミッドを建て、絵画、彫刻、音楽といった精妙な芸術を作りあげた。蒸気機関や月ロケットやデジタルコンピュータも発明すれば、ステルス爆撃機を製造したり、病気を兵器に変えたりもした。作りかえようとする私たちの衝動からは、地球上の何物も逃れられないかに見える。最近では遺伝子を操作して自分自身を作りかえようとまでしている。

私たちがこういう不思議な生物になったのは、どんなプロセスによるものだろうか。人間ならではのこうした変わった行動をなぜ私たちはとっているのだろう。それが本書のテーマである。何が私たちを泣かせるのか。なぜ私たちは恋に落ち、物を作りだし、人をだまし、親しい友人と大笑いし、大切な者にキスをするのか。本書ではこういう問題を見ていく。モーツァルトの交響曲、ダ・ヴィンチの洞察と絵画、シェイクスピアの戯曲とユーモアと詩。さらにはハリウッド映画やロンドンのミュージカル、低俗な連続ドラマ。進化がどんな紆余曲折を経たために、人間がこうした作品を生みだせるようになったのか。その答えも探っていく。チンパンジーはＤＮＡの大部分が人間と共通しているのに、人生の意味について思いめぐらせたりはしない。かりにそうしているのだとしても、今のところその思いを伝えてくれてはいない。本書ではその理由についても考察する。最後にもうひとつ。あなたはどうやってあなたになったのか。そして、人類という種が、ほかにいくらでもなりようがあったのに、なぜこのような無比の存在になったのかについても考えていきたい。

人間は好奇心旺盛な生き物であり、とくに自分自身についてはどこまでも知りたがる。そんなことは今さら言われるまでもないだろう。プラトンからダーウィンまで、聖アウグスティヌスからフロイトまで、大勢の哲学者や詩人、神学者や科学者が、人間の本質について膨大な数の著作を残してきた。人間とは何かについて書かれた本の重みで、頑丈な図書館の書棚が何段もたわむほどである。あなたはこう思うかもしれない。偉大な思想家たちがこの問題に取りくみながらも力尽きて倒れてきたのなら、この本にどうして勝ち目があるだろうか、と。答えは簡単だ。今の私たちは、昔よりはるかに確かな情報をもとに考えることができるからである。

過去一〇年間で、科学のふたつの大きな分野が飛躍的に前進した。遺伝学と脳科学である。遺伝学の進展により、すべての生物がどのように進化し、どのように発達するかがしだいに明らかになっている。私たちが、誰ひとり同じ者のいない存在としてこの世にいるのは、両親から受けついだ遺伝子の組みあわせによっている。あなたがあなたなのは、この遺伝子によるところが大きい。遺伝子が一京個の細胞にメッセージを送りつづけて、あなたを形作っているのだ〔注釈1〕。DNAがなければ生命は成りたたない。その大事なDNAが分子レベルでどう働いているかについては、毎日のように新たな発見が伝えられている。

もうひとつ大きく進んだのが脳科学だ。人間の場合（スズメバチやショウジョウバエとは違って）、行動や反応が遺伝子だけで決まるわけではない。人間を人間らしくする大きな秘密を握っているのは脳である。遺伝子自体も途方もなく複雑だが、脳の複雑さに比べたら、遺伝暗号など四歳児のクレヨン画に思えるほどだ［注釈2］。一三〇〇～一四〇〇グラム程度しかない脳には一〇〇〇億個ものニューロン（神経細胞）が詰まっていて、そのひとつひとつが一〇〇〇個のニューロンとつながっている。つまり、あなたが目覚めているあいだじゅう、脳の内部は一〇〇兆個の独立した経路で接続された状態になっている。そして、考えや気づきをその経路に行き来させ、流れこんでくる膨大な感覚情報を処理し、全身の複雑な配管系統をつつがなく機能させ、相反する感情をすべて生みだし（ただしそれを解消してくれるとはかぎらず）、意識と無意識を作りだしている。これだけの接続があれば、一生のあいだに経験しうる心の状態の数は、宇宙に存在する電子と陽子をすべて合わせたより多いと計算した人もいた［注釈3］。それほどの数では、起こりうる考えを残らず考え、感情を残らず感じるのはどうしたって無理だろう。それでも、私たちは日々それに挑んでいる。

ここ一〇年のあいだに、脳をスキャンして画像化する技術が発達した。おかげで脳の構造や機能について非常に細かい部分まで明らかになってきている。画像化したところで、謎が解けるにはほど遠い。だが、少し前の時代と比べてもずいぶん多くのことがわかってきたのは事実だ。PETスキャン（陽電子放射断層撮影法）やfMRI（機能的磁気共鳴画像法）は私たちの思考を「映画」にして映してくれる。もっと正確に言えば、考えたり感じたりしているときの化学物質の流れを見せてくれるのだ。言語や笑いや思考が脳のなかにどう表われるのかについて、現在では二一世紀になったばかりの頃と比べてもはるかに理解が深まっている。今のところ、こうした「映画」の解像度はまだ粗く、細胞レベルに留まっている。だが、近い将来には脳が分子レベルで暴かれ、心を読むことが単なる座興ではなくなる日が来るだろう。

遺伝学と脳科学だけではない。古人類学、心理学、生理学、社会学、コンピュータ科学などほかにもいろいろな分野で、人間特有の行動がどうして生まれたかが少しずつ明らかになっている。まだわかっていない部分が多いものの、私たちは目覚しい進歩を見せていると言えそうだ。

・・・・

私たちはどのようにして人間になったのだろうか。どんな生き物も独特の特徴を備えている。進化をおし進めた原動力がそういうふうに作ったからだ。進化がそれぞれの生物をかみそりの刃のように研ぎすまし、その生物にしかないいくつかの特徴を与えた。ゾウには長い鼻がある。ヘッピリムシ（ホソクビゴミムシ）は熱い毒物を体内で作り、それを尻から文字どおり噴射させる。ハヤブサは時速一一〇キロものスピードで空を飛びながら、正確に獲物を捕らえることができる。こうした性質がそれぞれの生物を特徴づけ、彼らの行動の仕方を決めている。では、人間らしさを決める人間だけの特徴とは何だろうか。

本書ではそれを六つに絞った。足の親指、手の親指、変わった形をしたのど、笑い、涙、キスの六つである。どれも人間にしか見られない特徴だ。でも、とあなたは思うかもしれない。足の親指など何の変哲もないものだし、笑いだなんて馬鹿げているし、手に親指がついているのもわかりきったことではないか。人類は、文字を書くことを編みだし、喜びを表現し、恋に落ち、古代中国の天才を輩出する力をもっている。六つの特徴とやらがそこにどう関わってくるというのだろう。ロケットやラジオ、交響楽にコンピュータチップ。悲劇。システィナ礼拝堂の我を忘れるような美しい絵画。私たちが生みだしたこうした素晴らしい作品を、その六つの特徴でどう説明できるのか、と。答えはつまりこういうことだ。

人類が成し遂げたことはすべて、もとをたどればこの六つの特徴に行きつく。そのひとつひとつが進化という道にできた分岐点のようなもので、私たちは片方の道を行き、ほかの動物たちは違う道を行った。その結果、人間の心と頭が織りなす独特の地形の上にいくつもの細い小道が作られた。その小道をたどっていけば、人間行動の背後に広がる入りくんだ奥地へと続き、そこには私たちが人間特有のふるまいをする理由がひそんでいる。

足の先についている節くれだった親指を考えてみよう。五百数十万年前に足の親指がまっすぐ伸びて頑丈にならなかったら、私たちの祖先は直立歩行ができなかった。前足が自由になって、手へと変わることもなかったはずだ。両手が自由にならなければ、手の親指はほかの指と向かいあわなかっただろうし、特殊な能力を進化させることもなかっただろう。手の親指のそうした進化があったからこそ、人間は道具を作ることができた。

足の親指と手の親指は三番目の特徴につながる。人間ののどの構造はほかの動物と違っていて、咽頭《いんとう》の形が独特だ。このおかげで、どんな動物よりも明瞭な声が出せる。こうなったのは、直立したためにのどが長くなり、喉頭《こうとう》の位置が下に下がったからだ。その結果、最終的には言葉が話せるようになった。だが、発声器官が整うだけでは十分ではない。言葉を話すためには、脳が複雑な考えを組みたてられることが条件となる。道具を作る際には物体を手で巧みに扱う必要があるため、それを可能にする脳がまずできあがった。それがそのまま、言語の規則や文法を扱う土台となった。やがて脳は、物体を順序よく並べるだけでなく、考えを咽頭で変換して音のシンボル——つまり単語——を生みだし、それらを順序よく並べて意味ある文章を作れるようになった。

言語を話す精神は自己を意識する精神でもある。私たちの原始的な古い衝動と、新しく進化した知性は、意識によって思いもかけない形に結びあわされ、言葉をもってしてもそれを明確に表現するのは難しい。そこで誕生したのが、笑い、泣き、キスをすることである。この三つは、霊長類のいとこたちの叫び声や呼び声、あるいは原始的な行動にその萌芽がかいま見えるのは事実だ。だが、これらをコミュニケーションの手段に使っている動物は人間しかいない。

・・・・

人間が六つの何かで説明できるなどありえないという声もあるだろう。今あげた特徴は人間固有のものではないとの意見もあるかもしれない。現にカンガルーは直立している。イヌだって哀れな声でクンクン鳴く。チンパンジーに至っては唇をすぼめてキスをするではないか。たしかにそうだ。だが、カンガルーは跳びはねるだけで、大またで歩いたりはしない。イヌは、悲しみや喜びや誇りから涙をこぼしたりはしないし、そもそもどんな場合であれ涙は流さないのだ。ゾウは涙を流すという俗説があるがそれは間違いで、人間以外のどんな動物も涙を流して泣くことはない。チンパンジーにしても、訓練すればキスをするようにもなるが、思春期に自分からシボレーの後部座席に乗りこんで抱きあったりキスをしたりはしないだろう。

もっと大きな視点で眺めてみてほしい。人間を特徴づける能力や行動が（良きにつけ悪しきにつけ）どれほど並外れていようと、それらはどこかからやってきたにちがいない。「どこで、どのように、なぜ……」と突きつめていけば、かならずおおもとにたどりつく。ひとつのことを探っていけば別のことも見えてくる。そのすべてが、進化という名の不思議な算術のなかで絡まりあって、最後には奇妙で不可解で驚くべき生物、つまり今の私たちが生まれた。大切なのは、顕微鏡の無慈悲なレンズで人間を覗いて、疑問の余地のない明白な答えを得ることではないのかもしれない。人間は複雑すぎて、細かい部分をいくら積みかさねてもそれで説明しきれるものではないのだ。それよりも、興味深い問いをくり返していって、その答えが導く先に向かっていくことが大事なのではないか。事実、その答えは私たちをじつに魅力的な場所に連れていくのである。

チップ・ウォルター

二〇〇六年、ピッツバーグにて

Toes

第一部　足の親指

一章　足の親指の不思議な物語

人間が直立の姿勢になったことが、その後の進化を運命づけた。
――ジークムント・フロイト

人類の物語は非常に長く、曲がりくねっている。その物語は、謎に満ちた広大な大陸の草原で始まった。

東アフリカのセレンゲティ平原に立つと、自分の小ささを感じずにはいられない。これだけの世界の広がりを目の当たりにすると、自分が死をまぬかれない存在であるのを痛感するからだ。果てしない草原、まばらに茂る灌木、地平線まで延々と続くバオバブの木。何もかも――山も木も谷も雲も――が小さく見える。もっと小さい物体、たとえばライオンやヌーやシマウマなどは、完全に視界から消えさってしまう。凄まじい暑さのなか、人間のようにお粗末な目しかもっていないと、そんなこまごまとしたものまではとてもとらえきれない。

どこまでも広がる草原はまるで別世界である。それでもここは故郷なのだ。ここと似た場所で、私たちの祖先はよろめきながら立ちあがって直立の姿勢になり、長い旅へと出発して今に至ったのだから。ここでは時が止まったように感じられるのはそのせいかもしれない。この草原はこれまでも、そしてこれからもずっと、ここに存在するかに思える。

だが、アフリカのサバンナがいつもこの場所にあったわけではない。六〇〇万年前、アフリカは今よりはるかに高温で湿潤だった。というより、世界全体がそうだったのである。熱帯雨林が北はロンドンまで広がっていた。今では乾燥した草原や砂漠になっている地域も、当時は青々とした熱帯のジャングルで、いろいろな種類の霊長類がエデンの園さながら平和に暮らしていた。ゆくゆくは人類を生みだす猿人が、のちにチンパンジーやゴリラになる種類と袂《たもと》を分かつのは、それから一〇〇万年先のことである［注釈1］。当時はまだその枝分かれが起きておらず、気候は温暖で、彼らは森に守られていた。食料は十分にある。彼らを狙う捕食動物もそれほど多くはない。

現代のゴリラやチンパンジーの行動から類推すると、当時の霊長類は一度にだいたい三〇匹から四〇匹くらいで群れを作り、森のなかを移動しながら暮らしていたと思われる。短い距離であれば、手のこぶしを地面につけて四足で歩き（これをナックル歩行と呼ぶ）、もっと広い範囲を短時間で移動したければ枝にぶら下がって木から木へと渡っていった。腕は長く、脚はがに股。ジャングル向きの体型である。前足と同じく後ろ足でも枝を握れるようになっていて、手指に似た長い四本の指と、手の親指に似た五番目の指が内側についている。このおかげで、枝から枝へやすやすと飛びうつることができた。

私たちの祖先のうち、樹上生活をしていた者たちの化石はごくわずかしか見つかっていない。

ジャングルをジャングルらしくしている湿気と細菌は、残される骨にはあまり優しくないからだ。だが、これまで明らかになっていることから考えて、彼らは現代のゴリラやチンパンジーと同じように道具を作らず、コミュニケーションもせいぜい呼び声や叫び声、あるいは唸り声のレベルだったと見られる［原注1］。何かをわかりやすく説明したいときには、胸を叩いたり歯をむきだしたりしたかもしれない。それでも、どんな方法でコミュニケーションを図ったにせよ、彼らが動物界における知性の塊のような存在だったのは確かだ。この惑星に彼らほど賢い霊長類はいなかった。もちろん、彼らの日々の暮らしを今の私たちが眺めたら、あまりの単純さに驚くだろう。文明の香りなどいっさいない。たいまつもなければたき火もない。夜は漆黒の闇に包まれ、彼らを照らすものと言えば、日々姿を変える月と天の川ばかり。一面の黒い夜空を横切るようにして、ビッグバンが放りだしたまばゆい星くずたちだ。世界には人間らしさが少しもなかった。だが、それはまもなく現われようとしていた。

・・・・

地球は気難しくて気まぐれな惑星である。大陸は移動し、山は隆起する。海流は北から南へ、あるいは東から西へといつのまにか向きを変える。大地は裂け、爆発し、衝突する。地球上の生物が生命力旺盛で荒々しいのも、ひとつにはこうした地殻変動があるためだ。進化の圧力を受け

原注1　チンパンジーとゴリラは、草、小枝、石などを道具として用いることがある。だが、一から道具を作りだすことはない。

て生命は自らを作りなおし、この星がたえず生みだす新しい環境に自分の居場所を見つける。そこに適応できれば新しい生物が生まれ、適応できなかった生物は一掃されていく。

地球はただでさえ変わりやすいのに、六〇〇万年前にはことのほか落ちつきがなかったようだ。南極は氷に閉ざされはじめていた。地球全体の気温が低下し、海面も下がっていく。海底が姿を現わし、はじめは東地中海で、次いでジブラルタルで、ついにはパナマ地峡で、赤道海流がせき止められた。海流の向きが気まぐれに変わるたびに、そして陸塊が動きまわるたびに、地中海では水が引き、あるいは再び水が満ち、また水が引いた。水がない時代には、海底の窪みに二〇〇〇メートル近い高さの塩の山ができたこともある。それがまた、次の時代には平らにならされていく。

こうした出来事が地球の西側で起きているとき、インド洋では大きな陸塊が、巨大な地殻プレートに乗って北へ北へと進んでいた。この陸塊がインド亜大陸である。インド亜大陸は、三五〇〇万年も前からこうして南アジアを押しつづけ、この時代にはすでにアジア大陸の胴体に二〇〇〇キロ近くもぐりこんでいた。前方の大地は押しあげられ、チベット高原とヒマラヤ山脈が生まれる。高い山々が除雪後の雪山のようにそびえ立った。

この変化によって、いわゆる「インドネシア・バルブ」がはるか北方に引きあげられる。インドネシア・バルブはインドネシア水路とも呼ばれ、島々と陸塊から成っていた。ここは、何十億トンもの海水が太平洋からインド洋へと流れこむ場所で、インドネシア・バルブがまさしく弁《バルブ》としてその流れを調節していた。ところが、海面が下がったうえに、バルブを構成する大きな島々が少しずつ北に移動したために、以前より冷たい北太平洋の水が南に向かって流れこみはじめる。その結果、アフリカ東海岸の気温が下がっていった。インド洋から冷たい風が吹きこむにつれ、アフリカ大陸の気候はゆっくりと変化していく［注釈2］。ジャングルは南に退き、かつては森と草原だったところがサハラ砂漠へと変わりはじめた。

とはいえ、ジャングルは急速に後退したわけでもなければ、横一線になって退いていったわけでもない。最近の研究で、六〇〇万年前の植物の化石と放射性同位元素を調べたところ、エジプトの南に位置するエチオピアのいくつかの地域が、従来の説よりも湿潤で森林に覆われていたことがわかった。熱帯のジャングルとは違うものの、広く開けたサバンナでもない。森は引きつづき川沿いに点々と連なり、谷あいに張りついていたのだ。平原に残った森も少なくない。そうして数千年が過ぎてから、セレンゲティのような草原が広がりはじめ、森を完全に押しのけていった。

東アフリカの平原はしだいに涼しくなり、しだいに乾いていく。同じ頃、それまでひとつの広大な大陸だったものがふたつに分かれつつあった。アフリカとアジアが離れはじめたのである。紅海が生まれ、アデン湾ができる。内陸には大地《だいち》溝帯《こうたい》、グレート・リフト・ヴァレーが現われた。シリアから南モザンビークへ延々約六〇〇〇キロも伸びる地球の傷跡だ。巨大な火山が隆起し、マグマをしみ出させ、爆発する。溶岩や煙、そして灰が数千平方キロメートルにわたってまき散らされた。火山活動はさまざまな変化をもたらしたが、なかでも劇的なのがアフリカ最高峰のキリマンジャロ山である。固い溶岩層が幾重にも重なって五九〇〇メートル近くもの高さになり、

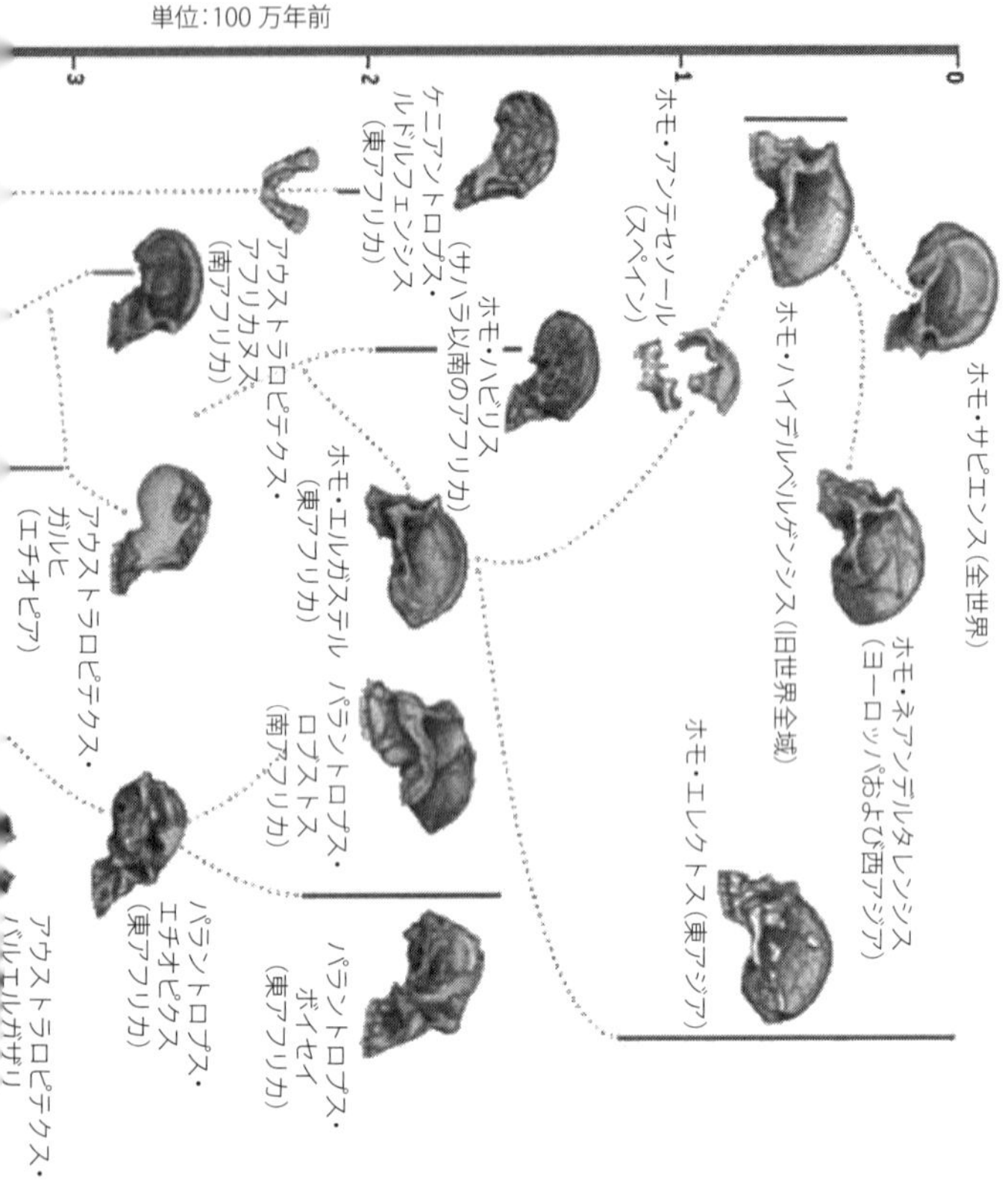

単位：100万年前
0
1
2
3
ホモ・サピエンス（全世界）
ホモ・ネアンデルタレンシス（ヨーロッパおよび西アジア）
ホモ・ハイデルベルゲンシス（旧世界全域）
ホモ・エレクトス（東アジア）
ホモ・アンテセソール（スペイン）
ホモ・ハビリス（サハラ以南のアフリカ）
ケニアントロプス・ルドルフェンシス（東アフリカ）
ホモ・エルガステル（東アフリカ）
パラントロプス・ロブストス（南アフリカ）
パラントロプス・ボイセイ（東アフリカ）
アウストラロピテクス・アフリカヌス（南アフリカ）
アウストラロピテクス・ガルヒ（エチオピア）
パラントロプス・エチオピクス（東アフリカ）
アウストラロピテクス・バルエルガザリ

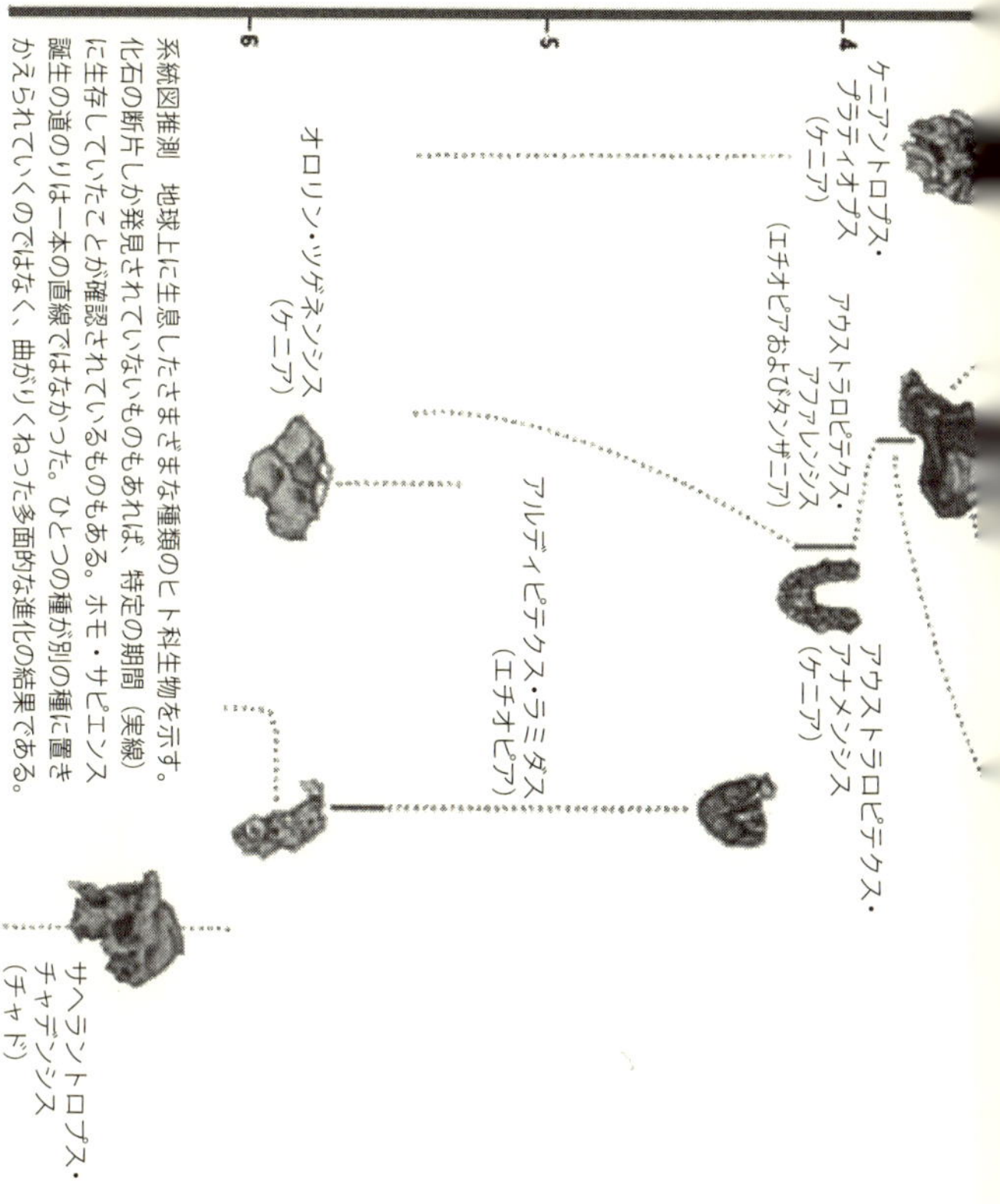

ヒトの系統図。600万年以上前のサヘラントロプス・チャデンシスから、ホモ・サピエンスに至るまでの進化の流れを示したもの。（Patricia Wynne, ©*Scientific American*）

ほぼ赤道上に位置しているにもかかわらず山頂は雪と氷河に覆われるまでになった。ほかの場所では、太い骨が折れたような音を立てて大地が裂けた。深い谷が現われ、断崖の高さは数百メートルにも達した。

霊長類たちは長いあいだこの地域で穏やかに暮らしてきた。この大変動の時代にはさぞ戸惑ったことだろう。森が縮み、空気が変わり、大地が文字どおり足の下で動いたのだから。彼らには知るよしもなかったが、この地殻変動が彼ら自身をも大きく変えていくことになる。

・・・・

地殻変動が起きたために、霊長類の一集団が地理的に孤立してしまった。今の私たちはこの集団の子孫である。詳細については人類学者のあいだで激しい議論を呼んでいるものの［注釈3］、どうやら私たちの祖先となる猿人は、約五〇〇万年前に大地溝帯が形成されはじめたときに、その東側の、より乾燥した地域に取り残されたらしい。

祖先たちは、東側のわずかな森林のまわりに固まらざるをえなくなる。しかも、その森自体もしだいに小さくなりつつあった。霊長類の一部は、なれ親しんだ安全なジャングルが忘れがたく、大地溝帯の西側の縁を越えてアフリカの南部や中央部へとジャングルを追っていった。彼らはその後、現在のゴリラの三つの亜種と、チンパンジーのふたつの種へと進化する。そのふたつのうち、ひとつはチンパンジー（ナミチンパンジー）。サーカスで見るような普通のチンパンジーだ。もうひとつはボノボ（ピグミーチンパンジー）で、私たちのいちばん近い親戚である可能性が高い。ボノボは今でもアフリカのジャングルで暮らしているが、人間が森林を伐採して彼らの住処《すみか》を奪い、食用や販売目的で彼らを狩っているため、絶滅が危ぶまれている。

五〇〇万年前の状況を考えれば、絶滅したのは東側に取り残されたほうだったとしても少しもおかしくなかった。ところが、彼らはどうにか生き残り、やがて集団のなかがいくつかの種に分かれていった。この事実が明らかになったのは、わずか数十年前のことである。それまでは、猿人から現代人まで、きれいな一本の線に沿って進化してきたと見られていた。車やコンピュータの新型モデルが出るときのように、古いバージョンが改良されて新しいバージョンが生まれると考えられていたのである。今ではいろいろなことがわかってきた。ただし、それで全体像が明確になったかと言えばまったくそうではない。

たとえば、この仲間のなかにはアフリカ内陸部のチャドで進化を遂げた種類もいたらしい［注釈4］。かつて人類学者が想定していたよりはるかに西の地域である。また、傷つき乾いていく風景をさまようちに、違う種類どうしが出会って交配することもわずかながらあったかもしれない。恐竜と同じ道を歩んだ種もいただろう。一匹の子孫も、一個の遺伝子すらも残せないまま、ただ少しばかりの石化した骨のかけらとして今日にその姿を留めるだけである。人類の進化とは別のところで、別の物語もくり広げられていたのだ。その物語が発するメッセージは混乱していて、私たちにはいまだに解読できていない［注釈5］。人類誕生に至る進化の道のりは、昔の科学者たちが考えていたようなすっきりしたものではなかった。それでも、私たちがどのようにして直立二足歩行をする毛のないサルになったのかについては、少しずつ理解が進んでいる。

人類の系譜

　これまでにいろいろな化石が見つかっているものの、その解釈をめぐっては異論が飛びかっている。この囲み記事のなかで答えが出るものではないし、本書全体を通してもその謎は解けない。だが、今までに発見された化石をもとにして人類の系譜を簡単にふり返っておくのは、この先を理解する助けになるだろう。言うまでもないが化石の厄介なところは、それがパズルの断片にすぎないということだ。ひとつ発見があるたびに人類の進化についての理解が進む反面、新たな疑問もまた浮かびあがる。ともあれ、アフリカではさまざまな時代のさまざまな地域で、いくつもの霊長類の系統が進化してきた。それぞれ、能力や知性や体の構造は異なる。いくつかの系統どうしで交流があったかもしれないし、なかったかもしれない。

　では、大まかにまとめてみよう。アフリカのさまざまな地域で、それまでほとんどジャングル暮らしだった類人猿たちが直立しはじめた。たぶんぎこちなく立ちあがったことだろう。立った理由もさまざまだったかもしれない。最近発見された化石によれば、最終的に人類へと至る系統をさかのぼっていくと、最も古い猿人はサヘラントロプス・チャデンシス（*Sahelanthropus tchadensis*）である。七〇〇万年も前に北アフリカ中部に生息していた。ただ、チャデンシスはゴリラの祖先ではないかとの意見もあって、まだ確かな答えは出ていない。

およそ六〇〇万年前には別の猿人、オロリン・ツゲネンシス（*Orrorin tugenensis*）が現代のケニア西部に現われる。ツゲネンシスは四足歩行と二足歩行を混ぜていたらしく、人類の系統に連なると見られている。これについては今なお研究が続けられている。

五八〇万年前から四〇〇万年前にかけては、東アフリカでさらに二種の猿人が登場する。アルディピテクス・ラミダス（*Ardipithecus ramidus*）とアウストラロピテクス・アナメンシス（*Australopithecus anamensis*）だ。このふたつはさまざまな議論を呼んでいる。ラミダスがどの程度二足で歩いていたかははっきりしていないが、アナメンシスが少なくともかなりの時間を二足で歩いていたのはほぼ間違いない。

三五〇万年前から一〇〇万年前までの時期には、アフリカの平原がむき出しになっていき、どの種も生きのびるので精一杯だっただろうに、新種が続々と生まれたように見える。この時期に化石が急に増えているのは、たまたま例外的にそうなっただけで意味はないのかもしれない。これより前の時代にもっと多くの種が存在していたのに、化石が少ししか残らなかったとも考えられる。あるいは、あとの時代にももっと猿人はいたのに、化石が見つかっていないだけかもしれない。ともあれ、このなかで目立つのは二種類の猿人、アウストラロピテクス・アファレンシス（*Australopithecus afarensis*）とアウストラロピテクス・アフリカヌス（*Australopithecus africanus*）だ。彼らの背丈はチンパンジーより少し高い程度で、現代人に比べると、身長に比して両脚と両腕が長い。彼らが南アフリカのトランスヴァールを歩いているところや、大地溝帯の脇にある隆起帯を越えているところを今の私たちが見たら、チンパンジーの群れと勘違いするかもしれない。チンパンジーとの違いは、彼らが直立二足歩行をしていたことである。体は小さく、体重は約三〇キロから七〇キロ程度。身長はせいぜい一五〇センチほどだった。アフリカ中部のジャングルで進化したゴリラと比べると、彼らの手脚は細く華奢《きゃしゃ》である。アルディピテクスのようにジャングルで進化した最初の二足歩行猿人よりも、アファレンシスやアフリカヌスのほうが賢かったと見られる。化石から判断すると、脳の容積はおよそ四五〇立方センチメートル（cc）。現代のボノボと同じくらいだ。彼ら以外にも何種類か華奢な猿人がいたが、それらが独立した別の種なのか、単にアファレンシスやアフリカヌスの変異にすぎないのかについては研究者の意見が分かれている。その仲間には、ケニアントロプス・プラティオプス（*Kenyanthropus platyops*）やアウストラロピテクス・ガルヒ（*Australopithecus garhi*）などがいる（二二～二三頁の系統図参照）。

華奢な猿人たちがアフリカの大地をさまよっている頃、二足歩行をする別の猿人たちが現われた。彼らはアファレンシスやアフリカヌスより背が高く、体に厚みがあって、力も強かった。古人類学者は彼らを「頑丈型」の猿人と呼ぶ。額が傾斜し、胸が広い。顔もあごも大きい。そのほうが、太く短く四角い歯を収めるのに都合がいいのだ。こういう歯が進化したのは、林や草原を移動しながら木の実や根、葉などを採って食べるようになったからである。食べ物を歯ですり潰すには、それを支える大きな筋肉が必要である。そのため、彼らの頭頂部にはとさかのような矢状稜《しじょうりょう》が発達した。矢状稜とは、頭蓋骨《とうがいこつ》の前後に走る骨の隆起のことだ。咀嚼《そしゃく》に必要なあごの長い筋肉は、この矢状稜に付着している。頑丈型の仲間には、アウストラロピテクス・ロブストス（*Australopithecus robustus*）、アウストラロピテクス・エチオピクス（*Australopithecus aethiopicus*）、アウストラロピテクス・ボイセイ（*Australopithecus boisei*　旧名ジンジャントロプス・ボイセイ（*Zinjanthropus boisei*））などがいる。彼らの脳容積にはかなりのばらつきがあるのだが、ほとんどは四〇〇ccくらいである。

一説によれば、華奢型猿人と頑丈型猿人の進化の命運を分けたのは食習慣だった。華奢型の猿人は肉食が中心で、おもに動物の死骸などを食べていたと考えられている。全面的でなくても多少は肉食であれば、消化管が短くてすむので消化にかかるエネルギーを減らせる。そのことが、進化の過程でふたつの大きな出来事につながった可能性がある。ひとつは、余ったエネルギーを脳を大きくする作業にふり向けられたこと。もうひとつは、肉から効率よくタンパク質を摂取できるため、それを材料にして脳の大型化を加速させられたことだ。

華奢型のアウストラロピテクス・アフリカヌスやアファレンシスは肉食だったが、捕食動物として恐れられてはいなかった。生まれつき捕食者には向いていない。おそらく彼らはおおむね穏やかで協調性があっただろう。何より、生きていくために群れの仲間を頼りにしていた。彼らにとっては生きのびることがフルタイムの仕事と言っていい。暮らしはけっして楽ではなかったはずだからだ。本格的な道具はなく、火も起こせない。言語も、鉤爪も、武器もない。彼らの数はおそらく数千人。数百万人ということは考えられない。赤ん坊の死亡率は高く、大人の寿命も短かっただろう。

こうした猿人たちの少なくとも一部は、ほかの種類の猿人と何らかの交流があった可能性が高い。違う種類どうしの混血が起きたかもしれない。片方が相手を根絶やしにしたかもしれないし、ヌーとゾウのように平和に共存していたとも考えられる。実際がどうだったかはわからない。

いずれにせよ、結局は体の大きい頑丈型の系統がすべて死にたえた。華奢型猿人たちは進化を続け、そのどれかの系統からホモ・ハビリス（*Homo habilis*）が生まれた。ハビリスは最古のホモ属（ヒト属）であり、はじめて道具を作ったとされている（三章参照）。じつを言うと、ホモ・ハビリスと見られる化石標本には複数の変異が確認されていて、別種ではないかとの意見もある。だが、今のところはそれらをすべてハビリスで括《くく》ることが多い。

ホモ・エレクトス（*Homo erectus*）がホモ・ハビリスの子孫であることにはほとんど異論がない。だが、それにしては脳の容積と体の大きさがあまりにも違う（エレクトスの標本のなかには、ハビリスより五〇パーセントも脳容積が大きいものや、身長が三〇センチ近く高いものもある）。この両者の中間にまだ未発見の種が存在していた可能性が高い。その有力候補がホモ・ジョルジクス（*Homo georgicus*）で、二〇〇二年にグルジアのドマニシで発見された。ジョルジクスの身長はハビリスと同じくらいで一五〇センチ程度だが、脳容積はハビリスのほとんどの標本よりも大きく、およそ六五〇ccである。ジョルジクスは一八〇万年ほど前に中東の北部に生息していて、その後アフリカでホモ・エレクトスが誕生して世界じゅうに広がっていったと見られている。

エレクトスのあとにいくつかのホモ属が続く。彼らの化石が発見されたおかげで、私たちへとつながる系統についてかなり理解が進んだが、すべてが明確になったと言うにはほど遠い。まずはホモ・エルガステル（*Homo ergaster*）とホモ・アンテセソール（*Homo antecessor*）。それからホモ・サピエンス・ネアンデルタレンシス（*Homo sapiens neanderthalensis*、ネアンデルタール人）とホモ・フロレシエンシス（*Homo floresiensis*）が登場する。フロレシエンシスは二〇〇三年にインドネシアのフローレス島で発見された。フロレシエンシスは間違いなく高い能力をもっていた。おそらく道具を作り、何らかの言語を話すか用いていた可能性もある。ただし、身長は成人でも一〇〇センチ程度で、脳容積もチンパンジーと同じくらいにすぎない（重要なのは脳の大きさではなく構造だという証明に思える）。今のところ、フロレシエンシスはエレクトスが小型化したものとの説が有力だ。フローレス島にいるほかの哺乳類と同様、乏しい食料と島の小さな生態系に適応した結果と見られている。

ネアンデルタール人はまったく別の問題を突きつける。彼らは初期のホモ・サピエンス（*Homo sapiens*）に属し、知性も高かったが、一般的に現生人類の祖先ではないと考えられている（祖先たちとネアンデルタール人のあいだに混血があったかどうかは、まだ議論の決着を見ていない)。それどころか、私たちの直接の祖先であるクロマニョン人が彼らを滅ぼした可能性が高い。たぶんクロマニョン人のほうが高度な道具を作れたからだろう。

現生人類であるホモ・サピエンス・サピエンス(*Homo sapiens sapiens*)とホモ・エレクトスのあいだには、もう一種類の古代型ホモ・サピエンスが存在した。ホモ・ハイデルベルゲンシス(*Homo heidelbergensis*)である。ハイデルベルゲンシスはエレクトスの顔の特徴——傾斜した額など——を部分的に残しながらも、歯が小さく頭蓋骨に丸みがあるなど、現代人のような特徴も備えている。彼らが繁栄していたのは五〇万年前~二〇万年前と見られ、それから最初の現生人類が登場した。

化石を見るかぎり、初期の現生人類の体の構造は私たちと同じである。だが、脳の配線は同じではなかったようだ。というのも、それから一六万年ほどたたないと、複雑な工芸品や彫刻といった、本当の意味で現代的と言える文化やコミュニケーションが花開かないからである。脳が複雑になって、脳内のさまざまな部位が接続された結果、意識や洞察が獲得されたのだろうか。そして、それが人類の自己意識をはるかに高めたのだろうか。謎はいぜん謎のままである。

一九七四年一一月三〇日、焼けつく真昼の陽射しの下、ドナルド・ジョハンソンと同僚のトム・グレイは休憩をとろうとベースキャンプに向かって歩いていた。正午頃は一息つくのにちょうどいい時間だ。ここ、エチオピアのハダールでは、この時間帯は化石ハンティングに向かない。暑いのはもちろんだが、真昼の太陽は影を落としてくれないので、石も骨も一緒くたになって黄褐色の砂と見分けがつきにくくなる。

その日の午前中、ジョハンソンにもグレイにもろくな収穫がなく、出てきたのはブタとサルの古い骨が数本だけだった。しかし、発掘場所を出て、小さな谷間を歩いていたとき、ジョハンソンは斜面の下に肘《ひじ》の関節のようなものが落ちているのに目を留める。ふたりの男はもっとよく見ようと膝をかがめた。そのとき、まわりにヒトの骨が散らばっているのに気づく。肘関節、大腿《だいたい》骨《こつ》、骨盤《こつばん》の大部分、種々の椎骨《ついこつ》、数本のあばら骨。ジョハンソンは石を取りのけて骨を拾いながら、どうかこれが人類の祖先のひとり分の骨でありますようにと必死に念じる。口に出してそう言うと、なぜか願いが叶わなくなりそうで怖かった〔注釈6〕。だが、そんな心配はいらなかった。

そのとき発見した生物にジョハンソンは「ルーシー」という名前をつける。ビートルズの歌「ルーシー・イン・ザ・スカイ・ウィズ・ダイヤモンズ」にちなんだものである。ルーシーの種に対する正式な学名はアウストラロピテクス・アファレンシスとした。「アファールから出土した南の猿人」という意味だ（ルーシーが発見された場所は「アファール三角地帯」と呼ばれる。ここでは三つの地殻プレートが境界を接していて、それぞれが今なお別々の方向に大地を引きはなそうとしている）。

ルーシーは、人類の進化に対する科学界の見方を一変させた。この出来事は古人類学における二〇世紀最大級の発見と今も称えられている。なぜだろうか。それは、グレイとジョハンソンが

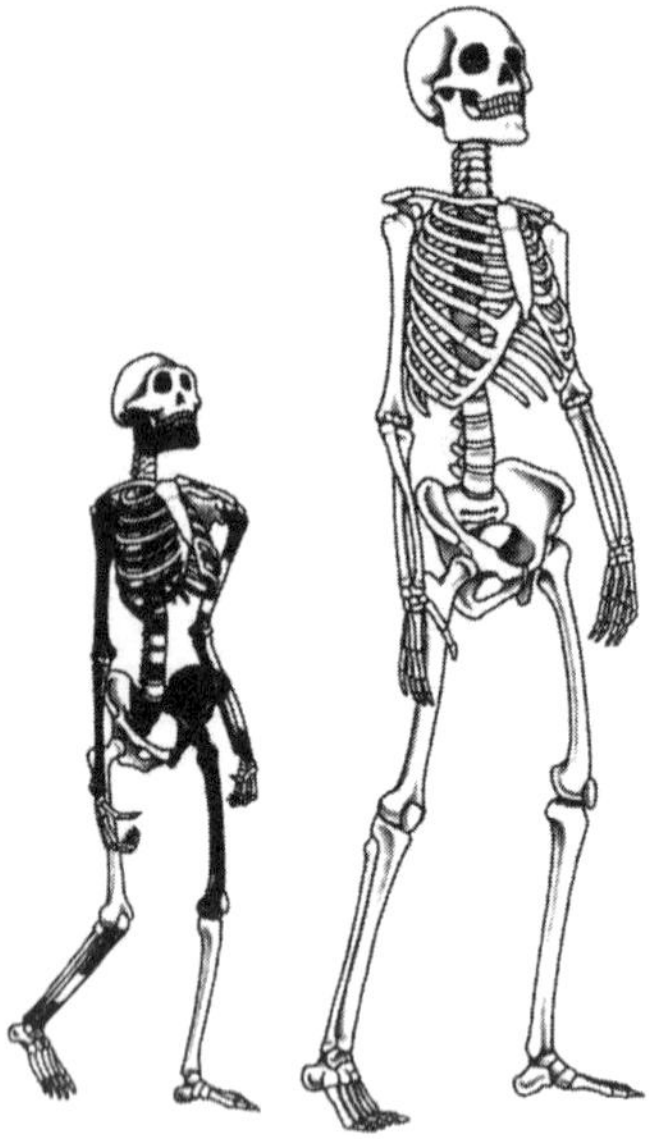

ルーシーの骨格（左）と現代人女性の骨格。ルーシーの骨盤が脚とつながる部分は、現代のチンパンジーとは似ていない。完全に人間らしいわけでもないが、そこに近づいている。
（出典：*How Humans Evolved*（second edition）by Robert Boyd and Joan B. Silk 許諾：W. W. Norton & Company）

見つけた骨が、それまでの定説より早い時代にルーシーが直立二足歩行をしていたことを物語っていたからである。ルーシーの身長は約一〇五センチで、体重は約二八キロ。体格も大きさもチンパンジーに似ている。だが、彼女の骨盤、大腿骨、そして脛《けい》骨《こっ》は、ルーシーがチンパンジーとはまったく異なる目線で世界を眺めていたことをはっきりと告げていた［注釈7］。

・・・

ドナルド・ジョハンソンがルーシーの骨を組みたてていた頃、伝説の人類学者、メアリー・リーキー（夫のルイス・リーキーとともに数々の化石を発見している）は再びタンザニアのラエトリ地方に戻ってきていた。ここは、夫とよく化石を発掘したオルドヴァイ渓谷から南に五〇キロほど。河床が干上がった平らな土地で、たえず砂ぼこりが舞っている。メアリーも夫も、もう何十年もこの地を訪れていなかった。それも無理はない。以前ここに来たときには目立った収穫がひとつもなかったからである。結局は今回の遠征でも重要な骨は発見できなかった。そのかわり、史上最も有名な散歩の記録が明らかになる。泥と火山灰が混じった地面に、三組の足跡が、長さ約二五メートルにわたって完璧に保存されていたのだ。

はじめリーキーはこれをたいした発見だとは考えなかった。足跡は、比較的薄い地層の下から見つかっている。一見おもしろそうではあるが、さほど重要とは思えない。二、三〇〇〇年前に三人の人が渓谷を散歩したときの足跡。そんなふうにしか見えなかった。近くには、かつて活火山だったサディマン山がある。たぶん噴きだした火山灰がセメントの役目を果たして、散歩の様子がそのまま残ったのだろうとリーキーは考えた［注釈8］。

ところが一九七六年になって、ようやく足跡を含む岩石の年代分析をしてもらったところ、リーキーは肝を潰した。二、三〇〇〇年前どころではない。じつに三五〇万年前の足跡だったのである。現生人類がはじめてアフリカを歩いた時代よりはるかに前だ。別の言い方をすれば、その生物はおそらくジョハンソンのルーシーのような種類で、しかも、いかにも人間らしい足取りで直立二足歩行していたのである。「そのときはじめて」とリーキーは何年もたってからふり返っている。「私たちは色めき立ったのだ！」［注釈9］

ジョハンソンやリーキーと一緒に仕事をしたティモシー・ホワイトは、のちにこう語っている。「［ラエトリの足跡は］本当に現代人の足跡のようだった。たとえばこれが今日カリフォルニア

タンザニアに残されていたラエトリの足跡（左）と、そのうちひとつのクローズアップ（上）。これらの足跡は少なくとも360万年前のものだが、現代人の足跡とほとんど変わらない。（許諾：Science Source Photo Research, Inc., in New York, New York）

の浜辺で発見されたとして、四歳の子供にこれは何かと尋ねたら、誰か［人間］がここを歩いたのだと間髪をいれずに答えるだろう。浜辺についた何百という足跡とこの足跡を区別するのは無理だ。たとえ誰であっても」［注釈10］

リーキーの発見によって、ヒトの祖先が二足歩行を始めた時期はルーシーよりさらに前の時代に押しさげられた。四〇万年古くなったのである。ジョハンソンやリーキーの発見があるまでは、そんな昔から猿人が直立二足歩行をしていたとは誰ひとり夢にも思わなかった。だが、ルーシーの骨とラエトリの足跡は、その事実をまざまざと物語っていた。細長い足の裏に、太い親指。これが、長い腕のついた小柄な体の重みを支え、彼らを火山から遠ざけて目的地へと向かわせた。かかとはすでに長く伸び、五本の指は平行に並んでいる。あるべき場所に土踏まずもある。土踏まずは体の重さを吸収するとともに、体重をまずは足の外側に沿って移動させ、それから母指球《ぼしきゅう》（足指の下側にある膨らみの部分）を通して親指のほうへと移動させる役割を果たしている。私たちの足とまったく同じだ。

足跡の持ち主だった三人はどんな様子だったのだろう。次のような光景が頭を離れない。足跡を見るかぎり、ふたりの大人とひとりの子供。足跡は現代のどの霊長類とも似ていない。その三人が一緒に、干上がった河床を歩いている。彼らの背後ではサディマン火山が唸りをあげ、熱い灰を吐きだしながら三人が歩く地面を揺らしている。だが、三人とも怖くて走っていたのではない。もしかしたら火山の癇癪《かんしゃく》には慣れっこになっていたのではないだろうか。足跡は規則正しい間隔でついていて、逃げていたらしい気配はまったく感じられない。それどころか、ひとりがしばし足を止めて東に目をやり、怒れる火山を眺めてから再び先に進んだふうにも見える［注釈11］。

この三人がどんな姿だったのか、正確にはわからない。どうやらこの旅を無事に終え、不安定で傷ついた大地溝帯の風景のなかでその後も暮らしつづけたらしい。近くに彼らの骨は見つからなかった。だが、彼らの体もルーシーと同じ構造だったとほとんどの科学者は考えている。もしそうなら、彼らの足取り（体の外見はさておき）を遠くから眺めたら、よちよち歩きの幼児とふたりの若者が公園をそぞろ歩きしているように見えたにちがいない［注釈12］。歩くときは私たちと同じく腰をひねっただろう。腕も、現代人より少し長いとはいえ、きわめて人間らしい形に振られていたはずだ。背は低いが、華奢な骨盤から大腿骨が内側に向かって伸びていて、がに股ではない。腰から下については私たちと驚くほど似ていたと考えられる。

ジョハンソンやリーキーの発見は、人類の進化に関する従来の定説を逆転させた。ルーシー以前は、私たちの祖先と類人猿を分けるものがあるとすれば、それは脳であって足ではないとおおかたの科学者は信じていた。脳が進化したために二足歩行が生まれたのであって、その逆ではない、と。だが、どうやら彼らは間違っていた。ルーシーの脳は、少なくとも現代人の基準で言えばけっして大きくはない。ジョハンソンと同僚が見つけた頭蓋骨の断片は、脳容積が四五〇ｃｃ程度だったことを示している。現代のチンパンジーとほぼ同じだ。ところが、ルーシーの膝関節のかみ合い方と、短く薄い骨盤を見れば、彼女が直立歩行をしていたのは明らかだ。

そのことはラエトリの足跡もはっきりと物語っている。私たちの祖先は、予想以上に早い時期から直立二足歩行を始めていた。チンパンジーとの共通の祖先から枝分かれして、一〇〇万年くらいが過ぎた頃ではないかと考えられている。進化がたどった長い年月を思えば、一〇〇万年などほんの一瞬だ。木に登ったりナックル歩行をしたりしていたジャングルのサルが、いわば瞬きする間に現代人とほぼ同じ歩き方を始めたのである。確かな足取りで大またに闊歩《かっぽ》するサバンナの猿人の誕生だ。

これは驚くべき発見であると同時に、私たちに新たな謎も突きつけた。何が引き金となって、彼らはそんなにも短期間に直立歩行ができるようになったのだろう。いったいどうやって？

有名な解剖書『グレイの解剖学』では、足の先についた奇妙な付属器官に「ハルックス・マグ

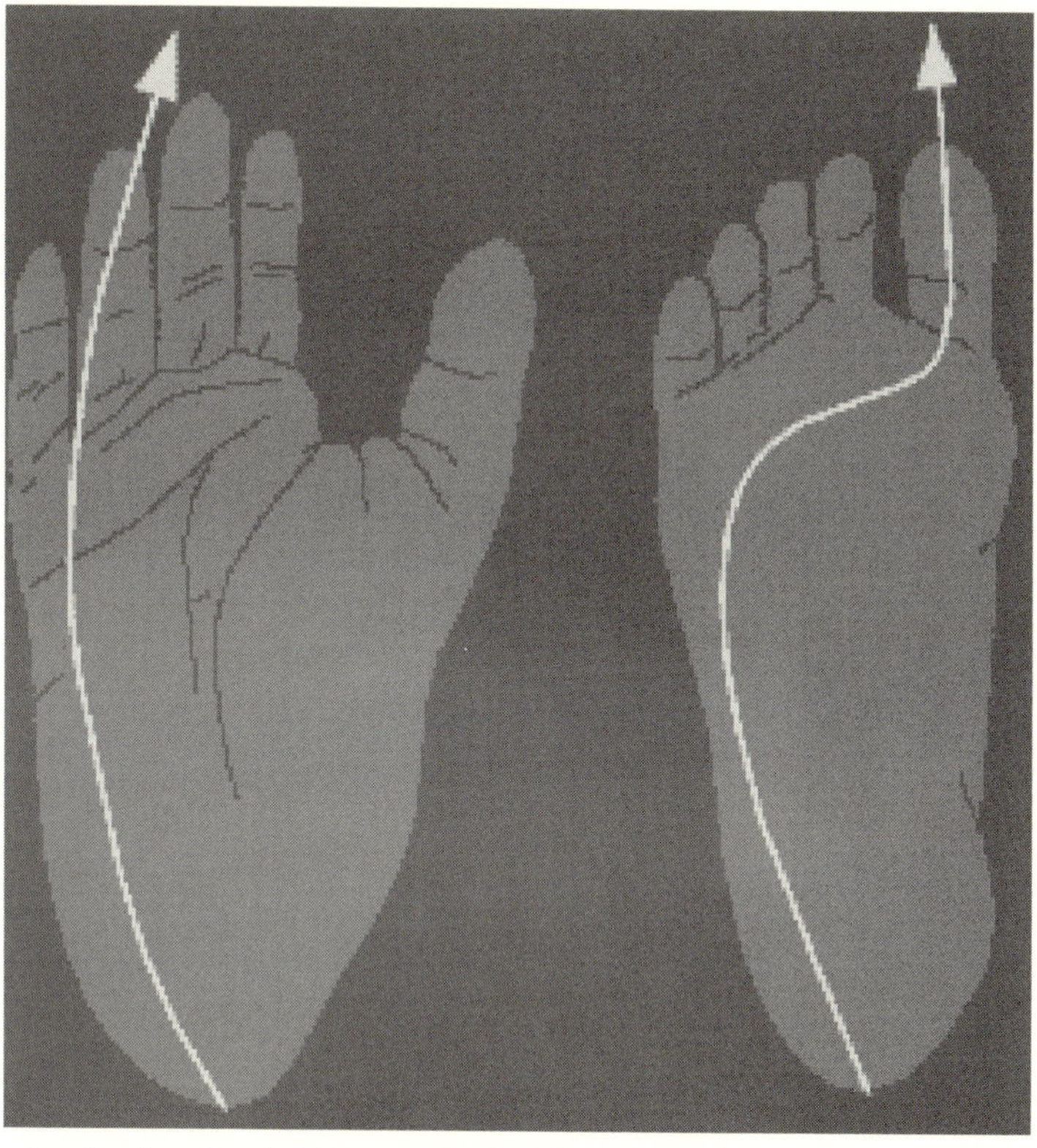

チンパンジーの足の裏（左）と人間の足の裏（右）。チンパンジーの足は、人間の手と驚くほどよく似ている。人間の場合、体重は足の外側に沿って移動してから母指球を通って親指にかかるようになっている。（許諾：WGBH in Boston, Massachusetts）

ヌス（hallux magnus）」という名がついている。普通は「足の親指」と呼ばれる。よく見ると変わった形をしているのだが、私たちはそれをほとんど不思議に思うことはない。だが、それではいけないのだ。私たちの祖先がこういう形に親指を発達させなければ、直立歩行はできなかったのだから。祖先が直立していなければ、そもそも私たちは今ここにおらず、「いったいどうやって？」などと問うこともできなかっただろう。

現代のチンパンジーやゴリラ、あるいはオランウータンと同じように、ルーシーの祖先たちにも足には親指がなかった。少なくとも、私たちがもっているような親指は。彼らの足の内側についた指は、むしろ手の親指に似ていた。地面を強く押すためではなく、枝をつかむために発達したからである。

ゴリラやチンパンジーも直立して二足で歩くことはできる。だが、あまり上手ではない。骨盤からの大腿骨のつき方がヒトとは違っていて、扁平《へんぺい》な足裏の外側に体重がかかるため、体を左右に揺すらないとうまく歩けないのだ。五〇〇万年前、最初のサバンナの猿人がジャングルのいとこたちと袂を分かちはじめた頃は、彼らもサルのように大きく四角い骨盤をもち、がに股で歩いていただろう。足首から先も私たちとはまるで違っていて、むしろ不思議と人間の手によく似ていた。足の外側についた四本の指は、私たちよりかなり長かったはずだ。

だが、何より重要な違いは内側の指である。彼らの足の親指は、招かれざる晩餐客のようにほかとは離れてついていた。その指は付け根から外に向かって伸びていき、指先のところで内側に戻る。つかんだり握ったりするために進化したものなのだ［原注2］。

祖先たちの足の親指が進化して、そのメリットを得られるようになったのは、およそ五〇〇万年前というのが従来の定説である。はじめは三日月形に曲がって手の親指のようだったのが、その頃から少しずつ内側に移動してきて、しだいに太くなっていき、手の指に似たところが減っていった。そのおかげで、最終的には全体重の四〇パーセントを支えられるまでになった。

少なくともダーウィンならそう考えただろう。ダーウィンにとって、進化に伴う変化はすべて徐々に進むものだった。だが、そうとばかりも言えない化石も見つかっている。進化生物学者のスティーヴン・ジェイ・グールドは、かの有名な「断続平衡説《だんぞくへいこうせつ》」を唱えてこの問題に世界の注目を促した。断続平衡説とは、遺伝子の大きな変化は比較的短期間に起こりうるという考え方だ。ときに生物は外見や構造を大きく突然に変化させて、その理由の説明がつかないように思える場合がある。まるで急に進化のスイッチが入ったかのようだ［注釈13］。足の親指の進化の場合は、まさにそのとおりのことが起きたのかもしれない。

進化の歴史のなかで、この断続平衡が最も劇的に現われた例がバージェス頁岩《けつがん》である。バージェス頁岩は古い地層で、長さはだいたい街の一区画分くらい。一九〇九年、チャールズ・ドゥーリトル・ウォルコットという古生物学者が、カナダのブリティッシュコロンビア州の山中を馬で

原注2　足の親指がそんなに大切だろうかと疑うようなら、親指を地面につけずに歩いてみるといい。ほかの指が怪我をしてもどうにかやっていける。だが、親指がなかったら、まともに歩くのはおろか、走ることも跳ぶこともできないし、滑らかな動きですばやく方向転換するのもとうてい無理になる。親指を痛めたことのある運動選手ならよくわかるはずだ。

移動しているときに発見した。ウォルコットは、自分が途方もないものを見つけたのに気づく。彼は一九一〇年から二五年までバージェス頁岩の化石を発掘し、合計八万個もの標本を得た。そこからは一四〇種類を超える新種の古代生物が見つかる。だが、数よりもっと重要なのは、約五億年前のカンブリア紀のはじめに生物の形態が爆発的に多様化したことである。三葉虫《さんようちゅう》、腕足類《わんそくるい》、ヒトデの祖先、ウニの祖先。さらには異形の生物もいくつも見つかった。たとえば「オパビニア」などは、五個の目とホースのような鼻をもつ。形はどうあれ、どの生物も無から湧いて出たとしか思えなかった。ある地層には彼らの化石はない。ところが、次の地層にはいたるところに彼らがいるのである。

グールドはこう表現している。「バージェス頁岩の生物に匹敵する構造デザインの多様さは、以後一度も現われていない。現代の世界じゅうの海洋生物を合わせても、バージェスの生物たちには及ばない」。それ以降に生きた生物のデザインは、すべてカンブリア紀にその原型を見ることができる（カンブリア紀にしか見られないデザインもある）。しかもその原型は、進化の時計で言えばほんの一瞬のうちに誕生したとグールドは結論づけた。バージェスの古く固い岩石が、その何よりの証拠だ。

一瞬と言っても、魔法を使ったかのように瞬時に生まれたわけではない。しかし、かなり唐突に現われたのは事実だ。なにしろ、それ以前のほぼ三〇億年ものあいだ、地球がどうにかひねり出した生命はと言えば、単細胞の細菌やプランクトンと、多細胞の藻類が数種のみだったのだから。グールドをはじめ、この急激な進化の飛躍を研究していた科学者たちには、それがどういうメカニズムで起きたのかを説明できなかった。とにかく急に飛躍したように見えるとしか言いようがなかったのである。ところが一九八四年、アメリカの科学者、マイケル・レヴァインとウィリアム・マッギニスがショウジョウバエの胚を調べていて、いくつかの遺伝子を発見した。のちにＨＯＸ（ホックス）として知られる遺伝子である。カンブリア紀の爆発的な多様化も、この遺伝子で説明できる可能性が開けた。

ＨＯＸ遺伝子はいわば「親スイッチ」で、ほかの一連の遺伝子をオンにしたりオフにしたりする役割をもつ。マッギニスとレヴァインの発見を皮切りに、ＨＯＸ遺伝子は現存するすべての動物に存在することが明らかになった。人間も例外ではない。ショウジョウバエの場合、ＨＯＸ遺伝子は体節の数や長さを決めるとともに、翅《はね》や脚や触覚などの構造がどの体節に作られるかを正確にコントロールしている。ヒトやウマの場合も同じ遺伝子が働いて、足指、頭、足など、胴体からつき出している器官がかならず正しい位置に現われるようにしている。重要なのは、ＨＯＸ遺伝子自体が直接そうした作業を行なうのではないという点だ。ＨＯＸ遺伝子がスイッチを入れることで、ほかのもっと具体的な機能をもつ複数の遺伝子が働き、腕や触覚や翅を作る。

ということは、おおもとのＨＯＸ遺伝子が突然変異を起こせばいくつもの遺伝子に影響が及び、劇的な結果につながる可能性がある。最近の研究で、人間に見られるいくつかの先天的な形成異常が、ＨＯＸの変異から生じうるのがわかった。たとえば、胎児のＨｏｘｄ13という遺伝子に突然変異が起きると、赤ん坊は普通より手足の指の数が多い状態で生まれてくる。こういう症状を多指症と呼ぶ。

多指症のような症状は、医学界では「形成異常」や「病気」とみなされているが、進化生物学者なら遺伝子の突然変異と呼びたくなるだろう。いずれにしても重要なのは、こうした状態が少しずつ進行するわけではないということだ。変化はすぐに現われる〔注釈14〕。

グールドの断続平衡も、ＨＯＸ遺伝子を念頭に置けばその理由がうまく説明できるのではないか。そう考える研究者もいる。何よりも、ジャングルでナックル歩行をしていた霊長類が、サバンナで直立二足歩行をする猿人へとわずか数十万年、もしくはそれ以下の短期間で進化を遂げた背景が、ＨＯＸの存在によって理解しやすくなると指摘されている〔注釈15〕。

ダーウィンが考えたとおり、進化に伴う変化のほとんどは徐々に進むという点で科学者たちの見方はほぼ一致している。ただ、たった一世代のあいだに変化が生じてもおかしくはない。その変化によって、個体が生きのびる確率が高まるのならば、変化をもたらす遺伝子は集団のなかに広まっていく。そういう遺伝子の変異は、環境が激変したときほど広まりやすい。劇的な突然変異によって生きのびる可能性が高まるからだ。

四百数十万年前の私たちの祖先の場合も、ＤＮＡが移動したり、Ｈｏｘｄ13のような遺伝子が突然変異したりしたために足が変化して、よりいっそう直立歩行がしやすくなった可能性はある。時代や状況が違えば、アウストラロピテクスの医師はこの変化を不幸な病気と片づけていたかもしれない。だが、私たちの祖先は、開けた草原で生きのびるのに悪戦苦闘していた。なにしろ、もともとの住みかだったジャングルとはまったく異なる環境なのである。だとすれば、足の親指の形が変わることは、まさにアウストラロピテクスの医師が望むものだったと言えるだろう。祖先たちが、草原化の進む東アフリカに取り残されたにもかかわらず、これほどすぐに立ちあがって前進できたのも、足の親指のせいだと考えれば納得できる［注釈16］。

・・・・

祖先たちの足に太くずんぐりした親指が現われてからは、歩行や走行をさらに助けるような突然変異が促された。親指以外の八本の指が短くなる。かかとは長く細くなる。小さい骨と土踏まずからなる複雑なシステムも作られる。前後左右に体重が移動するたびに、このシステムが衝撃を吸収してくれる。

やがて、全身の骨の数の約四分の一がくるぶしから下に位置するまでになり、親指も十分に発達して体重の四〇パーセントを支えられるようになった［原注3］。いくつもの骨が、合計一四一個の腱や筋肉や靱帯《じんたい》でつなぎ合わされることで、二七〇〇キロもの圧力を受けても捻挫をせずに耐えられる。運動選手やダンサーを見ていると、空を切るように飛んだかと思えば、羽のように軽く着地をする。そのときの足のひねり、回転、跳躍には驚かずにいられない。そんな離れ業ができるのも、人間の足がこうした複雑な構造をしているからである。ほかの霊長類は、木から木へやすやすと渡れるかもしれない。だが、私たちほどうまくは走れないし、大またで歩くのも美しくジャンプするのも無理だ。

原注3　私たちの足（くるぶしから下）には、親指の付け根にある小さな種子骨も入れれば片足だけで二八個の骨がある。

とはいえ、私たちが滑らかに歩けるのは、精妙な足の作りのおかげばかりではない。ほかにもいくつかの構造が作りかえられた結果、さらに輝かしい変化が祖先の体にもたらされた。そうした変化はたぶん連続して起きたわけではなく、ときおり思いだしたようにやってきたにちがいない。ひとつの変化が別の変化に影響を与える場合もあっただろう。初期のサバンナの猿人たちには、種類によって直立の度合いに差があったかもしれない。ずんぐりした親指を発達させた集団もあれば、ふた山越えたいとこたちにはまだ発達が見られないというケースもあっただろう。細かいところまでは知りようがない。進化もあれば、共進化も再進化もあった。変化しつづける環境と、偶然に変異して広まったＤＮＡとのあいだには、不可思議なやりとりがあったはずだ。

いずれにせよ、環境と遺伝子との会話のなかからさらに四つの大きな変化が生まれ、私たちの祖先となるサバンナの猿人たちは、ほぼ現代人と同じように歩いたり走ったりするのが可能になった。ひとつ目の変化は、がに股に湾曲していた脚がまっすぐになったことだ。見事に保存されていたルーシーの骨格がこの点をはっきりと示している。彼女の脚は私たちほど長くはないが、すでに大腿骨は骨盤から内側に向かって伸びていた。おかげで彼女は史上はじめてのＸ脚の霊長類となったのである。ルーシーは臀部《でんぶ》外転筋《がいてんきん》も発達させていた。臀部外転筋は尻の両脇についている筋肉で、これが収縮すると、歩いているときに体重の移動につれて体が左右にぐらつくのを防いでくれる。

ふたつ目は、骨盤と股関節の変化だ。チンパンジーの骨盤は人間のものよりも長くまっすぐであり、その両脇からほぼ真下に向かって大腿骨がついている。これは、一日の大半を腰をかがめて四足で歩いているのならば何の問題もない。だが、立って二足で歩くには厄介な特徴である。類人猿の場合、骨盤の左右を形作る寛骨《かんこつ》が靴べらに似た形をしていて、そこから大腿骨が真下に伸びている。だが、ルーシーのようなヒトの祖先はもっと上半身を安定させるために、骨盤が短く横に開いた形になった。その結果、大腿骨は股関節から四五度に近い角度で内側に向かって伸びていった。不思議なことに、ルーシーの骨盤の側面は私たち以上に斜めになっている。臀部も短くて開いている。これは、彼女の体重が軽かったために、現代人ほど重い骨盤をもつ必要がなかったからかもしれない。理由はどうあれ、ルーシーの骨盤が脚とつながる部分は、現代のチンパンジーとは似ても似つかない。完全に人間らしいかと言えばそうではないが、そこに近づいていた。

三つ目は、体重が骨盤の真上にかかるようになったために、祖先の背骨の形が変わったことである。チンパンジーやゴリラの背骨はまっすぐだ。ほとんどの時間、体をかがめて背中と地面を平行にしているので、それで何の問題もない。つまり、彼らは体重の約半分を後ろ足で、残り半分を手のこぶしで支えているわけだ。それにひきかえ、私たちの背骨（およびアウストラロピテクス・アファレンシスやアフリカヌスの背骨）は横から見るとS字型に湾曲している。胴体の下のほうで内側に曲がり、首のほうに向かうにつれて外側に曲がっていく。腕や手で支えなくてもうまく重心がとれるようにと、進化が作りあげた作品だ。

こうして体が作りなおされた結果、必然的に四つ目の変化がもたらされる。頭の位置だ。これがいずれ、はかり知れない影響を及ぼしていく。動物園で、ゴリラがこちらに向かって四足で歩いてきたとしよう。すると、ゴリラは首を後ろに倒すようにして前方を見ている。X線写真があればその理由はよくわかる。背骨が首から頭に入っていく場所が、ゴリラの場合は頭蓋骨の後ろ側なのだ。普段は四足歩行をしている動物にとっては、こういう構造が理にかなっている。だが、そのまま直立したら、空を見上げた状態になるのでうまくいかない。猿人が直立二足歩行をするためには、この構造が変わる必要がある。

首の骨が頭に入っていく場所を「大後頭孔《だいこうとうこう》」という。ゴリラと人間を並べて座らせて、頭の上から見下ろせば、ゴリラの背骨は頭蓋骨の後ろから入っていくのに、人間の場合は真下の中央から入っているのがわかる。このおかげで、頭が前方に傾くとともに、体の重心の上に頭が位置することになった。つま先から頭までが一本の線でつながったのである。

足の親指の形から始まったにしては、じつに多くの変化である。だが、私たちにとっては幸運なことに、これらは見事に成し遂げられた。それというのも、東アフリカの新たな環境、つまり開けた草原と林の世界は非常に危険であり、そこで生きるには直立二足歩行が非常に大きな強みとなるからである〔注釈17〕。日が沈んで月のない夜には、人工照明に慣れた現代人には想像もつかない漆黒の闇が果てしなく広がる。いつ何時、夜行性の捕食動物に襲われてもおかしくない。実際にそういう出来事もたびたびあっただろう。私たちがいまだに夜中の物音を気にするのも無理はない。

光あふれる日中の暮らしもけっして楽ではなかった。乾期には赤道地方特有の強烈な太陽が照りつけ、気温は往々にして四〇度近くに達する。猿人たちはたえず食料を集め、水を探し、子供たちの世話をするのに追われる。サバンナでは新しい捕食動物と戦わなくてはならない。敵も私たちの祖先と同様、進化を始めたばかりの動物たちだ。たとえば、今とは形が違うが初期のジャッカルやハイエナ。メガンテレオンという剣歯ネコ類は、体のサイズがライオンくらいで、短剣ほどもある大きな鋭い歯をもっていた。アウストラロピテクスは、ナックル歩行のいとこたちよりは速く走れたものの、捕食動物のスピードにはとうてい太刀打ちできない。

低地の山の尾根や川岸には木立が点在していて、彼らに類人猿時代をしのばせる心のよりどころになっていたにちがいない。実際に彼らは林をうまく利用したようだ。化石を見るかぎり、ルーシーや仲間たちは二足歩行を始めたあともまだ巧みに木に登れたらしい。サルのように長い腕をもち、手首の関節も、必要に応じて枝から枝へとうまく渡っていける形状になっている。

だが、何よりも役に立ったのはやはり二本の足で立つことだ。このおかげで、サバンナの猿人たちが生きのびる見込みは格段に高まった。よく茂った森の下生えを縫い、短い時間で餌を探すのなら、ナックル歩行がいちばんだろう。だが、広がりゆく東アフリカの広大な草原では、ナックル歩行は時間がかかるし、疲れるし、下手をすれば命にかかわる［注釈18］。人間の直立歩行とチンパンジーのナックル歩行を比べると、必要なエネルギーはチンパンジーのほうが三五パーセントも多い。中新世の終わりから鮮新世のはじめにかけてのこの時代、木立の少ない平地をナックル歩行で生きるのには無理がある。

今も狩猟採集で暮らしているカラハリ砂漠のブッシュマンなどは、その生き証人と言えるだろう。研究によると、彼らは生きていくために食料を探して一日にだいたい一〇～一三キロも歩く。

サバンナの猿人たちが、それだけの距離をナックル歩行で移動するとしたらどうなるだろうか。食べ物を見つけるだけでエネルギーを三分の一よけいに使う（もちろん時間も相当かかる）ばかりか、失ったエネルギーを補充するのにカロリーを三分の一よけいに摂取しなければならなくなる。生き残るには直立二足歩行がいちばんよかったのだ。現代のアフリカの草原地帯には、ナックル歩行をする類人猿は一匹も残っていない。これが何よりの証拠ではないだろうか。

サバンナで食料を見つけるのがジャングルより難しかったのは間違いない。だが、食料を供給してくれるものは存在した。草原には厄介な捕食動物だけでなく、捕食される側の生きのいい動物も登場していた。たとえばデイノテリウム。ゾウに似た動物で、肩までの高さは四メートルにもなり、下向きにカーブした牙を備えている。二メートル近い長い角《つの》をもつ巨大なバッファローとも言うべきペロロビスもいた。のちにキリンになる動物はまだ首が短く、頭の高さも二メートル程度しかない。こうした動物たちが大型ネコ科動物の餌食にされる。祖先たちは直立歩行でその死骸をあさって、十分なタンパク質を手に入れていたことだろう［注釈19］。

祖先たちは死肉を狙うだけでなく、多少は自分でも動物を狩ったり殺したりした可能性がある。直立すると、すばやく動きまわれるだけでなく、背が高くなるので強く正確に物を投げられる。チンパンジーも小さな獲物を狩ることがわかっている。アウストラロピテクス・アファレンシスやアフリカヌスも同じようにしたかもしれない。

こうした進化のシナリオのうち、間違いなく真実と呼べるものがいくつあるのかはわからない。足の親指を発達させて後ろ足で立つというのは、このうえなく奇妙なことである。その奇妙なことを私たちの祖先はなぜ、どうやって行なったのか。それを明らかにするため、古人類学者たちはありとあらゆるシナリオを参考にしてきた。たぶんどのシナリオもある程度は真実を含んでいるのだろう。いちばん注目すべきは、最後にあげた可能性ではないだろうか。つまり、私たちの祖先が、自分たちが肉にされるのを避けただけでなく、自分で肉を見つける確率を高めたという説だ。どんな生物であれ、死ぬ前に自分の遺伝子を子孫に残そうと思うなら、何より重要な問題を解決する必要がある——もう一日生きて食べるにはどうすればいいかだ。直立二足歩行ができれば、その難題をクリアするのに役立ったにちがいない。私たちの祖先は鋭い鉤爪や恐ろしい牙をもたないかわりに、直立二足歩行という武器を得た。体を劇的に変化させたおかげで、同じくらい劇的に変化した新しい環境でも生きのびた。

しかし、直立二足歩行が成し遂げたことはそれだけではない。私たちの外見をも変えた。さらには、世界観や行動の仕方、とくに他者と接するときのふるまい方を根本的に変えた。言いかえれば、直立二足歩行は新しい体を形作ったのみならず、新しい心も形作ったのである。

二章　立ちあがった者たちの恋のかけ引き

性の進化は進化生物学で最も厄介な問題だ。

——ジョン・M・スミス

動物は二通りの方法で絶滅を避けている。ひとつは環境に適応して体を変化させること。もうひとつは、同じ種類のなかで競争をして異性の愛情を勝ちとることだ。ダーウィンは後者の競争を「性淘汰《せいとうた》」と呼び、著書『人間の進化と性淘汰』のなかで詳しく論じた。彼の考えを平たく言えば次のようになる。すべての動物は自分の置かれた環境で生きのびるために、まず捕食者、病気、危険な天候など、自然が投げつけるさまざまな脅威を回避しなくてはならない。適切な体の構造を発達させ、生きのびて翌日を迎えた者が、環境にうまく適応した自分の遺伝子を残すことができる。

しかし、遺伝子を残すには子を作らなければならない。首尾よく子作りをするには異性の気を引く必要がある。そのために雄は、色鮮やかな羽や、ライオンならたてがみや、エルクというシカの仲間ならば一四本にも枝分かれした巨大な角を進化させる。そのどれもが「これを見て！ぼくにはすごい遺伝子があるよ」と告げているのだ。ダーウィンはこう指摘している。こうした特徴が「今ある姿になったのは、生存競争に勝ったからではなく、ほかの雄との競争に勝ったからである」［注釈1］。

つまり、意中の相手を手に入れて交尾をしようと果てしない争いをくり広げるうち、生物はいくつかの興味深い行動や体の特徴を発達させた。私たちの初期の祖先も例外ではない。

一例をあげれば、人間の生殖器は非常に変わっている。まずペニスがそうで、身も蓋もない言い方をするなら、ほかのどんな霊長類よりも巨大だ。ゴリラ、オランウータン、チンパンジー、ボノボなどの場合、雄の生殖器は性的に興奮していないときは小さくなっていて目立たない。そもそも生殖器があるのかどうかもわからないほどである。

人間の女性の乳房もやはり変わっていて、ほかの霊長類と比べると大きくて形がはっきりとしている。そうでないと困るという実用的な理由があるわけではない。乳房が大きいのは、乳の分泌や授乳のために必要だからと思うかもしれないが、さにあらず。人間以外の霊長類の雌もすべて子供に乳を吸わせるが、大きな丸い乳房を発達させたりはしない。

臀部《でんぶ》も人間ならではの特徴である。霊長類では私たちの尻だけが、筋肉を発達させて丸みを帯びている。おそらくは後ろ足で立ちあがったために生じた変化だろう。直立して、骨盤の上に体重を乗せるようになったため、それを支えてバランスを取るのに尻の筋肉が必要だったのだ。だが、健康の目印として異性を引きつけるために進化した可能性もある。男性の場合、丸みがあって硬く引き締まった尻は力強さを表わし、走ったり狩りをしたりする能力が高いしるしとみなされたのかもしれない。家族を十分に養ってもらうには欠かせない条件だ。女性の場合は別の理由が絡んでくる。研究によると、どんな文化で育った男性でも、ウエストサイズがヒップサイズの七〇パーセントになっている女性を魅力的と感じることがわかった。そういう砂時計型の体形は、男性の原始的な無意識に向けてメッセージを送っているとも考えられる。その女性が健康で多産で、したがって望ましい存在であると告げているわけだ［注釈2］。マリリン・モンロー、ツイッギー、ソフィア・ローレン、ケイト・モス、そしてミロのヴィーナス。タイプはずいぶん違うのにこの誰もが魅力的とみなされているのは、そのせいかもしれない。彼女たちは全員、ウエスト対ヒップの比率が七対一〇なのである。どうやら、サイズ自体はともかく、少なくとも比率が問題になる場合はあるようだ。

人間の性的な特質をどう分析するにせよ、ひとつ言えるのは、それらが進化したのは生存に役立つからだけではない。生殖に役立つからでもあった。仲間うちでの競争力を高め、適切な配偶者を得て自分の遺伝子を残す。その目標を達成させてくれるから発達したのである。私たちをセクシーで魅力的にするために、と言ってもいい。

イギリスの先史学者、ティモシー・テイラーは、著書『セックスの先史学（*The Prehistory of Sex*）』のなかで、人間の男性が大きなペニスを進化させたのはライバルの男性に見せるため、そしておそらくは女性に自分の提供できるものを見せるためではないか、と語っている。ペニスは男らしさと生殖能力のしるしとみなされるようになった。重要なのは、そのペニスに何ができるかではない。射精して妊娠させるだけならどんなペニスでもできる。問題は、それが何を象徴しているかだ。目立つペニスは、ペニスがもつ目的を思いださせてくれる。性的な合図を送っているのだ。だが、それだけの理由で大きなペニスが備わったのなら、なぜほかの類人猿たちに同じことが起きなかったのだろうか。

テイラーの考えでは、直立二足歩行を始めたためにペニスが以前より目立つようになり、ペニスがもつ象徴的な意味合いを伝えやすくなった。今や誰の目にもよく見える。それが「休んで」いるときもだ。そのうえ、ロッカールームでよくやる行動を参考にするなら、ペニスは男性どうしの絆を深める役割も果たすようになった。男性なら誰でももっていて、すぐに目につく個性的な特徴だからである。昔から「サイズは問題ではない」とよく言われるが、少なくとも女性の一部は何世代にもわたって大きなペニスを好んだはずだとテイラーは主張する。そうでなければ、「大きくする」遺伝子が伝えられることはなく、大きなペニスが人間共通の特徴となることもなかったはずだからだ［注釈3］。

女性の乳房も、ペニスと同じで象徴的な意味をもつようになったのではないだろうか。ただし、その過程を理解するには、かなり曲がりくねった進化の道をたどって行く必要がある。

人間以外の霊長類の雌は、発情期になると生殖器周辺の皮膚が赤く充血して普段より目立つようになるものが多い。これを進化論的な表現に直せば、「あなたが種の存続を図りたいなら私には用意ができていますよ」とあからさまに告げているのと同じだ。発情期には朝早くから何度も交尾が行なわれる。

ところが、直立してしまうと生殖器の充血はほとんど外からわからない。両脚のあいだに隠れてしまうのだ。尻の筋肉が発達して大きくなっていたとしたら、なおさら目立たなくなる。この新しい状況に適応して、新たな変化への道が開かれたのではないか。

たとえば、私たちが直立歩行に移行しつつある時代に、少しずつ毛深さがなくなっていったという説がある。ダーウィンは、これがヒトが進化を始めたばかりの頃に起きたと考えていた。本当にそうだったかどうかは知りようがない。だが、議論を進めるために、実際にそうだったと仮定しよう（少なくとも二〇〇万年前には体毛が薄くなっていたと思われる。これについてはあとで見ていきたい）。発情期の充血した皮膚が隠れ、臀部が発達しはじめたところだとしたら、ふたつの変化が起きた可能性があると科学者は指摘する。ひとつは、尻にさらに筋肉をつけて新しい歩き方を支えること。もうひとつは、脂肪を蓄えて尻の肉付きを豊かにすることだ。次の食事がいつになるかわからない環境で生きのびるには、脂肪を蓄えているかどうかが大きな鍵を握る。女性の場合はさらに、この尻の肉付きのよさが生殖器周辺の充血に代わる意味をもつに至った可能性がある。

動物学者のデズモンド・モリスは、著書『裸のサル』のなかでこう述べている。私たちの尻に毛がなくなったために、体のほかの毛深い部分と比べてこの新しい目印が際立ったのではないか。毛がなくて丸みのある尻は、その女性に一定レベルの脂肪が蓄えられているのを示している。だとすれば、それは健康と多産のバロメーターであるから魅力的な特徴だ。たしかに、女性に最低限の脂肪の蓄えがないと排卵が起きないことが今では知られている。女性の長距離ランナーなどは、体脂肪率が低すぎると生理や排卵が止まる場合がある。極端に低脂肪の食事を摂っている場合も同様だ［注釈4］。臀部が丸みを帯びていればいるほど、その女性が価値ある遺伝子をもっているうえに、妊娠してその遺伝子を伝える能力もあることを意味する。

ここでぐるりと回って女性の乳房の進化の話に戻ってくるわけだが、先ほども触れたとおり、こちらの道筋は少しややこしい。まず、動物のなかには、発情期を示す皮膚を体の二カ所に発達させて、一方がもう一方の状態を再現しているものがいる。たとえば、雌のゲラダヒヒは発情期になると乳首のまわりの皮膚が真っ赤になり、その色は生殖器周辺が充血したときと非常によく似ている。彼らは座っていることが多いので、そのときはあまり生殖器が見えない。かわりに乳房の紅潮が雄を引きつける第二の手段となっているのだ。マンドリルというヒヒの一種には、真っ赤な鼻筋の両脇に鮮やかな青と白の縞模様がついており、生殖器周辺部の色を思わせる。一種の天然のネオンサインとして、自分の生殖能力を宣伝していると言えるだろう［注釈5］。

人間の女性の豊かで丸い乳房もまた、新たに発達した尻を再現しているのかもしれない。四足で歩く動物であれば乳房はほとんど隠れているが、直立すると前面の中央に現われる。私たちの祖先は後ろ足で立ちあがってから、前よりもまっすぐに向かいあうようになった。女性にとって、乳房はまたとない広告塔になっただろう。肉付き豊かな丸い尻を連想させて、女性らしさと健康と、繁殖力を示せるのだから。それでいて、授乳という本来の目的に支障をきたすこともない［原注1］。

尻や乳房がこういうプロセスで進化したかどうかは確かめようがない。いくら骨の化石を調べてもわからないし、もちろんほかの要因も絡んでいただろう。私たちが体毛を失ったのには、サバンナの暑さが一役買っていたのは間違いない。それでも完全な無毛にならなかったのは、生殖に関連するある種のにおいを放ったり嗅いだりするのに、そのほうが便利だったからかもしれない。いずれにせよ、最終的には三〇〇万年前から二〇〇万年前にかけて、一部のヒトが性的な合図を発達させてそれを遺伝暗号に書きこみ、やがてそれがヒト全体のDNAに広がって現代の私たちを形作った。私たちには目立つ尻と、乳房と、ペニスがある。これらが私たちの精神や文化や行動に及ぼす影響は今なお大きい。現代社会にあっても、その三つは性的な合図を強力に送っている。いずれも性的刺激に敏感な快楽の源であり、私たちの行動や考え方をいまだに方向づけている。

この時代の祖先たちは、荒れくるうホルモンと、性欲と、ややこしい対人関係に翻弄されて、まるで現代の思春期の若者のようだったにちがいない。彼らはアフリカの草原で生きのびるのに必死だった。生きのびるためには、捕食動物や病気、自然の猛威と戦わねばならないだけでなく、仲間どうしとの戦いもあった。直立したことが彼らを絶滅から救ったのは間違いない。だが同時に、これまでにない体の力が生まれ、さらには対人的な面や性的な面でも新しい力につき動かされて行動するようになった。そのせいで暮らしは以前より複雑になる。それだけではない。足の

原注1　人間の唇が、赤くて肉付きのよいものに発達した背景にも、同じ力が働いた可能性がある。唇は、女性の外陰部の陰唇を連想させるからだ。男性のあごひげも、生殖器の周辺を再現しているとの説がある。

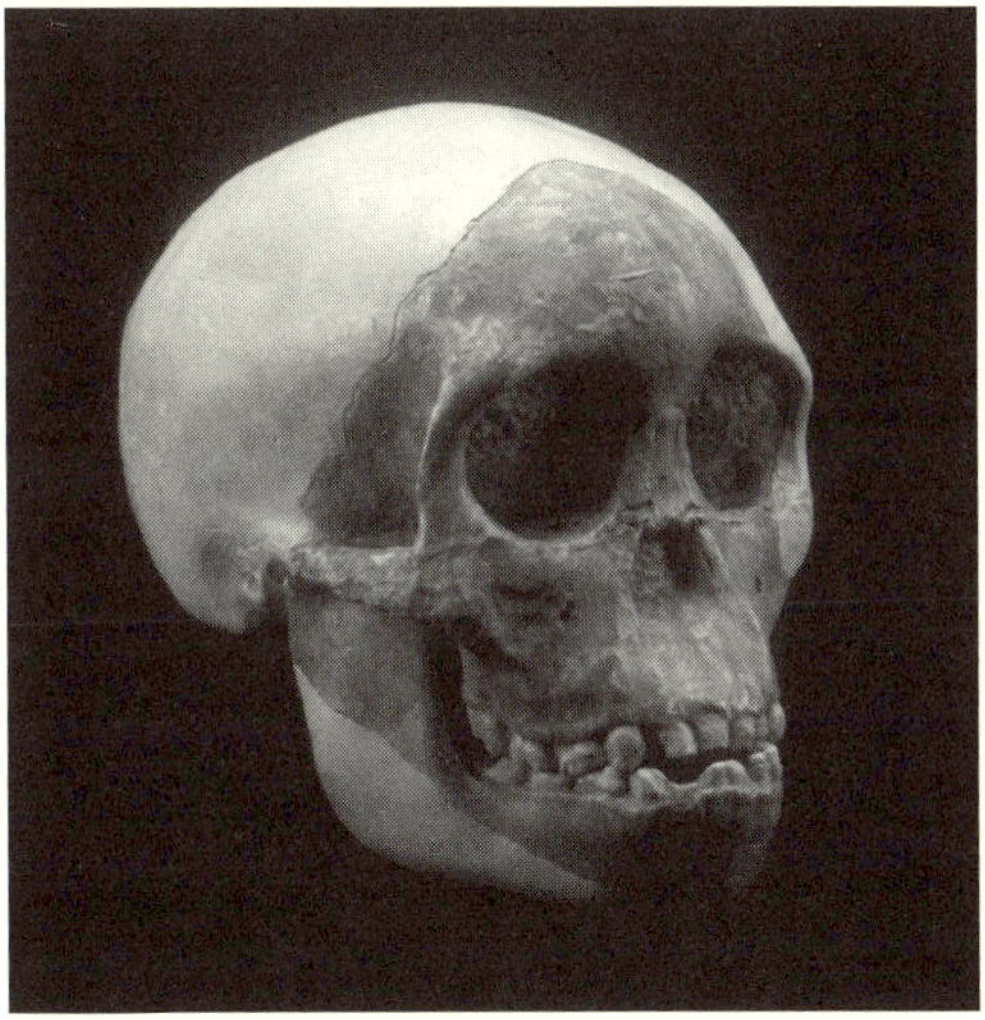

タウング・チャイルドの頭蓋骨。タウングはまだ幼いため、サルに似た両親よりも人間に近く見える。「ネオテニー」と呼ばれる自然界の不思議な現象のせいだ。私たちは胎児化したチンパンジーと言っていいかもしれない。
（許諾：The Smithsonian Institution）

親指から始まった一連の体の変化のおかげで、人類の行く手に新たな進化の険路が待ちうけ、祖先たちの首を絞めようとしていた。

・・・

一九二四年、南アフリカ。石灰石の採石場で働く労働者たちが、レイモンド・ダートに奇妙な頭蓋骨を渡した。ダートは、ヨハネスバーグにあるウィットウォーターズランド大学の若き解剖学の教授である。労働者たちは自分たちの村の採石場で働いていて、石灰岩をダイナマイトで爆破したあと、残骸をふるいにかけていたときにその頭蓋骨を見つけた。彼らの村はタウングという名で、カラハリ砂漠のはるか南端にある。このあたりの石灰鉱床は、当時すでに化石を産出することで知られていた。ほとんどはヒヒの頭蓋骨や動物の四肢の骨である。だが、このときダートが目にしたものは二五〇〇万年前の頭蓋骨で、それまで誰も見たことのない形をしていた。しかもヒヒではない。

何より驚いたのは、その頭蓋骨が非常に人間に似ていたことである。全体のサイズは小さいが、頭蓋は丸みを帯びていて、顔の部分と比べると頭が際立って大きい。眉のところに隆起が見られないのも古い霊長類らしからぬ特徴だ。額は斜めに傾斜しておらず、鼻から真上に伸びている。大後頭孔（首の骨が頭蓋骨に入っていくところの孔）の位置は、人間を除けばこれまでに見たどんな霊長類よりも中央に近かった。こういう動物であれば、チンパンジーやゴリラよりはるかに直立した姿勢で歩けたにちがいない。

ダートはこの頭蓋骨の持ち主をアウストラロピテクス・アフリカヌス（「アフリカの南のサル」の意）と名づけ、それが「絶滅した猿人で、現存する類人猿と人類の中間に位置する」と考えた。とはいえ、それだけでは形が奇妙なまでに人間に似ている理由の説明にはならない。当時はまだ人類の祖先の化石がほとんど発見されていなかったため、科学者たちは、きっと祖先はこういう姿をしていたんだと思うよりほかなかった。だが、彼らは間違っていたのである。

ダートは自分でも気づかないうちに、二五〇万年前にさかのぼっておぼろげながら未来を見ていた。彼の発見は、私たちの祖先について新しい事実を教えてくれただけではない。なぜ私たちが外見も中身もほかの霊長類と大きく違ってしまったのかを知る重要な手がかりを与えてくれる。

ダートの頭蓋骨に人間そっくりな特徴がたくさんあったのは、その化石がまだ幼い子供のものだったからだ。おそらくは二、三歳のよちよち歩きの幼児である。ダートはその化石に「タウング・チャイルド」と名前をつけた。頭蓋骨に穴が二カ所あいていたことから、ヒョウに襲われたか、もしかしたらタカにさらわれて餌食にされたと見られている。だが、この子が生きのびて大人になっていたとしたら、人間とは似ても似つかぬ姿で死を迎えていただろう。成長するにつれてあごは大きくなって前につき出し、目の位置は上に上がって眉の部分の骨が隆起する。額もサルのように、鼻から後頭部に向かって斜めに傾斜していったはずだ。

では、二五〇万年前の猿人の子供のほうが、猿人の大人よりも外見が人間に近いのはどうしてだろうか。それは、人間の大人が類人猿の子供に似ているからだ。子供どころか、胎児にまで似ている。なぜ似ているかと言えば、ある意味では私たちはまさしく「子供のサル」だからである。タウング・チャイルドが現代人に似ているのは、進化の過程で「ネオテニー（幼形成熟）」と呼ばれる奇妙な現象が起きたためだ。そのせいで、私たちはほかの霊長類よりも発育の早い段階で生まれることになり、霊長類（および私たちの祖先）の幼い頃に見られる体や行動の特徴の多くを大人になってからももちつづけるようになった。簡単に言えば、私たちはほかの霊長類より未成熟な状態で生まれ、その状態を長く保っているのだ。なぜ未成熟な状態で生まれるかと言えば、環境に適応するにはそのほうが有利だったからであり、もとをただせば足の親指のせいである。

・・・

この世に生まれてくるとき、人間ほど危険と隣りあわせで、人間ほど苦労をする動物はいない。祖先が直立二足歩行を始めたために骨盤の形が変わり、頭も大きくなった。そのため、人間の赤ん坊は回転しながら産道を通っていかなければならない。はじめは母親の腹側を向いた状態にあるが、生まれる直前に回転して横向きになる。その後、さらに九〇度回転し、母親の背中側を向いて生まれてくる。逆向きに回ってしまうと、産道の急カーブで赤ん坊の脊椎《せきつい》が後ろ側にねじれ、重い損傷を受けるおそれがある。

ゴリラやチンパンジーの出産はこれほど大変ではない。類人猿はしゃがむか四つん這いになって子供を産む。産道は人間に比べるとかなり広い。頭も小さいので、胎児は母親の腹側を向いた状態でいられるうえ、自力で産道から体を引きだそうとまでする。胎児が産道をゆっくりと落ちてくるとき、母親が手を伸ばしてうまく導いて外に出してやることも多い。

人間の場合、早くも四〇〇万年前には回転しながら生まれるようになっていた。直立したために産道が狭くなって、比較的脳の小さいアウストラロピテクス属であっても通りにくかった。それは、ルーシーのような古い化石からも見てとれる。胎児は前向きか後ろ向きに体を回さなければ、狭い産道に肩がつかえたはずだ。出産の進化を専門に研究しているデラウェア大学のカレン・ローゼンバーグとニューメキシコ州立大学のウェンダ・トリーヴァスンは、出産が重労働になったことが群れの結束を強めたのではないかと考えている。妊娠しているアウストラロピテクスは、他者の助けがなければ子供をこの世に生みだせないからだ［注釈6］。

ルーシーの時代でさえ出産がかなり困難なものになっていたとしたら、あとに続く重要な霊長類にとってははるかに大変だったにちがいない。その霊長類とは、ホモ・ハビリス。最初のホモ属（ヒト属）であり、知られているかぎりで私たちの最初の直接の祖先である。霧に閉ざされた時の彼方からホモ・ハビリス（「器用なヒト」の意）が姿を現わすのは、およそ二〇〇万年前のことだ。脳容積はルーシーの頃の倍になっていて、平均七五〇ｃｃ［注釈7］。世界に生まれでる

チンパンジーの幼児（左）と成体（右）。人間は、チンパンジーの幼児に見られる身体的特徴を数多く残している。（出典：*Ontogeny and Phylogeny* by Stephen Jay Gould）

旅路はただでさえ狭く危険だったのに、この脳のおかげでさらに厳しい道のりとなった。だが、産道をそれ以上広げるのは無理である。腰が大きくなりすぎると、直立二足歩行が物理的に成りたたなくなるからだ。だからといって、小さい脳に逆戻りする選択肢もない。まさに板ばさみである。私たちの祖先は、進化の圧力によって身軽に動ける賢い動物になった。その同じ圧力が、出産を困難なものにしている。このジレンマを解決できなければ、賢さを増す二足歩行のサルは絶滅するしかない。何かを妥協しなければ。そして、さいわい妥協点が見つかったのである。

母親の胎内で成長を続けているとき、霊長類の頭蓋骨はひとつながりの骨で作られるわけではない。複数の薄い骨が組みあわさってできていて、しかも継ぎ目は閉じていない状態である。人間の頭蓋は八個の骨でできている。どれも生まれたあとで時間をかけて癒合《ゆごう》していき、最終的に脳を守る硬い頭蓋骨となる。生まれる前は完全につながっていないため頭蓋骨がしなやかで、産道が狭くても通りぬけられるのだ。

チンパンジーやゴリラにも、完全に閉じていない頭蓋骨がいくつかある。だとすれば、私たちの祖先もそうだった可能性が高い。進化がもたらした厄介な問題を見事に解決したわけである。これはまた、ネオテニーが起きているのを示す絶好の例とも言えるだろう。ホモ・ハビリスは骨盤を大きくしなくてもいいし、脳を小さくしなくてもいい。絶滅もまぬかれる。そのかわり、子供が未熟な状態で生まれてくるようになった。脳が大きくなればなるほど、もっと未熟な段階で生まれる必要が出てくる。

ネオテニーがこれほど極端に現われているのは、霊長類のなかでも人間しかいない。もし私たちがすべて完成した体で、肉体的に成熟して生まれてくるとしたら、妊娠期間は九カ月どころか二一カ月にもなってしまう。つまり、私たちは丸一年分も未熟なのだ。九カ月を経れば「月満ちて」生まれると私たちは考えるが、類人猿の基準で見れば、私たちは一二カ月早く生まれてきた未熟児にすぎない。

未熟な状態で生まれてくるので、人間の赤ん坊はまったくと言っていいほど自分では何もできない。脳は小さく未発達だ。腕や脚、手足の指は、成熟した骨というより軟骨に近い。生まれたときにはほとんど目が見えず、神経系も完全と言うにはほど遠い。神経系は人生の三分の一近くをかけて成長を続ける。ほかの霊長類ならとうに発達を終えている時期だ。頭蓋骨の継ぎ目はほとんどが生後数年のうちに閉じるとはいえ、なかには三〇歳くらいにならないと閉じないケースもあり、九〇歳を過ぎて閉じなかった例もわずかながら報告されている〔注釈8〕。

さまざまな事実を考えあわせると、人間の脳は外界への適応を終えることがないと言ってよさそうだ。その点がほかの動物とは違う。近年の研究からは、人間の脳の可塑性が並外れて高いのが確認されている。通説に反して、ある種の脳細胞は失われても補充されることが明らかになった。また、人間の脳のうち、いちばん新しく進化した前頭前野《ぜんとうぜんや》という部分は、新しい経験に反応して回路を作りなおす作業を死ぬまで続けることもわかっている。

スティーヴン・ジェイ・グールドによれば、幼年期の特徴をこうして一生もちつづけるのは自然選択の圧力が強烈にかかった結果であり、そのおかげで人間の脳は生まれたあとも長いあいだ高い適応性を保っていられる。科学者のジェイコブ・ブロノフスキーは、ネオテニーによる特徴を「長い幼年期」と呼んだ。人間は、すべての行動が遺伝子に絶対的に支配されるのではなく、臨機応変に対処することができる。それは、この長い幼年期のおかげである。個人のレベルで見れば、ひとりひとりの経験に応じて自分の行動を変化させられるようになった。種全体のレベルで見れば、人類は好奇心旺盛で遊び心と創造性を失わず、じっとしていられない生物になった。要するに、若々しいのである。そのあふれんばかりの若々しさが、人間の文化と、その文化が示す創造性の根底にあると言ってもいいだろう。

・・・

少なくとも人間の体の特徴については、ネオテニーが当てはまるのではないか。そのことに最初に気づいたのは、アムステルダム大学で解剖学を教えていたルイス・ボルクである。ボルクは人間がネオテニーであると信じて疑わなかった。そこで一九二六年、類人猿の胎児や幼児に見られる特徴のうち、人体の構造にも現われていると言えそうなものを列挙した。たとえば、顔の下半分が前につき出ていない、額が広い、体重に比して脳の容積が大きい、などである。さらには、私たちがおおむね無毛なのも類人猿の胎児に似ていると指摘し、ほかの類似点として、外から見える耳の形が似ている、顔の骨が薄い、大後頭孔の位置が中央寄り、そして奇妙にも足の親指がまっすぐ、という点をあげている〔注釈9、原注2〕。ボルクはこう述べた。「人間は、性的に成熟した霊長類の胎児である」

当時、ボルクの考え方は万人に受けいれられたわけではなかった。だが、のちの時代にグールドが指摘したように、彼は間違いなく何かをつかんでいた。私たちが生まれるとき、頭蓋は柔らかく、いくつもの骨がつながった形になっている。そのおかげで、脳が大きくなっても無事に生まれてこられるばかりか、生まれたあとも脳を大きくさせることができる。チンパンジーの場合、出生時の脳の大きさはすでに成体の脳の四〇パーセントに達している。脳は生後も成長を続けるものの、短期間であるべき大きさになる。ところが、私たちの出生時の脳の大きさは、成人の脳

原注2　たとえば、チンパンジーが胎内で体を成長させるとき、足の親指ははじめのうちまっすぐで、私たちの足先についているものに似ている。その後しだいに曲がっていって、木登りがしやすい形になる。だが、私たちの祖先がサバンナで暮らしはじめたとき、たまたま足の親指がまっすぐなまま生まれる先天的な異常のある赤ん坊がいたとしよう。その赤ん坊は新しい環境に適応しやすいために、生きのびたはずだ。それで、その遺伝子が後世に伝えられたのではないだろうか。

の四分の一にも満たない（正確には二三パーセント）。生後三年間で大きさは三倍になるが、それでも残り三分の一ほどを成長させる余地がある。成人してもしばらくは脳の成長が続くのだ。

ネオテニーの興味深いところは、すでにもっている遺伝子自体は変わらないところだ。ただ、その遺伝子が発現する時期を遅らせる。人間の場合、ある種の遺伝子の発現を遅らせたり、発現させないようにしたりすることで、新しい特徴をもった生物を胎内から現実の世界へと送りだした。そのことが、人類が進化していく道筋を大きく変えていく。

私たちは胎児化したサルなのか？

二〇世紀前半、ボルクの作った人間のネオテニーのリストに、何人かの科学者が特徴をつけたした。進化生物学者のスティーヴン・ジェイ・グールドは、その拡大版リストに修正を加え、一九七七年の著書『個体発生と系統発生』のなかで発表している。現在の科学者たちの共通認識によれば、ボルクが観察したネオテニーの特徴は正しい。ただ、なぜそうなったかの説明が間違っていた（ホルモンが原因の発達遅滞の一種だとボルクは考えていた）。いずれにせよ、霊長類の胎児や幼児に見られる特徴を、人間が大人になってももっているのは明らかである。また、アウストラロピテクス・アフリカヌス、ホモ・エレクトス、ホモ・ハビリス、ホモ・サピエンスと進化するにつれて、ネオテニー的特徴がより多く残っているのが化石からも確認されている。以下にその特徴の例をあげよう。

・正顎《せいがく》、つまり横顔がほぼ垂直である。大人の類人猿と比べると、人間の額は傾斜しておらず、あごもつき出ていない。類人猿の幼児の顔は人間によく似ている。

・体毛が少ない。類人猿の乳幼児も毛が少ない。

・耳の形。類人猿の乳児の耳は私たちのによく似ている。

・大後頭孔が中央に位置している。類人猿の場合、成長するにつれてこの位置が後方に移動する。

・体重に比して脳が重い。類人猿の幼児は、脳対体重の比率が大人の類人猿より人間に近い。

・頭蓋縫合（頭骨と頭骨の継ぎ目）が長く残る。ほかの霊長類も、頭蓋に縫合がある状態で生まれてくるが、人間よりはるかに早い時期に癒合して閉じる。

・手と足の構造。類人猿の胎児の足と足の親指は、かなり人間に近い形をしている。その後、成長するにつれて類人猿特有の曲がった親指になる。

・眉の部分に隆起がない。ゴリラとチンパンジーの幼児には隆起が見られない。成長するにつれて発達していく。

・頭頂部に矢状稜《しじょうりょう》（とさか状の隆起）が見られない。

・頭蓋骨の骨が薄い。人間の頭の骨は硬いが、ほかの霊長類に比べるとそれほどでもない。

・額が広い。

・歯が小さい。
・成長してから歯が生える。言いかえれば、歯のない時期が長い。類人猿も歯がない状態で生まれてくるので、この点で人間は類人猿に似ている。
・親離れが遅い。人間はほかの霊長類よりも、赤ん坊でいる期間が長い。
・寿命が長い。言いかえれば、若くいられる期間が長い。
・胎児が成長する速度が遅い。人間のほうが妊娠期間が長い。

ネオテニーは、車輪や火にも引けをとらない進化の大発明と言える。私たちの祖先はすでに直立二足歩行を始め、知能を高めていた。それに加えて、脳が大きくても無事に生まれてこられるようになると、まったく新しい世界が開け、まったく新しい進化の力が動きだした。今や私たちはサバンナを縦横に移動しながら、狩りをしたり食料を探したりすることができる。ナックル歩行のいとこたちよりもはるかに速いスピードで歩いていける。しだいに賢くなる頭脳を駆使して、問題に直面しても途方に暮れずにそれを解決できる。解決できないまでも、少なくとも当座はしのげるようになった。それは脳のおかげであり、脳が産道に合う大きさで生まれてくることができるおかげである。何より重要なのは、生まれたあとも長い時間をかけて成長していくために、外界からの刺激やいろいろな経験を通して豊かな知性が育まれていったことだ。私たちはさらに賢く、さらに臨機応変になり、以前よりもひとりひとりの個性が際立ちはじめた。まだ幼いうちに多くのものを見、嗅ぎ、聞き、さまざまな人間関係を経験することが、私たちにとってプラスに働くようになった。まだ脳が柔らかい――いわば脳が胎児の状態にある――ので、そうした経験に反応し、そこから学ぶことができるからだ。私たちの行動パターンは、ほかのどんな動物よりも決まりきっていない。人間はＤＮＡに縛られる度合いが低く、可塑性が高い状態で生まれてくるようになった。

人類学者のＷ・Ｍ・クログマンはこう説明している。「成長期がこれほど長く続くのは、人間ならではの特徴だ。それがあるからこそ、人間は単なる本能の動物ではなく学習する動物になっている。生まれながらに刷りこまれている絶対的な本能の指令に従って行動するのではなく、行動を学習するようにプログラムされている」［注釈10］。別の言い方をすれば、ただ単に学習ができるだけでなく――学習するだけならイヌやネズミにもできる――学習し、変化に対処し、その変化に応じてさらに変化することのできる生物になった。私たちの祖先が獲得した脳をもってすれば、遺伝子の容赦ない行進命令に縛られることなく、周囲の状況に合わせて対応することができる。これらがすべて、私たちの祖先を人間らしい人間に向けてさらに大きく近づけた。しかし、私たちの若々しさと、それに伴う無力さは、集団全体に別の影響も及ぼしていく。

・・・・

ほとんどの哺乳類は、生まれた時点ですでに人生の困難に対処する能力をもっており、その能力は人間よりもはるかに高い。ヌーなどは、生まれて数分で群れと一緒に活動を始める。一方、私たちの祖先の場合、二〇〇万年前であっても赤ん坊の世話には非常に手がかかった。

先ほども触れたように、ヒトでは出産自体に人手がいる。さらには子供が生まれてからも、日の群れの移動に遅れずについて行くだけで、母子ともに何くれとなく助けてもらう必要があったはずだ。母親は自分の面倒も見なくてはいけないうえ、赤ん坊を捕食動物から守らなければならない。アウストラロピテクスの母親にとっては、ただ生きていくことが途方もない重労働だっただろう。それだけではない。出生率が上がっていけば、一度に二人以上の子供を世話する必要がある。このことはあらゆる群れに影響を与え、集団での生活の仕方や性行動を大きく変えたにちがいない。本当に頼りになって自分を助けてくれる相手を見つけられるかどうかが、すぐに死活問題になったと思われる。はじめて母親になった女性であれば、群れのほかの女性からも助けてもらえただろう（チンパンジーのあいだではよく見られる）。だが、それにも限度がある。人生は短く、子供が産める期間も短い。たいていの女性はすでに自分の子育てで手一杯で、そうそう人の面倒までは見られなかったはずだ。

遅かれ早かれ、父親から確実に手助けしてもらう必要が出てくる。産婆やいとこではだめだ。ということは、女性が男性に求める条件は、単に肩幅が広いとか、頭がいいとか、体力や腕力に秀でているとかいうだけでは足りない。原始的な形であれ、忍耐強さや誠実さ、思いやり、献身といった性質をもっていなければならない。

こうした変化がどういうふうに進んでいったのかはよくわからない。だからといって、この変化がもつ影響力を侮るのは禁物だ。サバンナという危険な環境に出たことが群れの結束を強めたように、ますます無力になっていく赤ん坊の世話をすることが親と子をより強い心の絆で結びつけていった。

これは現代人の男女関係からも見てとれる。霊長類のなかで、多少なりとも一雌一雄の関係なのは人間だけである。たとえばゴリラは一夫多妻制だ。雄は複数の雌とハレムを作って、ほかの雄を寄せつけない。順位の高い雄は明らかに強い遺伝子セットをもっているので、このシステムは非常にうまくいく。そのかわり、雄のゴリラはよき協力者である必要はない。雌ゴリラは雄の助けなど借りずに自分だけで立派に子育てをしている。

チンパンジーも多婚性だ。雌の発情期には、雄も雌も複数の相手と交尾をする。最近の研究から、チンパンジーの精子には人間より多数のミトコンドリアが含まれているのがわかった。卵子を受精させる権利をめぐって雄の精子が雌の子宮のなかで競いあうとき、ミトコンドリアが多いほうが競争する能力が高くなる（これは最も基本的なレベルでの適者選択である）。人間の精液にそんな力はない。そういう力を発達させなければならないような進化の圧力が働いたことがないからだろう。ヒトという生物はたいていひとりの配偶者と連れそう（例外はいろいろあるようだが）。なぜだろうか。いちばん説得力がある説によればこうだ。サバンナの猿人たちにとっては、相手を見つけて子供を作ったら、ふたりで協力しながら育て、無力な子供を危険な世界から守ってやったほうがいい。そういう方向に進化の圧力が働いたのだ、と。

つまり、ヒトの進化のどこかの時点で家族に似た単位が生まれ、それと同時に人間関係が複雑になっていった。どの相手がいちばん献身的に世話をしてくれるか。最も信頼できて裏切らないのは誰か。その点を見極めるために、こみ入った策略を用いる必要が生じた。対人関係において複雑なチェスゲームが発達せざるをえなくなる。かけ引きをしなければ、相手の愛情と忠誠を勝ちとれない。もちろん、配偶者を選ぶうえでは、強い遺伝子セットをもっているかどうかが最大の問題であることに変わりはない。私たちが今でも、にっこり笑ったときの白い歯や、力強く健康な肉体や、運動能力の高さに魅力を感じるのはそのためだ。だが、祖先たちのあいだでは、個人の性質や行動の仕方といった要素もしだいに重視されていった。種全体が、そして群れが生き残るためには、それが必要なのである。

以上のような変化がいつ起きたのかを正確に特定するのは難しい。だが、ヒトとチンパンジーが共通の祖先から枝分かれして、およそ三〇〇万年が過ぎた頃ではないかと考えられている。すでに何種類ものアウストラロピテクスが誕生しては消えていた。この時点では、私たちの直接の祖先となるホモ・ハビリスが中心的な霊長類としてサバンナで暮らしている。彼らの知性も、行動も、人間関係も、徐々に人間に近づきつつあった。この三つはいずれも、より精緻なコミュニケーションを可能とし、また必要とする。人間文化の最初の小さな火が、かすかな光を放とうとしていた。新しいヒト属が形を取りはじめ、サバンナでの暮らしはかつてなく興味深いものとなっていく。祖先たちが立ちあがり、二足で歩く段階はすでに終わった。今度はまったく新しい特徴が進化しようとしていた。その特徴は、これまでのどんな出来事にも増して彼らを大きく変えることになる。

Thumbs

第二部　手の親指

三章　発明の母

さて、もしも集団のなかのひとりがほかの者より賢くて、新しい罠や新しい武器を発明したとしたら……ほかの者たちは純然たる利己心から、さして理屈を考えることもないままにその発明を真似るだろう。そうして集団全体が利益を得る。……発明が重要なものであれば、その集団は構成員の数を増やし、勢力の範囲を広げて、ほかの集団を駆逐するだろう。

——チャールズ・ダーウィン『人間の進化と性淘汰』

自分の手を眺めてみてほしい。上に上げて。曲げて。反らせて。指人形をするみたいに動かして。じつにうまくできている。五本の指と、一四個の関節と、二七個の骨がつながって、これほどおもしろくて役に立つ動きができるようになったのは進化の歴史のなかではじめてだ。手首にはさいころのような骨が八個あり、縦横に張りめぐらされた靭帯によってつながっているので、手をひねれば一八〇度回転させて裏返すことができる。このおかげで、私たちには特殊な動作ができるようになった。たとえば、野球のバットを振る、コップに牛乳を注ぐ、ピアノでデューク・エリントンの曲を弾く、肖像画を描く、などだ。ほかの動物では、いくらやりたくてもとうてい無理である。

手の指を曲げ伸ばしする筋肉は、じつは指にはついていない。指はいわば遠隔操作で、操り人形の要領で動いている。はるか上の肩から始まった腱が、前腕の中部と手のひらで固定され、五本の指につながって、操り人形の紐のように指にダンスを躍らせる。こうした構造になっているために、人間の手はじつに多種多様な動きができる。だが、私たちの手をとりわけ特別なものにしているのは、何と言っても第一指。つまり親指だ。

手の親指は素晴らしい特徴をいくつも備えている。そのひとつが親指の位置だ。足の場合、もともと第一指は手の親指のような位置にあった。それを進化が変え、まっすぐに伸ばして今の親指ができた。だが、手の親指は違う。むしろ逆の方向に進化して、木に登ったり枝をつかんだりといった本来の機能がさらに強化された。

今でも私たちの手がゴリラの足にそっくりなのはこのためだ。親指がほかの四本の指より下にあり、しかも離れている。まるで仲間に入るのを渋っているみたいに。だからといって、親指はけっして脇役に甘んじているわけではない。

ほかの霊長類と比べて、人間の手の親指には曲芸のような多彩な動きができる。チンパンジーの場合、人間のように手の親指を大きく回すことができない。そのせいで、あらゆる親指がひそかに憧れている状態に完全にはなれずにいる。その状態とは、親指がほかの四本の指と向かいあうことだ。「完全には」と言ったのは、通説とは裏腹に、チンパンジーなどのサルの親指もほかの指と向かいあっているからだ。ただ、人間の親指ほど変わった動きができないだけである。何が違うかと言えば、私たちの親指は手のひらの上を横切って小指や薬指にやすやすと触れることができる。しかも、小指や薬指で親指の付け根のほうに触れることもできる。こんな動物は人間以外に一匹もいない。一見ごく単純な動きでありながら、これができるおかげで私たちの手は、ほかの動物とはまったく異なるやり方で握り、つかみ、回し、ひねり、巧みに物を扱い、物に触れることができる。この能力があるからこそ、ハンマーや斧を手に取って使うことができるし、腕の力と打撃の威力がうまく伝わる場所を握れば、ただの棒きれを破壊的な武器に変えることもできる。チンパンジーも、これ見よがしに棒を上下に振ることがないわけではない。だが、人間の場合は、前腕の軸に沿って棒を握り、高いところから振りおろして骨をも砕く力を生みだす。チンパンジーの動作とはわけが違う。

また、チンパンジーは枝をつかんで木から木へと渡っていくのは得意なものの、人間のような指の動きができないために、ごく小さな物体を優しく正確につかむのは無理だ。たとえば米粒をつまむには、私たちが鍵やクレジットカードをもつときのように親指と人差し指の腹で挟む必要があるのだが、そんなに正確に親指と人差し指を動かすのはチンパンジーにとって至難の業である。人間と違って、それができるような筋肉や神経の構造になっていないからだ。私たちが同じ米粒を拾いあげるなら、親指の指先を使い、親指と人差し指で輪を作って、丁寧につまむことができる。ちょうど、「オーケー、完璧」と合図するときの手振りと同じだ。ある意味では、まさに「オーケー、完璧」なのである。

こういった動きができるのは、私たちの親指に特殊な腱が発達しているからだ。そのうちのひとつは親指の関節から始まって長母指屈筋《ちょうぼしくっきん》につながり、延々肩まで続いている。これがほかの三つの筋肉と一緒に働いて、押したり潰したりといった動作はもちろん、手を広げて親指を手のひらから横に離したりすることができる。これらの動きは、ジョイスティックを操作したり、キーボードを打ったり、携帯電話のボタンを押したりするときに便利だ。だが、それだけではない。棒や石を握ったり取りあつかったりするうえでも非常に役に立つ。二百数十万年前、私たちの祖先はそうした自然の芸術品を利用して、斧、槍、小さなナイフといった最初の道具を作ったのである。

人間の手と五本の指が並外れているのは、いろいろな形にすばやく動かせる点だけではない。手の感受性がきわめて高いこともそうだ。指の皮膚一平方センチメートルあたりには「マイスナー小体」が約一四〇〇個も詰まっている。マイスナー小体は卵形の突起で、表皮のすぐ下に並んでいる。ひとつひとつの突起のなかに、コイル状に巻いた神経の末端が収まっていて、私たちが何かに触れるたびにそれを感知し、信号を送って脳に処理させている［注釈1］。同じ種類の神経は、手以外にも体のとくに敏感な場所に配置されている。舌、足の裏、乳首、ペニス、クリトリスなど、性感帯にはすべてだ。この神経は、非常にきめの細かい感覚情報を集めるのに適している。かつて一九世紀スコットランドの解剖学者、チャールズ・ベル卿は、私たちの手は「じつに力強く、じつに自由であり、それでいてじつに繊細」だと述べたが、それはまさにこの神経のおかげである。

器用さと敏感さのふたつが組みあわさらなければ、ミケランジェロは「モーゼ像」の顔を彫ることはできなかっただろうし、レオナルド・ダ・ヴィンチが「最後の晩餐」を描くこともなかった。ホロヴィッツは、子供向けに編曲されたピアノ協奏曲「皇帝」を弾くことさえできなかったにちがいない。シェイクスピアは羽ペンをつかむのもままならず、何千と発明した新語をただのひとつも書くことは叶わなかっただろう［注釈2］。

ここに、一見わかりにくいが重要なポイントがある。私たちの手と親指は、じつに器用にさまざまな仕事をこなすことができる。いわば、人間らしさの要だ。手と親指の進化は、文字どおり私たちの心を変えた。手と親指のおかげで私たちは外界を巧みに操作できるようになり、そうやって物体を操作することが結果的に私たちの心を形作ったのである。この点にヒントを得て、小説家のロバートソン・デイヴィスは著書『もって生まれた性分（*What's Bred in the Bone*）』のなかでこう書いた。「脳が手に話しかけるように、手も間違いなく脳に話しかけている」。創造性、記憶、感情、そして何より（あとで見るように）言語のための脳回路が存在するのは、まず手の親指が進化したからである。親指は、私たちと外界との物理的な会話を指揮し、その過程で脳に神経回路が作られ、それが土台となって人間特有の心が生まれた。手の親指はそれほどの影響力をもっている。手の親指がなかったら、私たちは人間ではなくほかの何かになっていただろう。

私たちの直接の祖先にとって、手の親指が発達したことは生きのびるうえで非常に大きな強みとなったはずだ。ナックル歩行のかわりに直立二足歩行をする時間が長くなるにつれ、彼らの両手は自由になり、もっと多くの物をもち、運び、投げられるようになり、ついにはもっと多くの物を操作して作りだせるようになった。古い時代のサバンナの猿人たちが直立二足歩行を始めていなければ、手の親指は進化しなかった。手の親指が進化しなければ、私たちもまた進化していなかった。

・・・・

何らかの形態の手と親指が現われるのは、それより四〇〇〇万年前の原猿類にさかのぼる。人類の進化の原点だ。だが、少なくとも私たちが見慣れているような手が登場するのは比較的最近になってからである。化石から得られるメッセージは混乱しているものの、そこから判断するかぎり、親指が今のような形で向かいあうようになったのはせいぜい二〇〇〇万年前だろうと言われている。この頃には、アフリカの平原にホモ・ハビリスが姿を見せていた。彼らは、草原で暮らすほかのどんな霊長類よりも賢く、足が速く、創意工夫に富んでいた。

具体的にどの種類のアウストラロピテクス属がホモ・ハビリスにつながったのかはまだ明らかになっていない。だが、新しいホモ属が特殊な親指とともに登場すると、それまでには見られなかった興味深い出来事がくり広げられていった。まず最初に起きたいちばんわかりやすい変化は、道具作りである。アウストラロピテクスたちは、ルーシーにしてもタウング・チャイルドにしても、道具を「使う」ことはあれ「作る」ことはなかった。おそらくはチンパンジーのように、小枝や骨、草や石を武器にしたり、原始的ではあるが便利な小道具にしたりして、おもに食料集めに役立ててはいただろう［注釈3］。だが、それらの形を作りかえて、自然が意図したより尖らせたり、複雑にしたりはしなかった。それが科学者のほぼ一致した見方である。アウストラロピテクスたちはそこまで器用に手を動かせなかったし、そういう可能性を思いつく知力ももっていなかった。彼らは現代のチンパンジーと大差なかったと言っていい。

一九六四年、ある論文が『ネイチャー』誌に掲載され、道具を作った最初の生物の存在が確認されたと発表された。道具を作る祖先がそれまで見つかっていなかったこともあって、世界には衝撃が走った。発見者は、霊長類学者のジョン・ネイピアと、古人類学者のフィリップ・トバイアス、そして人類進化学の長老、ルイス・リーキーである。場所はタンガニーカ（現タンザニア）のオルドヴァイ渓谷だ。この原人はアウストラロピテクスではない、と三人は述べた。同じ時代から見つかったどの祖先の化石よりも脳が大きい。しかも、手が現代人に非常によく似ている。三人はこう記した。「手の骨はホモ・サピエンス・サピエンス［現生人類］に似て、短く幅の広い指骨が指先についている……」

科学界は度肝を抜かれた。二〇〇万年前の化石に現代人そっくりの手が見つかるというだけでも一大ニュースである。だが、もっと驚いたのは、同じ場所の同じ地層から単純な道具が見つかったことかもしれない。それは、角の尖った石片。物を切ったり、何かをこすり取ったりするのに使われたものだ。

じつを言うと、リーキーたちもこれには驚いた。見つかった頭蓋骨とあごの断片を見るかぎり、「道具を作った人類」の称号を与えるにはホモ・ハビリスの脳が予想より小さかったからである。

容積はわずか六八〇ccほどしかなく、現代人の平均の半分程度にすぎない。にもかかわらず、リーキーたちはその生物を「ホモ属」に分類すべきだと感じた。私たちの直接の祖先であるのは間違いない。何と言っても道具を作れるのだ。どんな脳だったにせよ、私たちの同類とみなせるくらいの脳ではあったのだろう。

リーキーの発見以来、ホモ・ハビリスが人類の系統図のどこに位置するかについて人類学者たちは四〇年以上も議論を重ねてきた。ハビリスの発見は四例しかないため、この謎を解くのは難しい。だが、異論の余地のない問題もひとつある。ホモ・ハビリスは、ルーシーをはじめ先立つアウストラロピテクスには見られない特徴をもっていた。手の親指だ。ハビリスの手の親指は長く、四本の指と完全に向きあうことができ、基本的に私たちの親指とまったく変わらない。ネイピアはこう指摘した。「親指のない手は、よくて『先の合わない鉗子《かんし》』、悪くすればただの『動くフライ返し』だ。親指がなければ、手は進化を六〇〇〇万年逆戻りする。六〇〇〇万年前は親指だけを動かすことができず、親指は単に五本指の一本にすぎなかった。人類はかなり平凡な霊長類から進化したが、その背景には、親指の対向性がどれだけ重要な役割を果したことか。その点はいくら強調しても足りない」［注釈4］

ハビリスの親指は、道具が作れるまでに進化していた。その人間特有の形と仕組みは、自然界がいまだかつて見たことのない行為をやってのけた。力強い手のひらと指を窪めて、不規則な形をした大きな燧石《すいせき》（火打ち石）を押さえ、もう片方の手で野球のボールを握るようにして別の石を握って（人差し指と中指を上にかけて下を親指で支える「三爪《さんそう》チャック」と呼ばれる握り方）、

「三爪チャック」は人間特有の握り方だ。これができると、親指、人差し指、中指の三本で石のように不規則な形の物体を握ることができ、その物体を道具として用いることができる。また、手のひらを窪めて、腕の力と打撃の威力がうまく伝わる場所を握れば、ただの棒きれを破壊的な武器に変えることもできる。（出典：“Evolutionary Development of the Human Thumb” by Mary Marzke　許諾：Mary Marzke）

くり返し、だが正確に大きなほうの石に打ちつけたのである（「チャック」は旋盤の一部で、加工物をつかむ万力のこと）。

簡単そうに思えるが、ほかの霊長類にはできない。手の進化と機能を研究するメアリー・マーズキーは、こういう動作ができる理由を次のように説明する。「手の各部の比率や、関節と筋肉の配置が独特のパターンをもっているために、手をカップ状に窪めることができ、多種多様な形で物を握れるようになった」［注釈5］

進化はホモ・ハビリスの手を「何でも屋」にした。物をつかみ、ねじり、回し、押し、引く。しかも、それまで進化してきたどんな動物とも違うやり方で。おかげで、じつに多彩な握り方や手の形が可能になった。

どれほど控えめに言っても、これがホモ・ハビリスにプラスに働いたのは間違いない。彼らにはどんな手助けでも必要だったからである。ハビリスが現われる頃、アフリカのサバンナでは熱波のために乾燥化が進んでいた。わずかな木立も、そこから得られる木の実や果実も、よりいっそう減りつつあった。だが、比較的大きい哺乳類は草原で進化を続けていて、彼らはしばしば大型ネコ科動物の餌食になる。自分では大物を仕留められない動物であっても、残り物を分けあうのを厭《いと》わなければ、おこぼれにありつける。ホモ・ハビリスに道具作りという新たな武器があれば、餌を手に入れる確率はかなり高まったのではないだろうか。

それができるのも、親指が力強く、すばやく動けるからである。親指と、親指のおかげで能力が高まった手で、ホモ・ハビリスは石の塊を尖ったナイフに変えた。ナイフには非常に鋭い刃がつき、それを使えばカバやゾウなどの大型動物も解体できた。だが、狩人がもつ道具ではない。いわば、ジャッカルのあごやハゲワシのくちばしを人工的に作ったようなもので、死肉を切りわけるための道具である。だが、このうえなく重要な前進でもあった。少なくともそれが、オルドヴァイ渓谷の化石から読みとれるメッセージである。

こういうナイフは実際どれくらい使い物になるのだろうか。それを確かめるため、インディアナ大学の人類学教授、ニコラス・トスは、同じ大学の考古学者たちとアフリカに向かい、二〇〇万年前にホモ・ハビリスが暮らした場所を訪ねた。到着すると彼らは、ホモ・ハビリスが使ったのと同じ燧石を手に取って、自分たちでも石のナイフを作ってみた。小さい石を、大きめの石（これを石核《せっかく》と言う）に慎重に打ちおろす。この「ハンマー」で叩くたびに、かみそりの刃のように鋭い石片が石核からはがれ落ちた。

東アフリカという場所は、人の手で道具を作るための材料がふんだんにあるのにトスたちは気づく。石のナイフを作るのは、器用な親指さえあれば難しくない。彼らは古代の道具とそっくりなものをいくつもいくつも生みだした。だが、苦労はそのあとでやってきた。

トスたちが鋭い刃のついた石器をもってサバンナに出ると、自然死と見られるゾウの新しい死骸に二度遭遇した。彼らはホモ・ハビリスの小さな群れのように、ゾウの皮を剥ぎ、肉を切りわけてみることにする。トスとキャシー・D・シックは、このときの経験を著書『物言わぬ石に語らせる——人類の進化と技術の夜明け（*Making Silent Stones Speak: Human Evolution and the Dawn of Technology*）』に次のように綴っている。

「少しひるみながらも、私たちは獲物に近づいていった。手にした武器は、溶岩や燧石で作った単純な剝片と石核である。ゾウの堂々たる巨体が迫ってくるにつれ、そんな道具などとうてい役に立たないように思えてきた。死骸の重さは約五・五トン。キャンピングカーほどもの大きさがある。それを目の当たりにして、最初は途方に暮れた。どこから手をつければいいんだろう？ゾウのさばき方を説明した実地マニュアルなど見たことがない。しかも、小型の動物と違って、重機がなければ動かすことができないのだ（やりやすい箇所を見つけるために裏返すこともできない）。死骸が横たわっているそのままの状態で作業をするしかない……。

これまでほかの動物では何十回となく成功させてきたが、今度ばかりはこんな道具でうまくいくかどうか自信がない。ところが、小さな溶岩の剝片で鋼《はがね》のような灰色の皮に切りつけると、二～三センチの深さに切れて、おびただしい量の赤い肉があらわになった。この大きな壁を突破してからは、肉を切りだすのはそれほど難しくなかった。巨大な骨と肉には、硬くて太い腱や靭帯

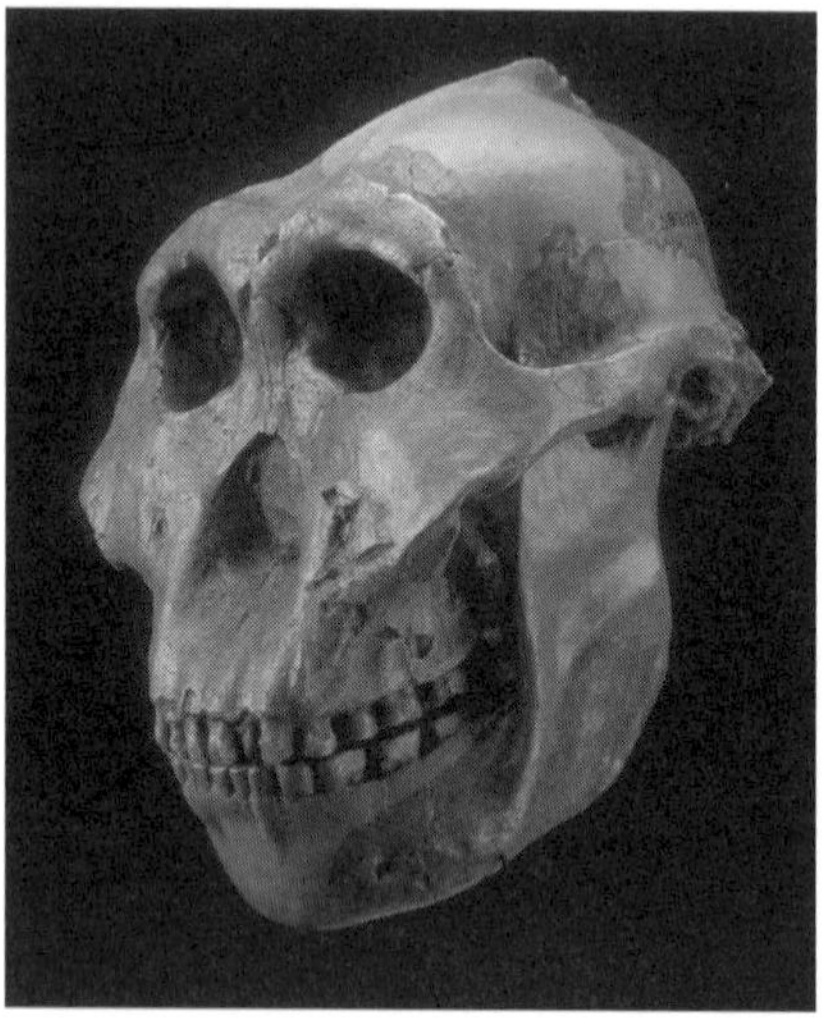

パラントロプス・ボイセイの成体の頭蓋骨。（許諾：The Smithsonian Institution）

がついているので一苦労だったが、それも私たちの石器でうまく処理できた」［注釈6］

・・・

ホモ・ハビリスが、こうした道具と、道具を作る能力を得たことは、生きのびるうえでどんな動物も経験したことのない大きな強みとなる。ホモ・ハビリスが死骸を切りわけていたのとちょうど同じ頃、やはり直立二足歩行の霊長類であるパラントロプス・ボイセイ（*Paranthropus boisei*）などが近くで別の暮らし方をしていた。彼らは地下茎や地虫、果実や木の実などを食べていたが、肉は食べない。一方、ホモ・ハビリスはすでに彼らより大きな脳をもち、石のナイフを手にして、デイノテリウムやカバの死肉を食べていた。そのおかげで体は丈夫になり、生肉からタンパク質を得て脳をさらに大きくできた。

ホモ・ハビリスが狩りの達人だったわけでは

ない。身長はおよそ一二〇センチ、体重も四五キロほどで、動物を恐れさせるにはほど遠い。だが、道具があるおかげで、ほかの動物の強さやスピードや獰猛さに乗じて漁夫の利をせしめ、霊長類のいとこたちには手の届かない食料を得られた。やがて、道具作りの能力によって、ホモ・ハビリスはアウストラロピテクスに大きく水をあけることになる。ホモ・ハビリスは技術を用いる動物であり、技術が与えてくれる利益をすべて手にしていた。化石の記録を見るかぎり、パラントロプス・ボイセイやその近縁の系統のほうがホモ・ハビリスより絶滅の時期は遅かったようである。だが、彼らの系統は結局あとには続かなかった。一方ホモ・ハビリスは、道具を作る種として、さらに知能の高いホモ・エレクトスやホモ・エルガステルへと進化を遂げる。いずれはまさにその系統から、私たちが誕生するのだ。

・・・

ホモ・ハビリスの道具は、彼らが生きのびる確率を高め、脳の増大を後押しした。それと同時に、もっと遠い未来にまで影響する変化をもたらす。手の親指が、道具作りを可能にしただけでなく、新しい心を形作りはじめたのだ。リーキーとネイピアものちにこう主張している。ホモ・ハビリスがほかの霊長類と一線を画すことができたのは、道具だけでなくその心に原因がある、と。もっと正確に言うなら、道具を考えだし、道具を作れる脳をもったことが、彼らを特別な存在にした本当の要因である。

この生物に「ホモ・ハビリス」と名づけたらどうかとリーキーたちに提案したのは、タウング・チャイルドを発見したレイモンド・ダートだった。「ホモ・ハビリス」はたいてい「器用なヒト」と訳されるが、ハビリスには「有能である、知的能力が高い」という意味もあると、リーキーたちは論文で指摘している。この言葉は、彼らが思っていた以上に的確で、先を見抜いていたと言えるかもしれない。なぜなら、その後のさまざまな研究により、手先の器用さと知的能力に密接な関係があることがわかってきたからだ〔注釈7〕。別の言い方をすれば、私たちの祖先が生きた物理的な世界が、今日の私たちが生きる精神的な世界を形作ったのである。このふたつは切りはなせない。

・・・・

二三〇〇年以上前の古代ギリシアでは（のちにはローマでも）、偉大な雄弁家たちが長い演説や長い詩を覚えるとき、じつに独創的な記憶術を用いていた。彼らが「トポス」と呼ぶ「場所法」である。当時、記憶術はなくてはならないものだった。まだ紙とペンがめったに手に入らない時代のこと。考えや文言を書き留めるのはそう簡単ではない。デモステネスやキケロといった雄弁家は、聴衆を魅了し、論敵を打ちのめしながらときに何時間も演説をしたが、話の流れを追うのに利用したのは「場所」のみだった。

どうやるかと言うと、まず自分がよく知っている物理的な空間をイメージする。たとえば、自分の家に入ってなかを歩いていくところを思いうかべるとしよう。玄関ポーチがあり、ドアがあり、廊下があって居間がある。あなたが覚えたいのは買物リストの品物だ。そうしたら、自分が家に入っていく光景をイメージしながら、買う物の名前をそれぞれの場所に結びつけていく。ポーチに置かれた牛乳、ドアについたリンゴ、廊下の上にパン、といった具合に。個々の品物を、心のなかの具体的な場所とすべて結びつけてしまえば、あとは想像の家のなかをもう一度歩いてみるだけでいい。思いだす手がかりとなるものが順番に待っていてくれる。演説を覚える場合はもう少しややこしい（「品物」がもっと抽象的になる）ものの、基本的な考え方は同じだ。覚えたい項目を、自分のよく知っている物理的空間に結びつけるのである。

概念（あるいは食品）をただ並べて丸暗記するより、こうして視覚的なイメージを利用するほうが覚えやすい。なぜそうなのかは一見わかりにくいが、とにかくうまくいく。なぜうまくいくかと言えば、もともと私たちの脳は物理的な世界のなかで位置を把握できるように進化したからである。抽象的な思考を扱いはじめるのはずっとあとのことだ。私たちは三次元の世界に生きている。その世界のなかで、私たちは前に進み、後ろに下がり、左右に動き、上がったり下がったりする。私たちの脳のいちばん基本的なレベルでは、こうした物理的な視点で世界とかかわっている。単細胞の細菌や、ごく小さな魚でさえ、世界をそうやって「理解」している。そうでなければ身動きひとつできない。捕食動物から逃げることもできなければ、食料を嗅ぎつけても追うことすらできない。生きていくには空間を理解して、そのなかを動くことが必要だ。

高尚で複雑な能力、たとえば言語、哲学、戦略、内省、発明、創造性などを支えているのは思考である。その思考は物理的な世界とは結びついていないのではないかと、私たちはそう思いがちだ。しかし、脳が物理的な空間を把握するのに秀でるようになったことは、私たちの物の考え方にも大きな影響を与えていて、それを裏づける証拠もたくさんある（議論の余地のない証拠だと考える者もいる）。たしかに私たちの精神生活は形のない概念に満ちあふれている。たとえば、重要性、類似、困難、欲望、親密、野心などだ。だが、それらについて考えるときには非常に具体的な言葉を用いていると、言語学者のジョージ・レイコフと哲学者のマーク・ジョンソンは指摘する。私たちは人の言わんとするところを「見てとる」。真実を「つかむ」。うまく理解できないことは頭から「こぼれる」。人と「衝突」し、恋に「落ち」、アイデアを「練る」。プレッシャーを受けると「押しつぶされ」そうな気持ちになり、素晴らしい人がいれば「仰ぎ」みる。距離や長さで感情を表わしたりもする。たとえば、友人を「身近」に感じ、腹を立てているときは人から「距離」を置き、気分が「浮き」「沈み」する。重要な物事は「大きな」問題だと考え、映画や本がつまらなければ「最低」だと言う。時間のような抽象的なものまで、物理的な言葉で考えたり言いあらわしたりする。過去は「後ろに」過ぎさり、未来は「前途に」横たわる。

こういう比喩はどんな国の言語にも見られ、あらゆる人の考えのなかに頻繁に顔を出す。それは、あなたがモンゴル出身でも、南米の南端にあるティエラ・デル・フエゴ諸島の出身でも変わらない［注釈8］。こうした表現は、早くも乳幼児の頃から人間の脳に刻まれる。ジョンソンはそのプロセスを「融合」と呼んだ。赤ん坊の知性はまだ十分に発達していないため、自分の実際の経験と、その経験にしばしば伴う別の何かを完全に切りはなすことができない。たとえば、赤ん坊が愛情を感じるとき、物理的に体を抱かれて温かさと安心感も感じているのが普通だ。そこで彼らはそのふたつの経験を「融合」させる。物理的に誰かの近くにいることが、その近さからくる安心感と同義になる。もちろん成長していけば、愛情と体の温かさが同じではないと学んでいくが、ごく幼いときの経験に刻みこまれているだけに、私たちは大人になってもそのふたつの概念を結びつける。

別の研究によると、私たちがたとえば「落ちる」という単語を思いうかべたとき、そこからの連想で恐怖や失敗といった感覚を覚える。そのふたつが脳のシナプスのレベルで結びつけられているからだ［注釈9］。だとすれば、私たちが「温かい微笑み」とか「近しい友人」と言うとき、概念のうえだけでなく神経のうえでもふたつはつながっていることになる。

何かを記憶するときに、家のなかを歩くなどの体を使った活動と結びつけると覚えやすいのは、たぶんそのせいだろう。だが話はそれだけではない。手が進化したために、なかでも完全な対向性のある親指が進化したために、私たちの脳は物理的な世界をよりいっそう正確に知覚できるようになった。親指のおかげで、環境から与えられるものにただ受け身で反応するだけではなくなったからだ。今や自らの意志で環境をつかみ、操作できる。それまでどんな動物もできなかったやり方で。このことは、人類の進化におけるふたつの重要な出来事を結びつけていく。たいていの人は、そのふたつに関連があるとは思っていないだろう。そのふたつとは、道具作りと言語だ。

・・・・

パトリシア・グリーンフィールドは、カリフォルニア大学ロサンジェルス校の発達心理学者である。彼女は、子供が手を使って物体を操作するやり方と、私たちが言葉を口に出す前に頭のなかでシンボルを順序だてるやり方が、非常によく似ているのに気がついた。

ある実験で、グリーンフィールドは子供たちを年齢別に三つのグループ——六歳児、七歳児、一一歳児——に分け、図形を使った問題を解かせた［注釈10］。まず、二〇本の棒を使って、四角形がいくつかつながった図形をテーブルの上に作っておく。次に、子供ひとりひとりに同じ二〇本の棒を与え、その図形とまったく同じものを作るように指示する。すると、年齢に応じて取りくみ方が異なり、その違いから、脳がどうやって思考を組みたてているかについて驚くべき手がかりが得られた。

六歳児のやり方はみな同じだ。一本の棒を置き、そこにつなげる形で次の棒を一本置く。すでに置いた棒と離れたところに四角を作ることはけっしてない。しかも、かならず最後に置いた棒と接するように棒をつなげていく。要は手探りで問題に取りくみ、苦労しながらどうにか手本と同じ配置を再現しているのだ。これ以外のやり方はまったくできなかった。

七歳児になると少し様子が違ってくる。最後に置いた棒にばかりつなげるのではない。また、どこともつながっていない四角形を作る場合もあった。そのうえで、残りの棒を使ってその四角形どうしをつなげて完成させる。グリーンフィールドによると、わずか一歳の違いなのに、七歳児のほうがはるかに工夫があるし自信をもって取りくんでもいた。猿真似のように、手本を棒単位で一本ずつ再現していくのではなく、彼らは全体のパターンを見つけだし、個々の単位を作ってつなげることでそのパターンを再現していく。

一一歳児になるとまったく別の次元に飛躍する。彼らに図形を見せると、まるでピアノの名人が「キラキラ星」を弾くかのような態度で問題に臨んだ。どうやら彼らは一目で全体のパターンをつかんだようである。そのうえで、そのイメージを頭のなかに保持したまま、問題の別の側面に目を向けた（これができるのは人間だけであり、このとき使われる記憶力を「ワーキングメモリー」と呼ぶ。ワーキングメモリーがあれば、心のなかのイメージをしばし脇に置いて別の作業をしながらも、最初のイメージを見失うことがない)。一一歳児はこの図形を棒単位の問題とはとらえていなかった。四角形単位の問題ですらない。彼らは全体のパターンを相手にし、ありとあらゆるやり方で遊びながらもとの図形を再現した。棒をこちらに一本、あちらに一本、四角をいくつも作ってつなげるなど、思いつくかぎりの方法で図形を作っていく。彼らにとってはまったく造作ない問題なのである。

年齢に応じてなぜこれほど取りくみ方に差が出るのだろうか。グリーンフィールドによれば、脳には物体を順番に配置するための領域があって、そこに必要な神経回路ができていないと、より高度なやり方で問題を解くことができない。また、図形を物理的に再現する作業――どういうやり方で棒をつなげていくか――は、考えや言語を組みたてるやり方によく似ているという。

幼い頃の自分が、どうやって単語をつなげていたかを思いだしてみてほしい。基本的な情報は並べられるので、たとえば「びん、ちょうだい」などと言うことはできる。だが、成長するにつれて入りくんだ思考ができるようになり、単語の並べ方も高度なものになって、より複雑な概念を伝えはじめる。「びんを取ってもらえますか?」とか、「あそこのカウンターに載った牛乳びんを取ってくれますか?」といった具合に。つまり、文章全体のパターンのどこに単語や概念を当てはめればいいかを考えられるようになる。この作業は、パズルのどこに物体を当てはめればいいかを考える作業に似ているのだ。言語の場合は、「単語」がグリーンフィールドの実験の「棒」に相当する。棒(単語)を正しい配置(構文)に並べられれば、パズルは解け、何か意味のあるものを作りあげることができる。言語に置きかえるなら、まず概念を心に抱くか着想を得るかして、次に文章を作ってそれを表現する。こうして、単語と概念は想像上のバーチャルな物体となって、頭のなかであちこち動かせるものになる。物理的な世界で本物の物体を動かすのと大差ない。

グリーンフィールドはこうした研究をもとに、子供たちが見せる進歩は私たちの祖先の知的能力の進歩に対応していると考えるようになった。だが、二〇〇万年前に祖先はどんなパズルを解こうとしていたのだろうか。彼らはどうやって、今日の私たちのような脳を形作ったのだろうか。

・・・・

私たちはタコと違って手を二本しかもっていないため、物体を操作するときには順番に行なう。一度にやるわけにはいかないので、意図的にAの次にB、Bの次にCを行なう。そのときは、意識を集中させる必要がある。ほかのことに気をとられたまま弓を作ったり、矢を削ったり、蒸気機関を設計するなどありえない。そこには意図と集中が必要だ。家で家具を組みたてたことのある人ならわかるだろうが、Aの次にBをやって、Bの次にCをやらないと、物事はえてしてうまくいかないものだ。

レイコフ、ジョンソン、グリーンフィールドといった科学者が正しいとしたら、私たちが考えを組みたてられるのは、かつて小枝や石や動物の皮に手を加えて道具を作ることを覚えたからだ。名詞は物体になり、動詞は動作を表わし、私たち（または私たちの手）は文章の主語の役割を果たす。

「器用なヒト」のような祖先にとって、大腿骨を割ってなかの骨髄を食べるための体の文法は次のようなものだったのではないか。「石（で）、骨（を）、打つ」。物体や動作を単語――およびそれを表わす頭のなかのシンボル――と結びつけることはなくても、ひとつの物を使って別の物に影響を与えるというパターンは、彼らの体の経験の一部だったはずだ。この行為を避けては通れない。石を手に取って骨に打ちつけようと思ったら、所定の行動が所定の順序で起きなければ何も始まらない。脳はその順序を意識的に組みたて、その順序に従って行動を起こさせる。そうでなければ石も骨も永遠にその場に留まり、けっして相まみえることはないだろう。どんな猿人であれ、日がな一日ただ石と骨を眺めて何もせず、一グラムの骨髄も食べないとしたら、長生きして遺伝子を残せるはずがない。科学者が好む言い方をするなら、そういう生物は「淘汰」されるのである。

したがって、当然ながらこういう結論になる。道具を作ることは、道具を生みだすだけでなく脳を再構成することにつながった。そのおかげで、手が世界とやりとりするのと同じ方法で脳が世界を理解できるようになったのだ、と。私たちの操り人形の指は、周囲の物体と物理的な会話をしている。その会話が脳に影響を与え、脳が物事を系統だてたり考えを組みたてたりするときのやり方を方向づけた。脳が手に話しかけるように、手も間違いなく脳に話しかけている〔注釈11〕。芸術が、というより少なくとも手工芸が、現実を模倣しはじめた。現実には、五感で感じることのできる具体的な順序がある。そしてその順序のなかから、人間らしい複雑な思考と言語の萌芽が生まれつつあった。

・・・・

一九九六年、イタリアはパルマ大学のヴィットリオ・ガレーゼとジャコモ・リゾラッティのグループは、進化が生みだした奇妙で不可思議な現象を発見する。彼らはマカクザルの脳を調べていて、F5野と呼ばれる領域のニューロンが発する信号を記録していた。F5野は前頭葉《ぜんとうよう》にあり、前運動野《ぜんうんどうや》という領域のなかに位置している。前運動野は、動作をしたり動作を予測したりするのに関与していて、まさに「前」運動野と呼ぶにふさわしい［注釈12］。

サルが何らかの目標をもった動作、たとえばピーナッツを拾いあげて手にもつといった動作をするとき、このF5野が活動するのをすでに研究チームは知っていた。このときの実験では、手に取る対象が違ったらニューロンの活動も変わるのかどうかを調べようとしていた。つまり、ピーナッツ一粒ではなくリンゴ一切れだったら、何か違いが起きるかを確かめたかったのである。

この実験を行なっているとき、奇妙なことが起きる。研究者のひとりが食べ物を手に取って口に運んだとき、それを見ていたサルのF5野が反応したのだ。その食べ物がテーブルに置いてあるのを見ただけのときには、F5野はまったく反応しない。なんとも不思議なことに、F5野が反応するのは、研究者がそれを手に取るのを見ているときか、サル自身がそれを手に取るときかのどちらかだった。

この現象が意味するところは途方もなく大きい。動作をするだけでなく、見ているときにも同じニューロンが活動するなら、サルの脳は自分が見ている動作を自分自身で行なったかのように脳のなかで——心の目で見て——演じていることになる。体を使った他者の動作を、心のなかで

「鏡《ミラー》のように」忠実に映しだしている。原始的なレベルではあるが、自分が動作しているところを想像していると言ってもいいかもしれない。自分の心のなかで、他者の経験をニューロンの一本一本を使って再現し、自分が見ている研究者の立場に身を置いた。彼らは一種の共感を経験しているのであり、その共感自体も想像力がなくては成りたたない。

F5野ニューロンの活動のおかげで、一見すると単純な仕草や手を使った簡単な動作が、どんな叫び声や唸り声や吠え声よりもはるかに強力なコミュニケーションの手段となった。サルが研究者の動作を心で思いえがいているのだとしたら、その動作を記憶して学習もしていた可能性が高い。サルは見、サルは実行する。

この現象をどの角度から眺めてみても、意図的なコミュニケーションが芽生えつつあるのがうかがえるだろう。たとえば、二〇〇万年前に生きたふたりのホモ・ハビリスを思いうかべてほしい。父と娘だ。ふたりは湖畔の野営地で地面に腰を下ろしている。はるか後方には、大きな火山がいくつも煙を噴きあげていた。彼らの脳には、現代のチンパンジーのおよそ二倍のニューロンが詰まっているので（もちろんマカクザルより多い）、けっして知能が低いわけではない。ただ、まだ言葉は話せないために、心のなかの思いを他者と分かちあうには限界があった。だが、彼らはまわりのどんな動物よりも、伝えたい思いをもっていたにちがいないのだ。

さて、ハビリスの父は簡単な道具を作っているところだとしよう。ちょうどニコラス・トスたちが試してみたようなやり方である。娘は熱心に見つめている。そうやって見ているだけで、父親の脳のなかで活動しているのと同じニューロン——ミラーニューロンと呼ばれる——が娘の脳のなかでも活動している。だから、娘が自分でも同じ動作を真似しようと思ったら、その活動したニューロンに導いてもらって動作をすればいい。自分では一度もやったことがなくても、やるところを想像したことはある。

　父親はと言えば、石に燧石を打ちつけながら、かたわらの娘に無言で話しかけている。手で語りかけている。「これはこうやって作るんだ。この大きな石をこうやって押さえ、小さな石をこういうふうに打ちつける」。石を打ちつけると、尖った銀色の剝片ができ、父はそれを手に取って見せる。「ほら、これがナイフだ」。それからそのナイフで動物の死骸から皮を剝ぐなどして、「会話」を新しい方向にもっていったかもしれない［注釈13］。

　その間、娘はずっと「聞いて」いる。父も娘も言語など知らず、単語ひとつ交わすわけではない。単語という概念すらもっていない。頼りになるのは、顔つきや目の表情、それから燧石や石を扱ったりもちかえたりするときの手振りだけである。それでも、ふたりの心のあいだには膨大な情報が行き来している。彼らはまさしく会話をしているのだ。

　このように、会話と手の操作とのあいだにつながりが見られるのは、単に比喩としての話だけではない。ガレーゼとリゾラッティの最初の発見以後、いくつもの実験が行なわれた結果、マカクザルのF5野に相当する人間の脳領域は言語と発話（次章で見るように言語と発話はかならずしも同じではない）を生みだすのに欠かせない場所だとわかった。そういう研究のひとつを、ミラーニューロンが発見されてから数年後にリゾラッティと別の研究者、スコット・グラフトンが行なっている。それによると、誰かが手で物体を扱っているのを見ているときに、人間の上側頭《じょうそくと》溝《うこう》と呼ばれる脳領域が活動していた。上側頭溝は左のこめかみのすぐ内側に位置している。これを知って科学者たちは驚いた。上側頭溝の主な役割は、ブローカ野に信号を送ることだと長いあいだ考えられていたからである。ブローカ野は発話の中枢であるだけでなく、どうやら別の仕事、もっと深い意味をもつ仕事もこなしているらしかった。発話に必要な筋肉に信号を送るだけでなく、手や腕にも信号を送って、物体を正確に操作できるようにしていたのである［注釈14］。

物体と想像、そして手振りと単語が結びつくことは、言語の起源を知る手がかりになるとリゾラッティは考えている。何かを実行し、何かを作るという、私たちの祖先がもっていた共通の基盤を、意識的なコミュニケーションへと変貌させたのはミラーニューロンだったかもしれない。F5野や、それに似た脳領域がつぼみとなって、のちにそこからブローカ野——人間が言語を話すために不可欠な領域——が花開いたのではないだろうか。

ブローカ博士の発見

私たちがどうやって言葉を話しているかはいまだに解明されていない。しかし、ブローカ野と呼ばれる脳領域がうまく機能しなければ、話ができないのはわかっている。ブローカ野の名前の由来となったのは、才能あふれるフランスの医師で解剖学者でもあったピエール・ポール・ブローカである。一八六一年、パリの病院で、「タン」というあだ名で知られる患者が足の壊疽《えそ》で亡くなった。ブローカはそれを受け、彼の脳を解剖して、くだんの領域を発見した。なぜ「タン」のあだ名がついたかと言えば、彼がどんなに言葉を話そうとしても、出てくるのは「タン」という音だけだったからだ。この症状はのちに「ブローカ失語」と呼ばれるようになる。タンの脳を解剖したところ、左前頭葉の下前頭回《かぜんとうかい》(大まかに言うと左こめかみの近く)という領域の一部が損傷しているのがわかった。その後、ブローカやほかの科学者による研究から、その領域の働きが明らかになっていった。私たちが情報を伝達しようとするとき、ブローカ野は伝えたい内容のシンボルを何らかの仕組みによって受けとり、そこに音をつけ、関連するすべての筋肉に信号を送って、私たちが発話と呼ぶ正確な音声を作りだしている(言葉が話せない人の場合は手話で意思を伝える)。これは、ほとんどの人について(左利きの場合は例外もあるが)当てはまる。

脳スキャンによる研究はブローカの発見を裏づけている。私たちが言葉を話すと、ブローカ野がモニターのなかで明るく輝くからだ。ブローカ野は、弓状束《きゅうじょうそく》と呼ばれる神経線維の束でウェルニッケ野とつながっている。このふたつの脳領域を使って、私たちは話し言葉(もしくは手話)を生みだし、また理解している。ブローカ野は、ミラーニューロンに関連する脳領域の隣に位置している。また、顔の筋肉と手の協調運動をつかさどる脳領域にも接している。この事実は、道具作りと、身振りと、発話がどう結びついているかを理解する手がかりになるかもしれない。

ミラーニューロンとともに、世界はまったく新しい段階に入った。それまでは、知識を蓄積して広めたければ、遺伝子に頼るしかなかった。だが、それよりはるかにすばやく効果的に行なう方法が現われたのである。今や考えは、複数の人々の心で共有できるようになった。ダーウィンも指摘したとおり、こういうやり方で知識を広めれば、群れ全体や、家族や、個人が生きのびる確率は大幅に高まる。ダーウィンはこう述べている。「［群れの］ほかの者たちは純然たる利己心から、さして理屈を考えることもないままにその発明を真似るだろう。そうして集団全体が利益を得る。……発明が重要なものであれば、その集団は構成員の数を増やし、勢力の範囲を広げて、ほかの集団を駆逐するだろう」［注釈15］

ホモ・ハビリスが地球上に姿を見せていた期間は短い。だが、その短いあいだに、ふたつの驚くべき進歩が起きていた。ひとつは、まったく新しい知識がひとりのハビリスの脳から意図的に生みだされたこと。つまり道具作りであり、これが人類の発明の歴史の幕開けである。もうひとつは、知識を複製してほかの人の頭にも移動させられるようになったことだ。たとえ知識をもっていた人が死んでも、もはや知識が一緒に死ぬことはない。太古の昔にＤＮＡが生まれたおかげで、遺伝子を複製してそれを世代を超えて共有できるように、ミラーニューロンが誕生し、それによって新しい行動が可能になったおかげで、ひとつのアイデア――リチャード・ドーキンスが言うところの「ミーム」――を複製して人から人へと伝えることができるようになった［注釈16］。意識的なコミュニケーションが誕生する。このときはまだ未熟な形ではあったが、これ以後、ありとあらゆるコミュニケーションが発達していく。噂話から演説まで。数学からハンムラビ法典まで。コメディアンの話芸から土星の衛星に探査機を送るためのコンピュータコードまで。ハビリスの時代にできた土台の上に、本当に人間らしいと言える行動や人間関係が築かれていく。そして最後には、人間の発明のなかで最も記念すべきもの、つまり文化へとつながっていった。

だが、人類が築きあげてきたその壮大な営みと、ハビリスが最初に作った燧石のナイフとのあいだには大きな隔たりがある。私たちの祖先は、そのギャップを埋めるための一歩をどうやって踏みだしたのだろうか。

四章　言語誕生の前夜

人間は比類のない生物である。もって生まれた一組の能力によって、ほかの動物と一線を画している。ほかの動物とは違って、人間は風景のなかのひとりではない。風景を作りあげるひとりなのだ。

——ジェイコブ・ブロノフスキー

私たちは国というより言語のなかに住んでいる。

——エミール・M・シオラン

Colorless green ideas sleep furiously.（色のない緑のアイデアが猛烈に眠る）

——ノーム・チョムスキー

（意味をなさない文章でも人は文法的に正しいことを理解できる例としてチョムスキーが考えた文章）

人間の文化は、大勢の人が同じ精神を分かちあわなければ生まれない。金銭、貿易、政府、宗教、文学、農業。こういった発明には、コミュニケーションという架け橋で人と人とを複雑につなぎ合わせることが求められ、そのためには言語が必要だ。私たちが言語を作ると同時に、言語が私たちを作ってもいる。

言語の起源をめぐっては、哲学者、言語学者、人類学者が何世紀も前から意見を戦わせてきた。その議論は今なお右へ左へと迷走を続けている。一九世紀に唱えられた説には、現代ではほとんどまじめに信じられていないものも少なくない。たとえば「ワンワン説」というのがある。擬音語説と言ってもいい。これは、私たちの祖先が周囲の環境の音——猪の鳴き声や風の音など——を真似することを通して言語が生まれたとする説だ。「ガシャン」「ヒュー」「バン」など、動きに伴う音を模した単語がこれに当たる。

それから「プープー説」がある。この説では、「あっ」「おお」「うわっ」など、人間が本能的に発する音から言語が生じたと考える。さらには「ディンドン説」もあって、祖先が環境に反応して自発的に発した音が言語の起源だと説く。たとえば、「ママ」という言葉は、母親の乳を飲むときの「ムーーー」という音から発達したのではないかとされる。

ほかにもいろいろな説がある。動物行動学者で言語学者のE・H・スタートヴァントなどは、言語が発達したのは、他者をあざむいたほうが生存に有利だと祖先が気づいたためだと説いた。苦痛や悲しみから思わず叫び声をあげてしまうとき、その人の本当の心の内があらわになる。そこで、そういう声を隠すために言語を話し、他者をあざむいて、自分だけが得をしようと考えたというのだ。一理あるのかもしれないが、かりにそうでも、発話に必要な構造や脳内回路がどのように発達したかの答えにはならない〔注釈1〕。

テキサス大学オースティン校の心理学者、ピーター・マクニーレッジは、ブローカ野が発話の中枢として発達したのは、そこが別の動作、つまり吸う、噛む、飲みこむの処理も担当しているからだと述べた。ブローカ野がそうした機能をもっていたおかげで、音を組みたてたり音を区切ったりするのに役立ったと彼は主張する。

ダーウィンはと言えば、祖先が発した唐突で無意識の声に言語の起源があるとの説（プープー説）を、全面的ではないにせよ支持していた。彼はこう書いている。「私のように、人間は下等な動物の子孫だと確信する者であれば、明瞭な言葉が不明瞭な叫び声から発達したと直感的に信じざるをえない」

以上のように諸説あるが、基本的な考え方は同じである。私たちは何らかの理由によって音を発しはじめ、まわりの世界で起きている動きや物事にその音を割りあてるようになった。そして、それらの音をつなぎ合わせて、原型言語とも言うべき単純な間にあわせの言葉が生まれた。こういう音のつながりは、コミュニケーションの手段としてはあまり効果的でなかったかもしれない。それでも、身振り手振りや、限られた表情だけを用いるよりはうまく意思を伝えられたはずだと研究者は指摘する。いずれにしても、原型言語を土台にして、近代的な言語が発達したとされる。

だが、こうした仮説では、なぜ祖先たちが単語を順番に並べはじめたかの説明にはならない。しかも、けっしてでたらめではない順序で。たとえばピジン言語は、順序にあまり配慮せずに単語を並べるので、コミュニケーションの効率が著しく低い。ピジン言語とは、外国人どうしが意思の疎通を図るために、双方の言語を混ぜあわせて作った単純な混生言語のことだ。言語学者のデレック・ビッカートンは、著書のなかでアジア系のハワイ移民が用いるピジン英語の例文をあげている。「aena tu macha churen, samawl churen, haus mani pei」（英語に直すと「and too much children, small children, house money pay」で、直訳すると「そして多すぎる子供たち、小さい子供たち、家のお金、払う」の意）[注釈2]。個々の単語の意味を考えれば文章全体の意味は汲みとれるので、何もないよりはましだ。だが、シェイクスピアが書いたような深遠で完璧な文章とは大きな隔たりがある。「明日、また明日、また明日と、時は一日一日小きざみに歩みを進め、ついには歴史の最後の一節にたどりつく。昨日までの日々はすべて、愚か者が塵と化す死への道を照らしてきたにすぎない」（『マクベス』第五幕第五場より）。この文章は比喩と感情と洞察に満ちあふれ、見事に構成されている。

ひとつの言語のなかで単語がどういう順番で並べられるかは、構文の中心となる問題だ。構文とは文章の構成規則のことで、これが文法の土台となる。あらゆる言語の基本構造に特徴を与え、他の言語と区別させているのは、この構文である。語彙が言語の構成要素を提供してくれても、構文と文法がなければ私たちが知っているような言語にはならない。構文と文法が言語の形と設計を決め、土台を据え、柱や支柱を立てている。では、そのすべてがどうやってひとつにまとまったのだろうか。言語を生みだし、なおかつ言語を理解できる脳が、どのようにして生まれたのだろうか。

言語学者や人類学者にとって悩みの種は、こういった謎を解こうにも材料に限りがあることだ。原初の言語がどんなものだったかを示す具体的なサンプルなどない。文法や単語が化石になって残っているわけでもない。祖先の頭蓋骨を調べても、そのなかに収まっていた脳の複雑な構造まではたいしてわからないのが実情だ。あちこちにヒントはあるのだが、動かぬ証拠と言えるものはほとんどなく、火のないところに煙だけが立っている場合もある。それでも、科学者たちはどうにかして別の情報源をいくつか見つけだした。なかでも、本物の言語が生まれる前に私たちがどうやって意思の疎通を図っていたか、つまり言語によらないコミュニケーションを調べれば大きな手がかりになる。こうした非言語コミュニケーションのもとをたどると、最も原始的な動物のコミュニケーションに行きつく。

哺乳類のなかには、身の危険を感じたときや戦いに臨むときに背中の毛を逆立てるものがいる。実際より体を大きく、より強そうに見せるためだ。私たちが墓地のそばを通りすぎるときに、身の毛がよだつ思いをしたり、腕に鳥肌が立ったりするのは、この原始的な行動の名残りである。恐怖を感じると、考えるまもなくまず体の毛を逆立てて、自分を獰猛に見せようとしている。ただ、今は逆立てる毛がないだけだ。鳥は異性の関心を引くために羽を広げたり、羽毛を膨らませたり、風変わりなダンスを踊って華麗なアリアを歌ったりする。オオカミが歯をむき出して唸ったら、その意味するところは明らかだ。「とっとと失せろ。どんな目にあっても知らないぞ」。イヌが尾を振っているとき、それ以上にイヌの気持ちを物語るものがあるだろうか。

非言語コミュニケーションの種類はこれだけではない。ライオンやゴリラは集団のなかでの優位を示すため、自分に挑む者を攻撃する。すると、たいてい挑んだ側は仰向けに転がって腹を見せ、負けを認める。ニワトリの社会には、上位の鳥が下位の鳥をつついてもつつき返されない「つつきの順位」があるが、ウマにも「嚙みつきと蹴りの順位」がある。不運にも階級社会の最下位にいる者は、いじめを甘んじて受けなくてはならない。これもひとつのコミュニケーションであって、集団のメンバーすべてに自分の位置づけを知らせている。

こうした動作はいわば体が話す無意識の言語であり、ヒトにも組みこまれている。たとえば誰かに襲われたとき、私たちはとっさに手で頭を抱えてうずくまり、体をできるだけ相手から遠ざけようとする。専門家が「戦術的撤退」と呼ぶ行動だ。それによって、実際にはその場から逃れられなくても相手から逃避している。言葉による攻撃を受けたり、人と対立したりした場合にも、一見わかりにくいがやはり私たちは戦術的撤退をしている。首をうなだれる、たじろぐ、肩をすくめる、といった動作がそうだ。どれも、どこかに行ってしまいたいという願いを信号にして、相手の無意識に送っている［注釈3］。

進化心理学者によると、ボディランゲージは本能的なコミュニケーション手段として進化し、その動作をする生物の内面の状態を外に向かって伝えている。手足や筋肉が語る言葉はたいてい無意識のものだ。ボディランゲージはその言葉を使って、頭や心のなかをあらわにする。誰かと面と向かって話をするとき、言葉のやりとりと並行して体も会話をしているが、その両者がかなりくい違う場合がよくあるのは、ひとつにはボディランゲージが無意識に行なわれるからである。

会話や打ちあわせを終えたときに、気が滅入ったり、釈然としない思いが残ったり、ことのほか気分がよかったりするのは、実際に話した内容がどうと言うよりも、相手の顔や体が語る悲しさや、ごまかしや、喜びのメッセージを、無意識のうちにダウンロードしたからという場合もあるのだ。

ダーウィンは一八七二年の著書『人及び動物の表情について』で、動物と人間の非言語コミュニケーションを取りあげた。ネコが耳を後ろに倒す動作から、人間が悲しいときに口角を下げる動作まで、ありとあらゆるボディランゲージについて考察を加えている。その七五年後、人類学者のエドワード・T・ホールや心理学者のポール・エクマンなどが中心となって「動作学」という分野が創設され、ボディランゲージがさらに深く掘りさげられ始めた。足を組む、唇をなめる、眉を上げるといった動作の裏に、どんな意味がひそんでいるかを探るのである。ある研究によれば、私たちが自分の好きな物を見ているとき、目が大きく見開かれる（おそらくはもっとよく見ようとするため）だけでなく瞳孔も開いている。ポーカーの名手を目指すなら覚えておいたほうがいいだろう。

私たちの体がこういう無意識のレベルで話をするのは、ボディランゲージが非常に古いものだからである。そのメッセージは、はるか昔に作られた古い神経回路を通って伝えられる。脳のハードウェアが発達して、言語や意識的な思考が可能になる時代より、何百万年も前にできた回路だ。ある種のボディランゲージは四億二〇〇〇万年前のシルル紀にまでさかのぼる。肩をすくめる動作などがそうで、その頃に地球の海を泳ぎはじめた有顎類《ゆうがくるい》の運動神経にその起源がある。人と話をしているときに、手のひらをついて体を押しあげたり、背中を伸ばして顔を上げたりするのは、爬虫類の行動を再現している。爬虫類が自分を大きく恐ろしく見せようとするとき、一時的に後ろ足で立ちあがるのと同じだ。それは爬虫類に生まれながらに備わった能力である。

会話の最中にうなずく回数が少ないのは、本心を隠しているしるしと見られるらしい。ごまかしに関しては、非言語コミュニケーションのなかに数百もの手がかりがあると言われている。たとえば、まばたきの回数が増えるのもそうだし、話をしながら鼻や首を掻いたり目をこすったりするのもそうだ。話をしていて不意をつかれたとき、あるいは気まずい状況に陥っているのに気づいたときには、ごくりと唾を飲みこんで、のど仏をヨーヨーのように上下させる。

ほかの人とどれくらい距離をとって立つかを見るだけでも、その人が居心地の悪さを覚えているか、身の危険を感じているか、心を開いているか、あるいは相手に敬意を払っているかがわかる。尊敬する人の前に出たときには、つい体を強張らせがちだ［注釈4］。

科学者の見解によると、たいていのボディランゲージは、生物が生きのびるうえで欠かせない基本的な行動に根差している。たとえば、戦う、逃げる、服従する、求愛する、などだ。腐った食べ物や毒のある食べ物を嫌悪する、などというのもそのひとつである。こうした原始的な反射行動がしだいに発展して、複雑になりつつあった心の内を表わす反応となり、恐怖、怒り、不快感などを示すようになった。そしてそれが、意思を伝える重要な手段のひとつとなる。言葉で言わなくても、「参った。怖い。嬉しい。交尾がしたい！」と告げることができるのだ。これがコミュニケーションの最初の土台となる。その後、生物の知能が発達していくにつれて、コミュニケーションの仕方も手が込んでいく（イヌのボディランゲージは、ヤモリのボディランゲージより複雑で、より多くを物語る）。とくに霊長類は、ボディランゲージで情報や感情を伝える際に、新たに進化した体の部分を使うようになった。そのひとつが、顔である。

・・・

四本足の哺乳類ではたいていの場合、顔がコミュニケーションだけでなく武器の役目も果たしている。顔はいわば発射体の前方の先端にあって、においを感知する鼻と、危険をモニターする目と、攻撃や防御のための歯を備えている。だが、私たちの祖先が直立二足歩行を始めると、顔はもはや体の前方の先端にはなくなり、そのことが顔の外見と役割を変えていった［注釈5］。サバンナで直立二足歩行をした猿人の化石を古い順に見ていくと、しだいに額が前にせり出して脳の急速な成長に対応できるようになっていくのがわかる。低くて肉質だった鼻は徐々に高くなり、つき出ていたあごも引っこんで下あごが四角くなる。頬も平らになっていって、最後には人間独特の顔ができた。

前の章でも見たとおり、祖先たちは時代を追うごとにより未熟な状態で生まれてきて、額が広く若々しい顔つきを大人になっても保つようになった。額と頬を結ぶ線は、着実に垂直に近づいていった。狩りをしたり、肉を食べたり、戦ったりするときに、道具や武器を使うことが増えると、あまり大きな臼歯は必要なくなる。以前は、木の実や葉をすり潰すために、臼歯は丸石のような形をしていた。先の尖った前歯もいらない。群れのなかのライバルや、群れの外の捕食動物に嚙みつかなくてもいいからだ。それに伴ってあごは小さくなった。また、額が広くなるにつれて目が顔の中心に移動し、頬の上に位置するようになる。その頬も、ますます広く平らになっていった。こういったいくつもの変化を経て、祖先たちの顔の表情は、より的確に考えや感情を示せる看板となった。

やがてサバンナの猿人たちは、その看板の新しい使い方を編みだす。地球上に何千種といる哺乳類のなかで、ヒトほど顔の表情が豊かな生物はいない。人間の顔には、左右に二二個ずつ、合計四四個の筋肉がある。チンパンジーの二倍の数だ。これらの筋肉は骨とつながっているだけでなく、ほかの筋肉や、筋肉を覆う皮膚にも付着している。そのおかげで、意味ありげに眉を上げるのも、晴れやかな笑顔を振りまくのもできるようになった。かすかに顔をしかめたり、すばやく目配せしたり、軽く唇を尖らせたり、突きさすような不信の目で見つめたり。ただこれだけで、微妙な感情を雄弁に物語ることができるのだ［注釈6］。

顔と顔のコミュニケーション

私たちは顔でどんな感情を伝えているだろうか。心理学者の意見が一致しているのは六つ。喜び、悲しみ、恐れ、怒り、嫌悪、驚きだ。ほかの三つ、軽蔑、羞恥、ショックについては意見が分かれている。ショックと驚きは密接に結びついていると思うかもしれないが、一部の研究者によればショックは驚きとは別のもので、感情の表われというより本能的な反応に近い。軽蔑も嫌悪と近い関係にあるが、軽蔑の対象となる行動の種類が少し違ううえ、顔の表情も嫌悪のときより左右非対称になるとの説がある。嫌悪はもともと危険な食べ物を避けることから生まれた。どちらかがどちらかから発達したのかもしれないが、今となっては確かめようがない。羞恥も同じで、これも嫌悪に関連していると言える。この場合は、自分自身に対する嫌悪だ。直接の祖先であるホモ・エレクトスたちもこういう表情を用いていたのかどうか。この先もそれが解明されることはないだろう。

いずれにしても、こうした感情表現はきわめて原始的であり、私たちに深くしみ込んでいる。隠すのは非常に難しく、なかなか演技でできるものではない。顔の表情は人目を引く。体の正面の狭い範囲に現われ、ネオンサインのように輝いている。そのため、表情が与える効果はじつに大きい。会話をしているときは、うつむく、首を掻く、背中を向けるといったボディランゲージよりも、表情のほうが言葉を的確に裏打ちしているようだ。誰かの言葉を聞いて驚いたとしたら、その驚きはすぐ顔に表われる。その意味するところは見間違いようがない。微笑みやしかめ面についても同じである。

おもしろいのは、さして深く考えなくても表情が湧きあがってくるように思える点だ。それでいて、ボディランゲージよりは意図的である。私たちは普通、「よし、ここでしかめ面をしよう」などとは考えない。そうしようと思う前に、しかめ面になっている。だが、わざと笑顔を作ることもある。楽しいから、気まずいから、別の感情を隠したいからと、その理由はさまざまだ。それにひきかえ、発話によるコミュニケーションの場合はほぼかならず、何を言うかを考えてから言葉にしている。

顔の表情で心の状態を表わす以外にも、私たちはいろいろな非言語コミュニケーションを使っている。まずひとつに「表象動作」がある。これは、文化によって表わすものが異なるコミュニケーションを言い、たとえばウィンクなどがこの分類に入る。アメリカではウィンクに何がしかの意味があるが、イースター島では何の意味ももたない。そのほかには、唇を噛むなどの「身体操作」、眉を上げるなどの「例示動作」、さらには「言語調整動作」もある。言語調整動作とは、会話の方向性を決める非言語コミュニケーションのことで、うなずく、顔の向きを変える、微笑む、眉間にしわを寄せる、といった動作がこれにあたる〔注釈7〕。

顔の表情は、喜びや悲しみといった原始的な感情を伝えている。表情は、無意識でも故意でもない灰色の領域に属していると言えるかもしれない。叫び声のように、完全に本能からくる身体的な反応とは違うものの、弁護士が陪審員の前で最終弁論を行なうときのような意識的で整然としたコミュニケーションでもないからだ。

脳科学者の研究によると、顔をしかめたり歯を食いしばったりするのは、動物が歯をむき出す原始的な行動にルーツがある。また、恐怖や戦慄に目を大きく見開く動作や、意地や怒りで唇を固く結ぶ動作も、もとをたどれば哺乳類の中脳にある帯状回《たいじょうかい》という領域に神経の束が発達したことにある。帯状回には顔面の動きをつかさどる回路があり、その神経の束は前帯状回と呼ばれる領域から出発して、曲がりくねったルートを通りながらいくつもの領域を結んでいる。まず、海《かい》馬《ば》、扁桃体《へんとうたい》、視床下部《ししょうかぶ》——脳の三大感情中枢——を通り、脳神経や顔面神経といった大きな神経につながる。そこが、喉頭を調節し、声を出して唇を動かすための筋肉をコントロールしている。

私たちの祖先はまだ話すことはできない。それでも進化は、ボディランゲージという曖昧な言語から一歩進んで、より正確な表現能力を体の一カ所に与えてくれた。その場所は、直立歩行を始めた今となっては見逃しようがない。それが私たちの顔だ。顔は心を映す広告塔である。やはり体を使って話をすることに変わりはないが、ボディランゲージよりは動きが小さく、繊細で、何を表わしているかが具体的に伝わりやすい。

ホモ・ハビリスの頭蓋骨の断片を見るかぎり、彼らの外見は人間よりもかなりサルに近かった。だが、前の時代に生きたアウストラロピテクスに比べれば、額は広いし、あごも小さくなっている。顔にしても、チンパンジー程度には毛がなくなっていただろう（意外に思うかもしれないが、チンパンジーの顔には毛がない。額が狭く、あごが前に出ていて、頰も狭いために、毛のない面積が少ないだけだ）。ホモ・ハビリスがアフリカの草原を移動しながら、単純で鋭利な道具を作り、死肉をあさったり食料を集めたり、争ったり協力したりしていくうち、彼らが抱える感情はしだいに複雑になっていった。顔が新しい特徴を備えるようになったおかげで、その複雑な感情を以前より的確に表現できたにちがいない。

しかし、サルより人間に近い霊長類がはじめて現われるのは、ハビリスの次の時代になってからである。それはいろいろな意味で人類進化の転換点となった。

・・・・

およそ一五〇万年前、現在のケニアにあるトゥルカナ湖の湖畔で、ひとりの若者が命を落とした。なぜ、どのようにして死んだのかはわからない。熱病かもしれないし、捕食動物に襲われたのかもしれない。仲間とはぐれて帰り道がわからなくなった可能性もある。ともあれ、古人類学者のアラン・ウォーカーとリチャード・リーキーが一九八四年に彼の遺体を発掘したとき、ふたりはそれがまったく新しい種類の生物であるのに気がついた。ふたりは若者の化石を「トゥルカナ・ボーイ」と呼び、その生物にホモ・エレクトス（「直立したヒト」の意）と名づける。

トゥルカナ・ボーイの発見以後、ほかにもいくつかの化石が見つかった。ハビリスよりも体が大きく、ホモ・エレクトスがサバンナの霊長類の頂点に君臨していたことがわかる。その結果、ホモ・エレクトスは力が強く、足も速くて移動能力が高い。スピードと長距離移動に適した体の作りになっている。死肉をあさるのではなく、自ら狩りをしていた。しかも、アフリカを出てはるか遠くの地域にまで移りすんだのだ［注釈8］。

ホモ・エレクトスの首から下を見ると、驚くほど現代人に似ている。むしろ、走ることにかけては私たちより適した遺伝子をもっていたようだ。彼らの胸郭は私たちとほとんど変わらない。腰幅は現代人より狭いが、過去の猿人たちとは違って、大腿骨と脛骨の比率が現代人とまったく同じである［注釈9］。背も高かった。リーキーとウォーカーが見つけたトゥルカナ・ボーイは、ほぼ完全な全身骨格を残していた。トゥルカナ・ボーイ自身は身長が一六〇センチくらいしかなかったが、骨格と骨の大きさから考えてまだ大人になっていなかったと見られている。彼がもっと長生きしていたら、身長一八〇センチくらいにはなったはずだとリーキーとウォーカーは試算した。歩くにせよ走るにせよ、足の運びはきわめて滑らかで無駄がなかっただろう。その能力はきっと役に立ったにちがいない。ホモ・ハビリスと違って、彼は大物狙いのハンターだったからだ。少なくとも、ほかのエレクトスの化石と一緒に出土した道具を見るかぎりはそう考えられる。なかでも重要な道具は握斧《あくふ》（ハンドアックスとも言う）だ。この石器は、およそ一四〇万年前の化石と一緒に姿を見せはじめる。

石器時代の握斧は、現代で言えばスイス製のアーミーナイフである。以前にハビリスが使っていたのは物を切るだけの小型の道具だったが、握斧ははるかに頑丈で、洗練されていた。大きな矢じりに似た形をしていて先端が尖り、縁《ふち》が鋭利である。握斧を握れば、物を切ったり地面を掘ったりできるほか、何かを叩いたり打ちつけたりもできる。こういう斧を作るには技術と腕力が必要だ。材質は、珪岩《けいがん》、溶岩ガラス、チャート（固く緻密な珪質の堆積岩）、あるいは燧石が大半を占める。握斧を作るには、もっと大きな石の塊を打ち割ってから、縁の部分を研いで鋭くする。研ぐのには、たぶん小さな石や、動物の骨や、シカの枝角などを使ったのだろう。握斧はだいたい手と同じくらいの大きさなので、もち運びができた。事実、化石の証拠からは、握斧がホモ・エレクトスと一緒にどこへでも旅をしたのが明らかになっている。

いろいろな説を総合すると、ホモ・エレクトスはそれまでの猿人たちよりも短期間で遠くまで広がったようだ。肉を食べようとしたためではないかと言われている。推測するしかないが、彼らは草食動物の群れを追って食料にしようと、さらには衣服や道具の材料にしようとしたのではないだろうか。最近発見された化石によれば、ホモ・ハビリスも中東やロシア南部に多少は進出していたようである。だが、エレクトスの場合は、舞台に登場するや否やアフリカを出たようなものだ。そして、たちまちアフリカの故郷から何千キロも遠ざかった[注釈10]。ラトガーズ大学で地質年代学を研究するカール・スウィッシャー三世のグループは、一八〇万年前〜一七〇万年前のエレクトスの化石をインドネシアとグルジア共和国で発見している。その後、エレクトスははるか中国へ、ついには東南アジアの陸橋を渡ってオーストラリアにもたどりついた。

だが、ホモ・エレクトスは単に道具や身長や、移動能力の面だけで抜きんでていたのではない。体の大きさに比べて、どんな霊長類よりも、というより当時生きていたどんな動物よりも脳の比率が大きかった。脳容積は現代人の三分の二はゆうにあり、ホモ・ハビリスの約一・五倍もあった。大きくなった脳が内側から押したため、額は前に張りだして、サル特有の額の傾斜はほとんどなくなる。頭の形や顔の作りは私たちとそっくりとはいかないまでも、現代人を思わせる特徴がすでに現われていたにちがいない。眉の部分の隆起は私たちより高く、口も少し突きでてはいたが、いろいろな表情が作れたはずだ。当時の環境を考えれば、自然がそういう変化を好んだとしても不思議はない。そのほうがコミュニケーション能力が高まるからである。ホモ・エレクトスはハビリスより賢いというだけでなく、おそらくは互いにやりとりすることも多く、仲間に依存する度合いも大きい。彼らの内面世界はしだいに複雑になり、対人関係を少しでもうまく進めるような表現手段が必要になった。だとすれば、さまざまな感情（喜び、悲しみ、敵対心、怒り、愉快、満足、後悔、性的興奮）を伝えられるかどうかは、それまでになく重要な意味をもつようになっただろう。

エレクトスたちにとって、異性を魅了し、狩りをしながら意思の疎通を図り、競争相手を威圧する能力があれば、はかり知れないほど役に立ったにちがいない。彼らは並外れた知性を備えてはいたが、私たちがイメージするような発話はまず間違いなくできなかったからである。直立したおかげで、のどと喉頭の形はすでに変わっていた。しかし、舌、肺、のど、鼻の連動にまだ微調整が足りないために、言葉を発することはできなかったというのがおおかたの科学者の見方である。これまでチンパンジーをはじめとして、霊長類に言葉を話させる試みはいくつも行なわれてきた。だが、すべて惨敗に終わってきたのは、彼らに知性がないからではない。のどや筋肉や神経のコントロールが発話のできるレベルに達していないからだ（それに、話をすることは単に言葉を発するのとは違う。オウムは言葉を発するが、その言葉の意味を理解してはいないし、何らかの文法規則に従っているわけでもない）。

ホモ・エレクトスのブローカ野が、現代人に匹敵するほど発達していたとも思えない。私たちの脳のほうが三〇パーセント大きいのだが、増えた分のほとんどは大脳皮質と前頭前野である。どちらも、高次の認知機能には欠かせない領域で、私たちが言語を話せるのもこれらの領域のおかげだ。ホモ・エレクトスは、ゴリラやチンパンジーに比べたらはるかに複雑な思考力をもっていたうえ、発話に必要な筋肉もすでに備わっていた。だが、複雑な筋肉組織をコントロールするための神経がまだ発達していなかったと見られている。アラン・ウォーカーの指摘によると、ホモ・エレクトスの椎骨は中央の穴が小さすぎて、発話に必要なニューロンの命令を迅速かつ集中的には伝えられなかった可能性が高い〔注釈11〕。

その証拠として、ウォーカーはトゥルカナ・ボーイの脊椎のうち、第七胸椎に注目を促す。脊椎の中央には椎孔《ついこう》と呼ばれる穴があいていて、そこを脊髄が通っている。現代人の場合、第七胸椎の椎孔には十分な大きさがあるので、必要な神経線維がすべて収まる。その神経を使って、胸郭や肺の筋肉を細かくコントロールしながら息を吐くのだ（発話にはそれが必要）。だが、トゥルカナ・ボーイの椎孔は、年若い点を割りびいても小さい。この穴を通る程度の神経しかないとすれば、話し言葉を精緻にコントロールするのは無理で、原始的な発話に必要な信号さえ運べなかっただろうとウォーカーは考えている〔注釈12〕。

それでも、ホモ・エレクトスは「当時としては圧倒的に賢かった」とウォーカーは述べている。道具作りの能力が高いのを見ても、彼らの手が素早く器用に動いたのは間違いない。もしかしたら、言葉によらないコミュニケーション手段をもっていたのではないだろうか。脳のＦ５野が発達して、ブローカ野の萌芽が現われつつあったとすれば、また、ミラーニューロンの力と手先の器用さが組みあわされ始めていたとすれば、ホモ・エレクトスは音声ではなく身振りで意味を伝えていたかもしれない。

もしそうなら途方もない前進である。暮らしのあらゆる局面――環境面、感情面、知性面、対人面――が複雑になっていたことを思えば、自然選択の圧力は、顔の表情よりも効果的なコミュニケーション手段を発達させる方向に働いたはずだ。そうすれば、考えや感情を、肯定的なものであれ否定的なものであれ共有できる［注釈13、14］。

・・・・

カナダの心理学者、マーリン・ドナルドは、ホモ・エレクトスにとって最適なコミュニケーションの方法は、自分の思いを体の動きで表現することだったのではないかと考えている。「鳥」または「飛ぶ」という動作を表わすのには、指をひらひらさせたかもしれない。何かの道具を作ったり使ったりする動きを伝えたいときには、その動きそのものを真似るのがいちばん自然な方法だっただろう。たとえば、掘る動きや切る動きを見せるのだ。

最初の原単語とも言うべき最初の身振りは、ただ人差し指を向けて「そこ」と告げることだったという説がある。人間の子供は、生後一四カ月くらいで最初の言葉を話しはじめるが、だいたいその頃、誰に教わるでもなくこの指差しの動作を身につける。おもしろいことに、これは子供の脳がホモ・エレクトス並みの大きさになる時期と一致する。神経科医のフランク・ウィルソンは著書『手の五〇〇〇万年史』のなかで、認知心理学者と発達心理学者の共通の見解を紹介している。子供の指差し動作は「故意の身振り」の一種で、認知機能が発達するうえでの重要な段階のひとつであり、それが人間とチンパンジーを隔てている、という見解だ。チンパンジーは、自分から人差し指で指差し動作をすることはないし、訓練してもできるようにはならない（少なくとも、その意味を理解しながら動作をすることはない）［注釈15、16］。

ホモ・ハビリスの父と娘の話を思いだしてほしい。父は娘に、ナイフを作るところを実際に見せながら作り方を「説明」していた。ホモ・エレクトスの身振りも、それと大きく違うわけではなかっただろう。チンパンジーの行動から類推するなら、すでにハビリスが登場する頃には彼らのミラーニューロンは十分に機能していて、身振りで表現したものと実際の物事を結びつけることができたはずだ。ハビリスでもできたのなら、「圧倒的に賢い」エレクトスにはより確実にできたにちがいない。

しだいに、さまざまな考えを皆と分かちあったり、たくさんの情報を伝えたりする必要性が高まった。また、ライバルを威嚇する機会も増えていった。そうなると、ボディランゲージや顔の表情だけでは追いつかなくなったかもしれない。ホモ・エレクトスの脳がますます詳細な情報を生みだすようになったのである。そこで、重要だが簡単に表現できる情報を身振りで表わすことによって、大型の捕食動物や、食べ物・飲み物といった概念をもっと的確に伝えられるようになったのではないだろうか。やがて、その身振りが群れ全体で採用されて、誰が見ても同じものを思いうかべるようになった［注釈17］。ついには、無秩序だった身振りが、もっと複雑なコミュニケーションへと発達していったのではないか。いわば言語の誕生に向けたはじめての試みであり、初歩的な構文も備えている。

この種の仮説の難点は、証明が難しいことだ。ホモ・エレクトスが考えや気持ちをどういう方法で伝えたにせよ、それを明らかにしてくれる化石などない。だが、さいわいにも現代の子供たちの行動を手がかりに、いくつかの興味深い仮説が生まれている。

・・・・

児童心理学者（とたいていの親）は、生後わずか八カ月の赤ん坊でも思考のプロセスが非常に複雑なのを知っている。彼らは言いたいこと、表現したいことを明確にもっている。ただ、のどの形に制約があり、脳の構造や神経系もまだ未発達なために、言葉を発するのが無理なだけだ〔注釈18、原注1〕。

よちよち歩きの幼児になると、何の問題もなく身振りができる。いちばんわかりやすいのがバイバイと手を振る動作で、これは世界共通である。身振りでコミュニケーションをするのは生まれながらの能力だ。この能力は、少し手助けをしてやるだけで想像以上に高度なものに発達させられることが最近の研究で明らかになっている〔注釈19〕。

一九九〇年代、ジョゼフ・ガルシアという研究者はあることに気づいた。聴覚が正常で健康な赤ん坊は、耳の正常な親のもとに生まれるよりも、耳が不自由でアメリカ手話を使っている両親のもとに生まれたほうが早い時期から話をしはじめるのである。おもしろいのは、話と言っても声を使うのではなく、両親と同じように手話で話すことだ。

ガルシアはその後の研究を通じて、赤ん坊が誰に教わるでもなく手話で「おなかがすいた、のどが渇いた、おむつが濡れた」と話しはじめること、しかもそれが、口から言葉を発する八カ月も前であるのを発見した。つまり、赤ん坊の脳はすでに話ができるほど発達しているのに、まだのどから声が出せないために手を使っているのである。

原注1　生後九カ月くらいになると、喉頭の位置が下がってのどが長くなるので、赤ん坊は話すことに取りくみはじめる。数カ月後には、発話に必要な信号を伝える脳回路ができあがって、言葉を発するようになる。

ガルシアがこの発見をしたのとちょうど同じ頃、カリフォルニア大学デイヴィス校のリンダ・アクレドロとカリフォルニア州立大学スタニスラウス校のスーザン・W・グッドウィンも、生後八カ月の赤ん坊が手振りでコミュニケーションできるのに気がついた［注釈20］。アクレドロは、何らかのやり方で身振りをすることが、ほとんどの子供にとって第二の天性だと結論づけている。「これまで誰も注意を払っていなかっただけだ。親は言葉にばかり関心を向けているので、この能力を伸ばしたほうがいいとは気づいていないのである」

よちよち歩きの幼児は、手遊び歌の手振りを真似することができる。また、一輪の花の香りをかいだあとには、花の種類が変わっても、同じ仕草で「花の香りをかぐ」という行為を表現できる。それと同じで、彼らは欲求や、物や、概念を、ジェスチャーと結びつける能力をもっている。ある研究によると、ひとりの女児が「ミルク」「もっと」といった単純な手話を覚え、数カ月後にははるかに複雑な考えを伝えられるようになった。その女児が生後一〇カ月のとき、母親と一緒に水族館に行く。女児はペンギンが泳ぐのを見て、母親に「魚」の手話をしてみせた。母親はそれを訂正して「鳥」の手話をする。女児は戸惑い、もう一度手話で「魚」とやる。母親は「鳥」プラス「泳いでいる」と手話をした。すると、彼女はそれを理解したのである。そのわずか二カ月後、女児は地面に落ちていた羽を拾って「鳥の髪の毛」と手話をして見せた。前に覚えたふたつの別個の概念を組みあわせて、まったく新しい内容を表現できるようになったしるしである。

ガルシア、アクレドロ、グッドウィンの研究からは、ひとつの事実が浮かびあがる。ひとたび赤ん坊が手話を知ったら、彼らはそれを自然に受けいれるということだ。彼らの発達段階では、のどや口よりも手のほうがはるかに器用に動くからである。この分野の草分けであるエリザベス・ベイツの言葉を借りるなら、「小さく繊細な数百個もの筋肉で舌をコントロールするよりも、大きくふっくらした手で何かを真似たり再現したりする」ほうが簡単なのである［注釈21］。つまり、私たちがこの時期にしゃべれないのは、知力が足りなくて話す内容を思いつかないからではない。神経経路や、のどや肺や舌が発達していないために言葉を発せられないだけだ。

アクレドロは別の発見もしている。言葉を話す前に手話でコミュニケーションをとっていた乳児のほうが、そうでない乳児より、成長してからの知能指数が最大で一二ポイントも高かったのだ。だとすれば、子供が自分の考えを伝えはじめる時期が早ければ早いほど、のちにもっと知的な概念を理解しやすくなるのかもしれない［注釈22］。

長い目で見てどんなメリットがあるかはさておき、ごく幼い時期に手話でコミュニケーションをすると、親と子の両方を幸せにする効果があるようだ。ある母親は、一一カ月になる息子と手話で話しはじめてから家のなかがずいぶん静かになったと語る。彼らが黙って手話をしているからではない。息子が苛立って泣くことが減ったためである。それまでは、いくら泣いてもわめいても、自分の思いをわかってもらえないことがあったのだ。

たしかにその点は三人の研究からも裏づけられている。よちよち歩きの幼児は、手話を教えるとそれに飛びつくことが多い。自分の世話をしてくれる人に言いたいことを言えないため、いつも欲求不満を抱えているからだ。一〇カ月の乳児にとっては、顔をしかめたり、体をひねったり、ひたすら大声で泣いたりするだけでは、「おなかがすいた。おむつが濡れてる。ここが痛い。おっぱいちょうだい」を的確に表現できない。それにひきかえ手話なら、基本さえ覚えてしまえば見事に意思を伝えてくれる。

幼い子供が手話というシンボルを使って自分の思いを伝えられるとしたら、ホモ・エレクトスにも同じことができただろうか。彼らが生きるか死ぬかの切羽詰った状況に置かれていたことを考えると、そういう能力を発達させてもおかしくないように思える。彼らには器用な手とミラーニューロンがあった。人とやりとりするうえで、あるいは現実的な欲求を満たすうえで、意思の疎通を図る必要性を感じてもいた。しかも、現代のよちよち歩きの幼児くらいの脳の大きさがある。もっとも、エレクトスに人間の幼児なみの知能があったわけではない。脳構造がいくつかの点で明らかに異なっていた。だが、彼らが世界をどうとらえていたかは、人間の幼児に通じるところがあったかもしれない。それに、どうしてもコミュニケーションをとりたいのに言葉が話せない点も、両者に共通している。

身振りと言語の意外なつながりは、ほかの研究からも指摘されている。ダートマス大学の発達心理学者、ローラ・アン・ペティートは、数年前に同僚とともに驚くべき発見をした。乳児の喃《なん》語《ご》を調べていたときのことである。喃語とは、乳児が出すバブバブというような意味のない音を言い、どんな子供も生後七カ月くらいで話しはじめる。

この時期の乳児は、バー、ブラー、ダーといった声を出したり、舌を出して両唇のあいだでブーッと音をたてたり、延々と巻き舌で音を出したり、口をペチャペチャしたりする。古くからの定説によれば、これは、言語がもつリズムや抑揚のパターンを子供がはじめてマスターしようとしている段階であり、やがては音素へ、単語へ、ゆくゆくは文章へとつながっていく。つまり、言語の構成要素を身につけている。

ペティートの研究が一風変わっていたのは、ジョゼフ・ガルシアと同様、アメリカ手話を使う両親の子供を対象にした点である。彼女は赤ん坊を三人ずつふたつのグループに分けた。ひとつは、耳の正常な両親の子供。もうひとつがアメリカ手話を使う両親の子供だ。どちらの場合も、子供の聴覚は正常である。

予想どおり、どちらのグループの赤ん坊も生後七カ月くらいで喃語を話しはじめた。だが、耳の聞こえない両親の子供のほうに、奇妙な行動が現われているのにペティートは気づく。口を使うだけでなく、手でも喃語を話していたのである［注釈23］。ペティートのチームは、この意味を次のように考えた。乳児期に脳が言語のパターンを固定するとき、それは音を使う言語に限らないのだ、と。脳は、言語の音よりももっと深いところにあるリズムを把握して、それを加工している。どうやら子供は、話し言葉に接していればそのリズムを音で表現し、手話に触れる機会が多ければ手話のリズムを手で表現しているらしい［注釈24］。

手話の喃語も、赤ん坊のバブバブと同じでまったく意味をもたない。やはり言語の根底を流れる基本的なリズムを理解するための行動であり、それは口を使う言語の場合も手を使う言語の場合も変わらないとペティートは指摘する［注釈25］。

脳スキャン技術を使った最近の研究では、ブローカ野とウェルニッケ野が、話し言葉の生成と理解にかかわるだけでなく、身振り言語の処理にも深くかかわっていることがわかった［注釈26］。脳卒中を起こすと失語症になるケースが多く、意味のある話ができなくなったり、話された言葉が理解できなくなったりする。失語症の一種である「ブローカ失語」の場合、患者は自分ではまったく淀みなく話しているつもりなのに、実際には意味不明の言葉しか出てこない。一方、「ウェルニッケ失語」の患者は、意味のある発話を聞いても理解できない。どちらの場合も、話し言葉を処理する脳回路が混乱していて、出ていく言葉であれ入ってくる言葉であれ、解析できなくなっている。

アメリカ手話を使っている人が言語中枢に脳卒中を起こした場合も、まったく同じ運命に見舞われる。違うのは、手話ができなくなったり、人の手話が理解できなくなったりする点だ［注釈27］。アメリカ手話を使う人がブローカ失語になると、手話に似ているが意味のない手振りをする。耳の正常なブローカ失語患者が、単語に似た音は出せるのと同じである［注釈28］。どうやら、ブローカ野もウェルニッケ野も言語を音としてだけ認識しているのではなく、動きとしてもとらえているらしい。なぜだろうか。ふたつの脳領域がまず身振りを理解する能力を発達させ、それから発話を理解できるようになったからではないだろうか。

・・・

手振りや手真似が本物の言語へと進化していく過程を、鮮やかに示す事例がある。ニカラグアでは一九七九年のサンディニスタ革命のあと、耳や言葉の不自由な子供たちのためにふたつの聾学校が設立された。その学校で、驚くべき物語がくり広げられたのである。もしも科学者がどこからともなく現われて、まったく新しい言語が無から生まれていくのを見守ることができるとしたら、このニカラグアの聾学校のケースほどそれに近いものはないだろう。

ニカラグア政府とサンディニスタ民族解放戦線との内戦は八年間続いた。一九八五年には新政府が樹立され、耳や言葉の不自由な子供を助けるための施策がスタートする。首都のマナグアにふたつの聾学校が設立されると、全国から子供たちが続々と集まってきた。世界で手話として認められている言語は合計二〇〇種類あるが、長い内戦のために、この子供たちはそのどれも教えてもらったことがなかった。家族や友人とコミュニケーションをとる必要に迫られて、ごく荒削りな手真似を各自が編みだしていただけである。しかも、食べる、飲む、寝るといったジェスチャーがせいぜいで、それ以上のこみ入った表現はできない。

あいにく、聾学校の教師たちはあまり役に立たなかった。彼らは旧ソ連の専門家から助言をもらって、生徒に指文字を教えようとした。指文字とは、言語のアルファベットを一文字ずつ指の形で表現する方法である。問題は、子供たちにはアルファベットが何かも、単語が何かも、そもそも言語が何かもまったくわからないことだ。口はおろか手で綴ることもできない。それでも子供たちには、どうしても人と意思を通じあわせたいという強い思いがある。そこで彼らは驚くべきことを始めた。自分たちの手を使って、互いに話をし始めたのである。はじめはそれぞれが家で使っていた素朴な手真似をもち寄った。次にそれらを土台にして、まったく新しい独自の言語を編みだしていった。教師たちはわけがわからないまま、呆気にとられて見ているばかりだ。

一九八六年六月、ニカラグア教育省はアメリカ手話の専門家であるジュディ・ケグルを招き、何が起きているのかをつきとめてもらうことにする。ケグルは、子供たちの手話のやり方をおおまかに把握して、彼らが使っている手話表現の簡単な辞書を作ってみようと考えた。最初にケグルが訪ねたのは、年長の子供たちが通う中等学校である。ちょうど生徒たちは理髪の講習を受けていた。ケグルはアメリカ手話を淀みなく使いこなせたが、子供たち相手では何の役にも立たなかった。彼らが使っているのは、自分たちでこしらえた手真似だけだったからである。それらは独創的ではあったけれど、アメリカ手話とは似ても似つかないことにケグルはすぐに気づく。似ていないどころか、まったく洗練されていない。本物の発話はもちろん、本物の手話でさえ基本パターンと呼べるものがあるのに、それがない。何のルールもないように見えた。

手振りの多く――たとえば「眉毛抜き」や「ヘアカーラー」を表わす手振り――は、単にその動作を真似ただけである。ホモ・エレクトスに「大きな捕食動物」や「羽ばたきする鳥」を表現させたら、こうするのではないかと思わせるやり方だ。なかには複雑な身振りもあった。ある一〇代の少女がケグルに見せてくれたのは、まず左手の手のひらを上に向け、その中指から手首のところまで右手で波線を描く。それから右手でベルトの下を指差す。ケグルにはすぐにはわからなかったが、やがてそれがタンポンを表わしていると気づいた［注釈29］。

ケグルが目にしているのは、いわばピジン手話、あるいは原始手話とも言うべきものだった。子供たちが家からもち寄った手振りで急場をしのいでいる。言語学者のビッカートンが紹介したハワイ移民のピジン英語、「aena tu macha churen, samawl churen, haus mani pei」の、いわば手話版である。だから、子供たちの手振りには本当の意味での文法や規則体系が見られないのだ。少なくとも、その時点ではまだ。

　だが、ピジン言語はたった一世代のあいだに自らを変化させることがあるのにビッカートンは気づいた。はるかに成熟した言語へと変貌を遂げ、洗練された構文と文法を備えるようになる。そういうふうに進化した言語をクレオール言語と呼ぶ。ケグルもその変化の過程を目の当たりにした。ただし、それをああいう場所で見ることになろうとは予想だにしていなかった。

　ケグルは中等学校を訪ねたあと、サン・フーダスにある小学校に向かった。耳の不自由な年少の子供たちが勉強している。小学校の訪問中、ケグルはマジェラ・リーバスという名の少女に目を留める。マジェラは学校の中庭で手話をしていて、それは年長の子供たちには見られないリズムとスピードを備えていた。自分なりの手話のルールブックが頭のなかにあるのではないか。ケグルはそう考えた。ある意味では実際にそうだったのである。

　やがてわかったのだが、年少の子供たちは年長の子供たちが作った「ピジン手話」を新しい次元にもっていこうとしていた。一九八六年当時、大学院でケグルの生徒だったアン・センガスは、のちにこうふり返っている。「言語学者にとっては夢のような状況だった。ビッグバンを目撃しているみたいだった」。センガスは『サイエンス』誌に発表した論文のなかで、年少の子供たちは概念や物や動作をいくつかの単位に分解し、その個々の単位を手話で表現していた、と説明している。つまりは、本物の言語を作りつつあった。

　それにひきかえ、年長の子供たちにはそれができず、ひとつの動作を写実的な身振りで表現することが多かった。たとえば「転がりおちる」という動作を表わしたい場合には、動きの種類や方法（転がる）を示す身振りと、方向や進路（おちる）を示す身振りを同時に行ない、手をバタバタさせたり、ジグザグの線を描くようにして下向きに動かしたりする。私たちが会話をしているときに、何かの例を見せたくて身振りをするのに似ている。だが、複雑なコミュニケーションをするにはこうした動作ではややこしすぎるし、ほかの人が正確に真似するのも難しい。たとえるなら、舌を嚙みそうな長い単語なのに、非常に狭い意味しかもっていないようなものである。意味が限定されるので、そういう単語が頻繁に使われることはない。多目的に使えないのだ。

年少の生徒たちは、年長の子供たちより手の動かし方が上手だったばかりか、その意味を見直して、ひとつの動作をいくつかの小さな単位に分けた。そうすれば、ほかの単位と組みあわせてもっといろいろな考えを表現できる。「転がりおちる」をひとつの長い手振りで表わすのではなく、「転がる」に当たる手話表現（いわば単語）をひとつ作り、「落ちる」の手話表現も別に作る。「転がる」のときは手で円を描き、すぐに続けて「落ちる」の身振りをする。具体的には、手を胸に当ててから、空気を切るように下向きに手を伸ばす。敬礼でもするような感じだ。

こちらのほうが、本物の手話言語や本物の口頭言語の仕組みにはるかに近い。写真、絵画、パントマイムなどの非言語コミュニケーションとはそこが異なる点だ。発話の場合、情報はばらばらな小単位として入ってくる。文字の音や単語などだ。それらは、単語がつながって句、句がつながって文というように、しだいに大きな単位になるように並べられている。すべてがひとつの秩序に従って配置されている。

本物の言語がもつもうひとつの特徴は、物体や動作や場所などを小さい単位に分けることで、コミュニケーションの応用が利くようになることだ。同じ単語を異なる文脈のなかで使って、別の意味を表現させられるようになる。このおかげで、「もつ」という言葉を純粋な体の動作として用いもすれば（「ハンマーを手にもった」）、精神的な意味で用いるのも可能になる（「気をしっかりもて！」）。だから隠喩や直喩や文脈といったものが成りたつのであり、それらが成りたつからこそあらゆる言語が洗練され、効果的になる。

ニカラグアの子供たちの場合、「転がる（roll）」を表わすジェスチャーを作りなおしたおかげで、それをほかのさまざまなジェスチャーと組みあわせて使えるようになった。たとえば、「巻きあげる（roll up）」や「寝返りを打つ（roll over）」などである。最後には「そのアイデアを頭のなかで転がした（I rolled the idea around in my head.）」という比喩の用法も現われた。身振りは写実的な要素よりも象徴的な色合いが濃くなり、物真似的なものが減っていくつもの用途に使えるようになる。言語にふたつの工夫――個々の部分に分けることと、いろいろな場面で使うこと――を取り入れると、その言語は限られた数の単語で無数の考えを表現でき、無数の光景を描写し、無数の物語を語れるようになる。ＤＮＡの塩基やピアノの鍵《けん》と同じだ。個々の単位を組みあわせたり、組みあわせをさまざまに変えたりすれば、無駄なく劇的な結果を生むことができる。考えてもみてほしい。何百万種類もの生物と、数十億人もの人間が、ＤＮＡ塩基のたった四文字で作られているのだ。それでいて、同じ人間はふたりといない。音楽の場合も、音符の組みあわせ方を変えるだけで、「漕げ、漕げ、ボート」のような歌にもなれば、ラフマニノフの「前奏曲ハ単調」にもなる。

ニカラグアの聾学校の子供たちは、今日に至るまでの二〇年のあいだ、手話表現に絶え間なく磨きをかけてきた。年若い世代が入ってくるたびに、手作りの素朴な手話は改善され、もはや荒削りで不完全な身振りといった面影はない。今では語彙も豊富で、時間や感情、皮肉やユーモアといった、ありとあらゆる概念を表現できる。何より驚くのは、これを子供たちだけの力で成し遂げたことだ。誰かが中心になって計画したわけではない。誰かが椅子に座って文法を書いたり、辞書を作ったりしたわけでもない。研修を実施した者もいなければ、研修を開発した者もいなかった。何とかしてコミュニケーションを図ろうと、子供たちが苦労してやりとりするなかから、ただ自然に言語が生まれていった。

誰かと意思を通わせたいという、人間ならではの強い思いにつき動かされ、彼らは自分たちの力で正真正銘の言語を生みだした。現在では正式に「ニカラグア手話」と呼ばれている。彼らはこの言語を何もないところから作りあげた。しかも、明確な意図があってそうしたわけでもない。情報を小さい部分に分け、階層構造になるように規則正しく順番に並べる。この単純ではあるが重要なルールは、どこかに書かれているわけではない。にもかかわらず、彼らはそのルールをもとに、世界のどんな言語にも引けを取らない表現力豊かなコミュニケーション方法を編みだした[注釈30]。

ニカラグアの子供たちは、言語がゼロから進化する過程を見せてくれたと言っても過言ではない。同時に、過去をかいま見せてくれたとも言える。私たちの祖先もこの子供たちのように、意思を伝えたいというやむにやまれぬ思いを抱えていながら、それを叶えられるだけの声も言語ももたなかった。だが、長い時間をかけて彼らはその方法を見つけた。どうやら、考えや気持ちを表現するための基本的なリズムや構文や、さまざまな構成要素は、単語や音節を声にして言うだけの仕組みよりも脳の深いところに根差しているようだ。人間の精神は何としても情報を共有しようとする。自分の扱える範囲であればどんなものでもいいから、何らかの表現手段を見つけようとする。両親が手話を使っていると赤ん坊が手話で喃語を話すように、また、言葉の不自由なニカラグアの子供の素晴らしい物語からもわかるように、手は表現手段として好まれるらしい。何らかの理由で声の出せない人にとって、手は声帯のかわりになる［注釈31］。ということは、私たちは一言も言葉を発しないうちであっても、コミュニケーションができる仕組みが体に組みこまれているのではないか。だとすれば、ホモ・エレクトスやその子孫たちも、言語をマスターする前に手を使ったコミュニケーションをマスターしていた可能性がある。彼らの祖先が道具や武器を操るのを覚えたのと同じだ。

だが、祖先たちの知性や、感情や対人関係は、豊かに、かつ複雑になりつつあった。身振り手振りがどれだけ効果的であっても、やはり足りない部分が出てくる。彼らが最後の飛躍をして、人間らしさを獲得する前に、さらなる変化が必要だった。その変化のひとつは、まさにのど、もと、まで出かかっていたと言える。

Pharynx

第三部　の　ど

五章　空気を吸って言葉を吐く

エルマー・ガントリーは……生まれながらの上院議員とでも言うべき人間だった。重要なことは何ひとつ言わないが、それを朗々とした声でやってのけた。彼にかかれば「おはよう」の言葉がカントのように深遠にもなれば、ブラスバンドのように温かくも響く。大聖堂のオルガンのように精神を高揚させてもくれた。彼の声はまるでチェロである。その声に聞きほれようものなら、彼がじつは下品な表現やみだらな言葉を使っていても、法螺《ほら》を吹いていても、（この年になってまだ）単数形と複数形をめちゃくちゃにしていても、そんなことは耳に入らなくなってしまうのだ。

——シンクレア・ルイス『妖聖ガントリー』

これはじつに驚くべきことである。どんなに愚かな人間であっても、言葉をつなげて考えを伝えることはできる。狂人でもしかりだ。それにひきかえ動物は、どれほど非の打ち所のない幸運な状況に置かれていても、同じことはできないのである。

――ルネ・デカルト［注釈1］

これまで見てきたように、祖先の猿人たちは五〇〇万年前、広がりゆくアフリカの草原に取り残されてそこで生きていかざるをえなかった。そして、それが直立二足歩行につながった。ホモ・エレクトスの時代になると、彼らの体は異様なまでに走るのに適した構造になっていた。なぜだろうか。その答えを考えていくと、不思議にも、私たちが言葉を話せるようになった理由も見えてくる。

ホモ・エレクトスが登場するまで数百万年のあいだ、進化の圧力はサバンナの猿人たちがますます直立した姿勢になる方向に働いていた。そこにはいくつか理由がある。いちばん大きいと思われるのが、アフリカ赤道地方の暑さだ。「ベルクマンの法則」によると、寒冷な地域に住む動物ほど体がずんぐりとして球体に近くなる。これは、空気にさらされる体表面積を小さくするためだ。体表面積が小さければ放熱を抑えられ、体を温かい状態に保っておける。シベリアに住む人々などは、背が低くて体がずんぐりとしているうえ、腕や指も短い。冷たい空気に触れる皮膚面積を少しでも減らすためである［注釈2］。

この法則は逆も当てはまる。背が高く、体が円筒形に近ければ、体表面積が大きくなるので体は急速に冷える。体が細長ければ、どんな動物でもこうして多くの熱を失う。だが、人間の体がとりわけ放熱に優れているのはふたつの理由によるものだ。ひとつは、人間には動物のような体毛がないこと。もうひとつは、皮膚に汗腺という穴があいているからである。体の大きさにもよるが、その数およそ二五〇万個。この小さな腺がほぼ全身に分布しているおかげで、体内で生まれた余分な熱の九五パーセントを効率的に外に逃がすことができる。

こういう冷却方法は自然界では前代未聞だ。ほとんどの哺乳類はあまり汗をかかず、舌を出して荒く息をすることで熱を発散している（ほぼ全身が毛皮に覆われていて、うまく汗をかけないためと考えられている）。チンパンジーなどの霊長類にも汗腺はあるが、その数は人間の約半分でしかない。

おおかたの人類学者は、私たちの祖先も効率的に大量の汗をかいたはずだと考えている。そうでなければ、人類はとうの昔に絶滅していただろう。なぜ絶滅するかと言えば、死肉をあさる生物から狩りをする生物へと進化を遂げていたからだ。ホモ・エレクトスが現われる頃には、私たちは地上で最も賢い捕食者になりつつあった。鉤爪や牙はもっておらず、力やスピードの面でも抜きんでていたわけではない。だが、手製の武器がある。しかも、巧みに走ることができた。

ヒトほど長い距離をうまく走れる動物はいない。たしかに、加速スピードならチーターのほうが速いし、高速を維持して走ることでもダチョウやウマのほうが上だろう。だが、休まずに広域をカバーする能力にかけてはヒトの右に出る動物はいない。今でも長距離走やマラソン、あるいはウルトラマラソンに人気があるのは、この能力の名残りである。だが、名残りばかりではない。二足を使った特殊な能力については、今でも一風変わった事例がたくさん見つかる。メキシコ北部に住むタラウマラ族などは、シカを何日も走らせて疲れさせるという方法で日常的に狩りをしている。彼らが獲物に近づけることはめったにない。それでも、適度な距離を保って追うことはできるので、シカには休む暇がなく、しまいには疲れきって倒れる。ひづめがすり減ってなくなってしまう場合もあるという。狩人のほうはと言えば、疲れはしても、死ぬにはほど遠い。

シベリアのガナサン族も同じような方法でトナカイを狩っている。彼らは木や岩の陰に隠れながら一〇キロ以上も獲物を追いかけ、すぐそばまで迫ったら、猛然とダッシュして獲物を殺す。パラグアイのアチェ族も、フィリピンのアグタ族も、カラハリ砂漠のクンサン族も、足と肺を使って獲物を疲れさせる作戦をとっている［注釈3］。

夕食を仕留める方法はもちろんほかにもあるだろう。だが、ホモ・エレクトスの体の作りが走るのにうってつけだったのを思うと、彼らもこのやり方をレパートリーに加えていたのはまず間違いない。だが、新しい能力を獲得すれば、複雑に進化するフィードバックループによって、その影響は自分にもはね返ってくる。走る能力は、エレクトスたちに新たな問題を突きつけた。私たちの祖先の脳が二〇〇万年前から一〇〇万年前のあいだに急激に大きくなったのは、その問題が解決されたからかもしれない。そして、それが発話への土台を築いた可能性がある。

・・・・

脳は食い意地の張ったコストのかかる器官だ。体のどの部分よりもエネルギーをむさぼり食って熱くなる。現代人の脳は、成人が一日に必要とするエネルギーのじつに二五パーセントを消費している（チンパンジーやゴリラの二倍以上だ）。同じ重さで比べると、脳は筋肉組織の一六倍ものカロリーを食いつくしている。

ホモ・エレクトスの脳は私たちほど大きくはない。だが、現代人に近づきつつあったのは確かで、全身のエネルギーの一七パーセントを消費していたとの試算もある［注釈4］。暑いサバンナでは、動物が長い距離を走ると体温がかなり上がってしまう。大きな脳をもつ動物ならなおさらだ。どれだけ背が高くても、どれだけ汗腺があってもだめで、まず間違いなく熱射病で倒れる。それを避けるには、体温を上げないための仕組みを見つけるしかない。

祖先の猿人たちのなかには、アフリカの焼けつく陽射しのもとで暮らすうち、熱射病で命を落とした者も数多くいただろう。だが、一部の祖先は、なかでも直接私たちにつながる祖先は明らかに生きのびた。なぜだろうか。ある非常に興味深い仮説によると、彼らの遺伝子が（もしかしたら複数）突然変異を起こして、独創的な冷却システムを与えてくれたからだ。現代の私たちも、そのおかげで生きている。

その仮説を唱えているのはフロリダ州立大学の女性人類学者、ディーン・フォークだ。彼女の考えによれば、およそ二〇〇万年前に私たちの祖先が死肉をあさりはじめた頃、網状の頭蓋血管が発達し、それが脳や顔面や頭蓋骨を流れる血液を冷やしたのではないかという。彼女はこの仮説を「ラジエーター説」と呼んでいる。この網状血管が、車のラジエーターに似た働きをするからだ。

心臓は、私たちの体温が上がりすぎると、体や顔を流れる比較的冷たい血液を頭蓋骨の「導出静脈」と呼ばれる微細な静脈網に送りこむ。導出静脈は、細かく枝分かれしながら頭皮近くの頭蓋骨全体に分布している。ここからさらに熱が発散し、冷えた血液は静脈から脳に戻って、脳内の温かい血液に置きかわる［注釈5、6、7］。非の打ちどころのない天然ラジエーターと言える。

フォークは、現代の類人猿と、現代人と、私たちの祖先の頭蓋骨を詳しく比較したうえでこの仮説を立てた。化石の頭蓋骨には静脈や動脈はとうの昔になくなっているものの、かつて使われていた血管の通り道は一部はっきりと残っている。人間と類人猿では、脳に血液を運ぶ仕組みが異なっているのにフォークは気づく。その違いがとくに顕著なのが、体温が上がったときだ。類人猿の場合には、ラジエーターの役目をしてくれる導出静脈網が私たちよりははるかに発達しておらず、冷えた血液を脳に送る仕組みが概してあまり効果的ではない。

ルーシーのような初期のアウストラロピテクスや、絶滅したアウストラロピテクス・ロブストスなどの場合も同じだったと見られる。彼らには、現代人よりもジャングルの類人猿との共通点のほうが多いからだ。だが、もっと新しい時代のヒトの祖先、つまり、ホモ・ハビリスやホモ・エレクトス、ネアンデルタール人、初期のホモ・サピエンスなどの頭蓋骨を調べると、導出静脈網がしだいに大きく、しだいに複雑に発達していったのがうかがえる。この変化は、彼らの脳が増大し、脳を冷やす必要性が高まっていったのと呼応する。

現代人の場合、この導出静脈のシステムが十分に発達していて効率もいいので、体熱の大部分を汗として放散させることができる(寒さ厳しい日曜の午後にアメフト選手がヘルメットを脱ぐと、頭から蒸気がもうもうと立ちのぼるが、あれはまさにこのシステムが働いているところだ)。

体を冷やす仕組みはこれだけではない。私たちは進化の過程で毛皮を失い、ますます直立した姿勢になり、汗腺の数を増やしていった。頭蓋の冷却システムも、これらと一緒に進化したとフォークは考えている。しかし、このラジエーターはとりわけ重要だった。このシステムができなければ脳はある程度までしか大きくなれず、ホモ・ハビリスのレベルを大幅に超えることはなかっただろう。理由は簡単。次の世代に遺伝子を伝える前に熱射病で死んでしまうからだ。

実際に絶滅した猿人のなかには、まさにその理由で子孫を残せなかった系統もいたのではないだろうか。激しく照りつける太陽の下で死肉をあさり、やがては獲物を狩るようになるには、非常に効果的な冷却システムが必要である。なのに彼らはそれを発達させずに終わった。ヒトは体温が少し上がっただけでも簡単に命を落としかねない。人間の体温が平熱より四～五度高くなったら、脳の機能は乱れ、意識の混濁、幻覚、痙攣といった症状が現われる。血管生理学者のメアリー・アン・ベイカーは論文のなかで、脳の温度こそが「暑い環境でヒトやその他の動物の生死を決める唯一最大の要因である」とまで書いている［注釈8］。

祖先を進化させてきた圧力は相変わらず彼らにつきまとい、道具作りがさらに上手になるように、意思の疎通がもっとうまくできるように、そして行動をさらに複雑にして人間らしくなるようにと働きかけていた。しかし、脳を冷やす何らかの仕組みを進化させないかぎり、それ以上の脳の発達は見込めない。いとこのチンパンジーやゴリラと同じ状態に留まるのが関の山だっただろう。

逆に、そういう仕組みを進化させて、今の私たちのようにそれがうまく働けば、祖先を押しとどめていた蓋は外されたも同然だ。脳は再び自由に大きくなれる。ホモ・エレクトスにこの冷却システムが発達しつつあったとすればどうなるか。狙った草食動物を狩れるのはもちろん、知力も高まって、群れの対人関係がしだいに複雑になっていってもうまく対処できたにちがいない。

ついには脳が異常なまでに大きくなって、今日の私たちに至った（人間と同程度の大きさの霊長類であれば、脳のサイズは人間の三分の一くらいが一般的だと科学者は指摘する［注釈9］）。

祖先の脳に冷却システムが備わったことは、進化をおし進める大きな原動力になったとまでは言わないにしても、「祖先たちを解放する重要な要因」になったとフォークは語る。つまり、手の親指の進化や道具作りに匹敵するほどの一大変化ではないが、祖先の脳をさらに大きくする道を開いたのだ。

冷却システムが備わると、具体的にどんな利点があるのだろうか。かりにホモ・エレクトスが、身振りによるコミュニケーションはできてもまだ言葉が話せなかったとしよう。脳が効率的に冷えるようになれば、すでに別の目的で使われていた脳領域に発話の仕事もさせられるようになったかもしれない。もともとはおもに手を器用に動かす仕事をしていた領域を使って、本来は呼吸や飲食のために備わった数百もの筋肉を駆りだし、それをさらに発達させるのである。当時は、繊細で洗練されたコミュニケーション能力がどうしても必要な状況になっていた。このような変化が生じれば、そのさし迫った要求を満たすことができただろう。また、脳が過熱を避けられれば、まだ未発達だったニューロンの力をフル稼働させられたのではないか。その結果、非常に賢いがほとんど口を利かない猿人が、私たちのように淀みなく話す生物へと変貌を遂げた［注釈10］。

だが、脳が変化しただけでは十分ではない。すでに彼らののどは、直立したために長くなってはいたが、さらに作りなおされる必要があった。咽頭と呼ばれる、奇妙な形をしたのどの空洞が発達しないかぎり、言葉を話すのは不可能だからだ。

咽頭は円錐を逆さにした形をしていて、長さは一一～一二センチほど。舌の付け根のすぐ後ろに位置し、口と食道をつないでいる。奇妙に聞こえるかもしれないが、人間の咽頭が進化した大きな理由のひとつは、直立して走るようになったためである。私たちの祖先が後ろ足で立ちあがってからは、首が少しずつまっすぐ長くなった。やがて、肩と胴体が頭の真下にくるようになり、額の傾斜は緩やかになって、あごも四角く、頭蓋骨は丸くなっていく。こうした変化により、口の天井が上がって首が伸びた。また、これがいちばん重要なのだが、舌と喉頭が下に下がった。

ほかの動物にも咽頭はある。だが、人間の場合は、咽頭自体の構造はもちろん、その内部や周囲にある器官の構造が動物たちとは違っている。いわば、キリンの首や、シュモクザメの目と同じくらいに特殊化しているのだ。ゴリラのココやボノボのカンジなど、訓練を通じて人間の言葉や身振りが理解できるようになった動物はたしかにいる。しかし、人間以外の霊長類は、私たちのような咽頭に恵まれていないため、巧みに音を操ることができない［注釈11］。

喉頭の位置が下がったために、私たちの祖先は厄介な問題に直面する。霊長類ののどの構造を見ると、鼻孔から肺までが一本の気道でまっすぐつながっていて、それとは別の管が口と胃をじかに結んでいる。頭蓋骨から始まって、首へ、そして胴体へと、二本の道路が平行線のまま続いているようなものだ。その二本は一センチたりとも同じ土地を共有することはない。

歴代の祖先たちも、のどの構造は霊長類と変わらなかっただろう。だがそれも、ホモ・エレクトスが現われるまでのこと。エレクトスの場合、骨格の配置は私たちとほとんど同じなので、頭

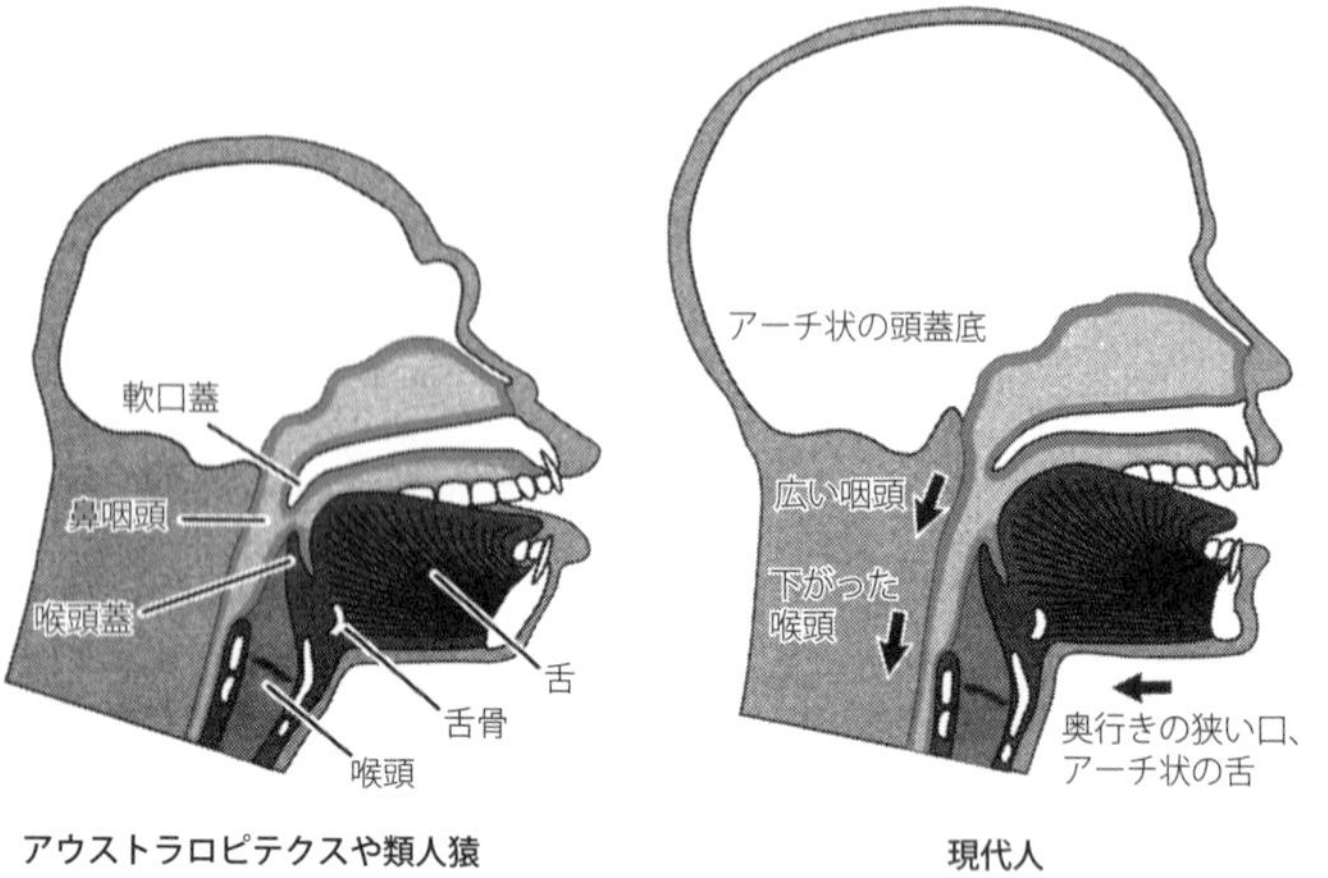

アウストラロピテクスや類人猿ののど（左）と現代のホモ・サピエンスののど（右）。ほかの霊長類と違って、人間の気道と食道は交差している。そのために飲食物が詰まって窒息するおそれがあるが、そのかわりに言葉を話すことができる。(出典：*The Symbolic Species* by Terrence Deacon,　許諾：W. W. Norton)

蓋骨の形や首の長さが影響して、それまでは別々だった道がのどの奥で交差せざるをえなくなった。こうなると困った問題が起きる。交差しているために、口から入った食べ物や水が空気の通り道を横切るようになったのだ。窒息の誕生である。

進化したあげくに窒息の危険性が高まるなんて、どうも釈然としない、と思うかもしれない。ダーウィンも、窒息につながるような突然変異が起きたという事実に驚いた。驚いたどころか、彼が『種の起原』に記した文章を読むと、苛立ちを覚えているとも感じられる。「何より奇妙なのは、われわれが飲みこんだ飲食物がすべて気管の入口の上を通らなければならないことだ。肺に入りこむ危険を冒して」

この危険に対処するため、人間には喉頭蓋《こうとうがい》と呼ばれる小さな蓋《ふた》のような突起が発達している。喉頭蓋は皮膚と軟骨でできていて、飲みこんだ物が勝手に肺に入りこまないように気管の入口を覆う役割をもつ。とはいえ、この小さな器官をもってしてもうまくいかないときはある。ハイムリック法（気管に詰まった食物や異物を取りのぞく応急処置）が開発されるまでは、アメリカで年間六〇〇〇人もの人が食べ物を詰まらせて窒息死していた。たいていは、食べながら話をしたせいである。事故死の原因としては六番目に多かった。チンパンジーが窒息死することはない。少なくとも、食べていたバナナが違う管に入って死ぬことは。

言葉の作り方

「パン」のような簡単な言葉であろうと、「スーパーカリフラジリスティックエクスピアリドーシャス」のような舌を嚙みそうな言葉であろうと、ひとつの言葉を言うときにはかならず同じことが起きている。空気が肺から上に向けて送りだされ、のどを通りながら曲げられ、嚙まれ、くるくると回されてから吐きだされるのだ。その間、いくつもの精巧な動きが連続して起きなくてはならない。私たちはまったく意識せずに、やすやすと淀みなく話しているが、そのために必要な器官をすべて自由に操るのはじつは大変な離れ業だ。

一言を発するだけで、脳と体は一〇〇個以上の筋肉を駆りだして仕事にあたらせている。人間の体内で、これほど多くの筋肉が使われる活動はない。私たちは、一秒間に二〇〜三〇個の分節音、音節ならば一秒間に六〜九個の割合で言葉をしゃべっている。それを可能にするために、呼吸をきめ細かく調節し、特殊な筋肉を信じがたい高速で伸び縮みさせ、舌の筋線維で空気を動かして形を変え、電光石火のスピードで吐きだしている［注釈12］。

この複雑なプロセスがどう進行するのかがすべて解明されたわけではない。人間の場合、ほかの哺乳類や霊長類よりも大脳皮質——人間の脳内でいちばん大きな領域——が顔や舌、喉頭や肺をじかにコントロールする度合いが大きく、話をするには大脳皮質ニューロンがかなり使われるのはわかっている。だが、細かい部分はいまだに謎のままだ。

たいていの哺乳類では、顔の表情、呼吸、口やのどの筋肉は、網様体前運動野と呼ばれるニューロン群にコントロールされている。ここは脳幹《のうかん》のなかでも古い部分で、脊柱に直接つながっている。網様体前運動野は、嚥下、まばたき、呼吸といった、無意識の本能的な活動の多くをつかさどっている。

しかし、霊長類が進化するにつれ、大脳皮質が急速に発達していく。そして、「錐体細胞」と呼ばれるニューロン（三角形をしているのでその名がついた）が大脳皮質から長い軸索を伸ばし、肺、喉頭、顔、舌をコントロールする神経系とじかに固く結びつくようになった［注釈13］。最終的にはこのおかげで、私たちはもっと意識的にコントロールしながら必要なスイッチを入れ、言葉を発して考えを表現できるようになった［注釈14］。

あなたが腰をかがめて大きな箱をもち上げようとするとき、胴体に力を入れるために無意識のうちに肺に空気を閉じこめている。その空気を押さえこむ蓋の役目をしているのが、声帯だ。声帯は左右一組の筋肉でできており、その筋肉は伸縮自在だがじつに頑丈である。声帯は喉頭の上部についていて、喉頭というのは、鏡を見るたびに目に入る「のど仏」のことである（女性の場合は男性ほど目立たない）。力を入れすぎると唸り声が出てしまうのはこのためだ。空気が声帯の隙間からわずかに漏れでてしまうのである。

話をするときも原理は同じで、ただそれをもっと精緻に行なっているにすぎない。言葉を話す行為はまず息を吸うところから始まる。脳が計算をして、言いたいことを言うのに必要な量だけを吸いこむ。肺に空気が入ったら、今度はそれを適切に調節しながら吐きだす。吐きだされた空気は気管を上っていって、喉頭の上部にある声帯にぶつかる。空気が音に変わるプロセスが始まるのはこの場所だ。声帯を震わせてzzzzといった有声音も出せれば、声帯を振動させずにssssといった無声音も出せる。歌を歌ったり、ハミングをしたり、話をしたりできるのは、声帯を通りぬけるときに空気が小刻みに連続して噴きだすからだ。これが土台となって、誰もがあなたの声として認める音になる。この声はひとりひとりに固有のものであり、他人が完璧に真似て再現することはできない。

声帯の筋肉の張りが強いほど、あるいは小さくて硬いほど、声は高くなる。声帯の張りが弱いか、声帯が大きいかすれば、声は低くなる。体の大きい男性がたいてい少女より低い声をしているのは、ひとつにはこのためだ。ただし、のどや鼻腔や口の形も声質に大きな影響を与えていて、朗々としたバリトンになるか、ハスキーな囁き声になるか、鼻にかかった声になるかを左右する。興奮して声帯に力を入れると声は高くなる。緊張していると自分の声が普段より少し高くなる経験は、誰にも覚えがあるだろう。

喉頭は声に高さと個性を与えてくれる。だが、声の形をさらに整えて言葉の音へと変換するのは、声が声帯を通りぬけたあとののどの役目だ。英語には約四〇個の音素（その言語の音声を分析・考察して得られた音韻論上の最小単位）がある〔注釈15〕。これをいろいろな形に組みあわせれば、英語のあらゆる単語を作れるばかりか、まだ存在しない単語までたくさん生みだすことができる（前にも触れたとおり、シェイクスピアは何千もの新語を発明したが、発音できない単語はなかった）。ほかの言語も、それぞれ決まった数の音素をもっている。ドイツ語は三七で、日本語は二一。パプアニューギニアの東部で話されているロトカス語はわずかに一一だ。音素が一四一個を超える言語はなく、これが人間に発することのできる音の種類の上限となっている〔注釈16〕。

どの言語を話す場合でも、音波を折りまげたり、押したり切ったりして音素に変えるのは、舌と、唇と、歯の仕事だ。まず、振動する空気が、咽頭の丸みのある空洞に到達する。次に、舌の付け根、中央、先端を使って、音を圧縮したり、破裂させたり、せき止めたりしてから口の外に出す。「ガー」「ケイ」「ティー」という音はそれぞれ今言ったやり方で作っている。ほとんどどんな単語でも、それを発音するときは（この文章を声に出して読む場合も）のどと舌と唇がすばやく動いているのに気づくだろう。しかも、すべての動きのタイミングは完璧に一致している。

言葉の音を作る最後の器官が唇だ。私たちは舌と同じくらい唇を器用に使いこなしている。たとえば、f音、v音、p音、b音をそれぞれ発音してみてほしい。fとv、pとbを区別しているのは、唇のほんのわずかな変化にすぎない。こうした微妙な違いを発音できるのは、人間の唇がほかの動物と比べて並外れて肉付きがよく、敏感だからである。ジャングルの果物を味見して風味を確かめるのに最適だ。その唇が、結果的に明確な音を発音するのにも適していたのは、進化の思いがけぬ幸運にすぎない。

だが、味とコミュニケーションのあいだには、かつて考えられていた以上に密接なつながりがあるかもしれない。ミラーニューロンを調べている研究者によると、サルが別のサルを見ているときに、その相手のサルがぺちゃぺちゃ音を立てて何かを食べていると、見ていたサルも反射的にそれを真似て自分も食べているかのような口の形をするケースが多い。私たちも似たことをしている。映画のなかで、恋人どうしが身を乗りだしてキスをするとき、観ている私たちもえてして唇を固く結ぶものだ。誰かと話しているとき、相手が適切な言葉をなかなか見つけられずにいると、つい口を挟んでかわりに文章を言おうとするのもこれと同じである。

私たちの体がこういうふうに作りかえられたのは、もちろん進化の偶然であって、遺伝子の突然変異のなせるわざだ。だが、もし咽頭が特殊な形にならなければ、そして交通整理をしてくれる喉頭蓋が発達しなければ、私たちはただの一言も発することが叶わなかっただろう。

つまり、身振りから発話へと飛躍できたのは咽頭のおかげである。とはいえ、この飛躍は思ったほど身振りから離れたものではなかった。最近では次のような説が支持を集めている――以前は手の操作だけに関与していたいくつかの脳領域が、何らかの理由で機能を拡大し、考えを音に変換する仕事も始めて、最終的には会話に必要な一〇〇個以上の筋肉を操作するようになった。言いかえれば、祖先の脳はまず手の複雑な筋肉を細かくコントロールできるようになり、その能力をのどの筋肉の精緻なコントロールにふり向けた。だとすれば、祖先が身振りで意思を伝えているうちに、手だけではなく声も加えるようになったのだろうか。胸やのどや、口の筋肉を使い、空気を操作して言葉を生みだしたのだろうか。

この問いに対する答えは研究者によってまちまちだ。脳の地図作りに関して私たちの技術は日に日に高まっているが、言語がどういう仕組みで生まれているのかを地図はまだ明かしてくれない。その理由のひとつは、膨大な数の脳細胞がこれほど小さな場所に押しこまれていることにある。認知心理学者のスティーヴン・ピンカーは次のように指摘した。発話にかかわる脳領域は脳全体に細かく分かれて分布していて、それぞれが発話作業の特定の側面を分担しているのではないか。「身勝手に線引きされた選挙区のように、それらの脳領域はいびつな形をしているかもしれない。脳の山や谷のどこにその領域が位置するかは、人によって違っている可能性がある」

ＰＥＴスキャンやｆＭＲＩで脳を調べてみると、言葉を話すときには脳全体のいくつもの領域が「明るくなる」（そこが活動している）のがわかる。もちろん、なぜそれらが明るくなるのか、詳しいことはまったくわからない。そもそも言語自体が非常に複雑で、さまざまな要素が結びついているために、発話の個々の側面を取りだすのは難しいのだ。脳がややこしく折れまがったり、ねじれたり、重なりあったりしているのも研究を困難にしている。

話をするには、肺、のど、口、唇、顔の筋肉が連係して動かなくてはならない。聞き、外の世界と内なる心の部屋の両方から入ってくる概念をシンボルに変換し、音素をすばやくつなげて単語にし、それを正しい順序に並べて文章を話す。ただ「お元気ですか?」と言うだけで、途方もない技術と脳力が必要なのだ。

言葉が奏でる音楽

声帯は声の高さだけでなく、イントネーションや声の調子、強さ、大きさなどもコントロールしている。これらが声に個性を与えるとともに、言葉に微妙な意味合いを添えているのだ。言語学者はこうした要素を「プロソディ（韻律）」と呼ぶ。いわば、話し言葉がもつボディランゲージ的な側面と言える。言葉にプロソディを巻きつければ、怒りや敵意を込めることもできるし、喜びや愛情をにじませることもできる。私たちは人の話に耳を傾けながら、声の調子、リズム、速さなどのプロソディを通じて、相手の感情を吸収しているのだ［注釈17］。

話や演説が上手な人は、プロソディを使って自分の思いの微妙な部分を伝えるのがうまい。抑揚をわずかに変化させたり、ふいに力強く強調したりすることで、聞き手の耳と心に言葉を焼きつける。これは誰もがもっている能力であり、私たちはみなプロソディを使って言葉に活力や意味合いをつけ加えている。言葉とは別の次元で、同情、疑念、自信、怒り、あるいは悲しみを伝えている。そういう意味では、プロソディは動物の原始的な叫び声や呼び声との結びつきが強いと言えるだろう。プロソディは私たちの声に音楽を吹きこんでくれるのだ。私たちが奏でるこの音楽こそが、話しているときに相手の注意を引きつけるうえで重要な役割を果たす。それだけではない。言葉に吹きこむ生命力や、言葉につけたす感情や、色合いや、重みや、速さは、私たちが「自分の個性」と呼ぶものの中核を形作っている。プロソディを通して他者に与える印象の積みかさねが、自分をほかの人間と区別させている。アイデンティティの要と言ってもいい。

言語の構文や単語は、いわゆる「言語脳」の左脳で処理されるのに対し、プロソディを処理するのは右脳だ。これは、プロソディに感情や音楽の要素があるためかもしれない［注釈18］。左脳は動作を順番に並べるのが得意で、右脳は形や空間を扱う。だとすれば、右脳は話のイントネーションを形や距離として「見て」いるにちがいない。想像上の物体として、近いか遠いか、大きいか小さいか、丈が高いか平たいか、色鮮やかかそうでないかを把握しているのだ。ただし、かりに脳のさまざまな領域が発話の異なる側面を分担しているのだとしても、言葉の中身と言葉の音が完全に切りはなされているわけではない。その両方が合わさってはじめて意味が生まれるのであり、その意味によって情報と感情が固く結びつく。

こんなことができるのも、脳内のさまざまな領域が複雑に接続されているおかげである。新皮質が発達するにつれ、脳は神経の巻きひげを以前より長く伸ばして、新しい部分と古い部分をつなぐ必要が生じた。

たとえば、脳の古い部分にある大脳基底核《だいのうきていかく》という領域は、ほかの動物ではもっぱら運動に携わっている。爬虫類や、人間を含む哺乳類の場合、大脳基底核は体の姿勢を変化させて優位や服従を表わし、あるいは異性の注意を引きつける。人間の大脳基底核も、歩くときに腕を振るといった基本的な運動を今でもコントロールしている。両腕を同じ方向に振ったりしないのは、大脳基底核に関するかぎり私たちはいまだに四本足で歩いているからだ。祖先が直立する前にしていた動きがまだ名残りとして残っているのである。

男性が胸を張る、女性が目配せをする、あるいはあなたが会議で納得いかない話を聞いて腕組みをする――こんなときには大脳基底核がさかんに活動している。大脳基底核は顔の表情にも影響を与えていて、驚き、怒り、戸惑い、関心などを表現するのに一役買っている。独身の男女が相手を探しに集まるバーでは、大脳基底核はオーバーヒート寸前にちがいない。入ってくる情報も、行なうべき活動も多すぎるからだ。大脳基底核で十分な量のドーパミンが分泌されないと、足を引きずって歩いたり、腕をまったく振らなくなったりする。こういう症状が現われたら、パーキンソン病などの脳疾患の前兆だ。逆にドーパミンが多すぎるのも問題で、トゥーレット症候群のチックや強迫性障害との関連が指摘されている。

大脳基底核のように、本能的な行動をつかさどる脳の古い領域は、ブローカ野ともつながっている。ウェルニッケ野と違って、ブローカ野は情報をなかに取りこむわけではない。心にある思いをどのようにして外に出すかをコントロールしている。その思いを、自分ではまったく意識していない場合も同じだ。ブローカ野の近くにはボディランゲージや身振りをつかさどる領域があって、ブローカ野はそこに情報を送って影響を与えている。ジョークを言いながらジェスチャーをしたり、大切な人と話をしながら顔に何かの表情を浮かべたりするとき、ブローカ野も働いている。

だが、人間の場合、大脳基底核が行なっている最も重要な仕事は、考えを言葉と音に変換するための物理的な作業を助けることだ。ブローカ野では、私たちは文字どおり自分自身に話しかけて、言葉を発するための前処理をし、大脳基底核に信号を送る。大脳基底核はその信号を、のど、舌、唇、肺に伝え、音に換えた思考を世界に向けて発してほかの人の耳に届かせる。

言葉を話すためのこうした能力が、いつ、どのようにしてひとつにまとめ上げられたのかが正確にわかったら、どんなに素晴らしいだろう。だが、それは無理だ。ホモ・エレクトスの脳を調べたりスキャンしたりはできない。初期のホモ・サピエンスをテストして、彼らがきちんとした文章を話していたのか、はたまたB級映画の原人のような唸り声だけだったのかを確かめることもできない。とはいえ、ミラーニューロンの研究から、ほかの霊長類にもヒトのブローカ野とだいたい同じ位置にF5野のような脳領域があることがわかっている。この研究を行なったのは、三章でも紹介したリゾラッティと、南カリフォルニア大学で生物学とコンピュータ科学を研究するマイケル・アービブだ。人間の脳では、この領域が発話と手の操作の両方をつかさどっている。どちらも、野生動物の本能的な叫び声や呼び声とは違って、私たちが明確な意図をもって、きわめて意識的に行なう行為である［注釈19］。

人間の場合、発話と手の操作を受けもつ部位は脳のなかでいわば頬を寄せあって並んでいる。一九九八年の論文で、リゾラッティとアービブはこう説明した。「以前からある発声の機能を［発話という形で］新しく利用するためには、発声を巧みにコントロールする必要があった。この作業は、脳の古い領域にある情動性の発声中枢では対処できない。こうした状況に直面したことが、人間にブローカ野を誕生させた『原因』である可能性が高い」

その数年後、アービブは議論をさらに進める。ホモ・ハビリスには、F5野のような領域から発達した「原ブローカ野」とも言うべきものがあって、彼らはそのありがたい機能を使っていたとアービブは結論を下した。ホモ・エレクトスはよりいっそう活用していたはずだという。エレクトスはこの脳領域を使って、手振り、顔の表情、そして音声を混ぜたコミュニケーションをしていた可能性がある。アービブの考えによれば、しだいにこの原ブローカ野は、粗いレベルながら発声器官をコントロールできるようになった。操り人形を操る役目を担いはじめたのだ。ただし、躍らせるのは手や指ではなく、今度は咽頭である。以後、私たちの祖先は、体を操るのではなく音声を操ることを試すようになった。対人的な状況がしだいに複雑さを増し、より効果的なコミュニケーションを図る必要性が急速に高まるにつれて、言語と脳は互いを少しずつ進化させていった。

こういった進歩を遂げるためには、発話のための構造を今の私たちのように精緻にコントロールする必要がある。これは並大抵のことではない〔注釈20〕。ゴリラやチンパンジーに、基本的な概念をシンボル化する知力がどれだけあっても（最新の研究によると理解できる概念は一〇〇個強）関係がない。彼らの問題はそこではないのだ。どんなになだめすかしても、訓練を施しても、ゴリラやチンパンジーが言葉を話せないのは、ひとえにそのための体の構造がないからである。かのウィリアム・シェイクスピアがどういうわけかゴリラの長老になって、霧に煙るルワンダの密林をさまよっているとしたら、『ハムレット』の一行すら声に出すことはできない。だが、シェイクスピアがホモ・エレクトスだったら、不完全ながらも文章をひねり出して、あとは表現力豊かな身振り手振りで補うことだけはできたかもしれない。

ホモ・エレクトスと、それに続く初期のホモ・サピエンスは、肺、声帯、唇、舌をコントロールする能力を少しずつ高めていった。では、彼らはどうやって話し方に磨きをかけていったのだろうか。そのヒントは赤ん坊の喃語にあるかもしれない。喃語のいわば進化版が現われたと考えるのだ。人間の新生児ののどの構造は祖先の猿人とほとんど同じで、肺に続く通路と胃に続く通路が別々にある。このおかげで、ミルクを飲みながらもスムーズに呼吸ができ、窒息する心配がない。ところが、生後三カ月くらいになると喉頭の位置が下がり、咽頭が人間特有の形になる。これで十分な空間ができるため、舌を前後に動かせるようになり、大人並みに母音を発音するための舌の形がすべて作れるようになる。
赤ん坊は次の数カ月間で、自分で出す音と周囲で話されている言葉を比べはじめる。フィードバックループが動きだし、音のやりとりのなかから語彙が姿を現わす。しかも、その言語がもつ文法と構文の枠のなかで表現される。文法と構文は、人間の脳に生まれながらに組みこまれているとの説があるが、まさにそう思えるのだ［注釈21］。

この変化はひとりでに始まる。誰かが赤ん坊と一緒に机に向かい、ルールブックを広げて単語や文法の仕組みを教えるわけではない。ごく自然で、しかも万国共通の現象だ。

生後一八カ月になると、とりわけ驚くことが起きる。何らかの仕組みにより、それまでばらばらだった土台が一気に嚙みあってあるべき状態になるのだ。まるで奇跡である。何カ月もかけて体と脳を発達させてきた結果、発話のエンジンとなる体の構造とニューロンが組みたてられ、配線され、走りだす準備が整う。私たちは最初の誕生日の少し前に言葉を理解するようになり、すぐそのあとから自分でも言葉を「話し」はじめる。それからさらに六カ月ほどたつと、次の段階に進むための蒸気圧が最大限に高まる。文法の基本ができあがり、「それ、欲しい」といった単純な構文の文章を言いはじめる。基本テンプレートを手にしたら、あとは何かを表わす音のシンボル――私たちが単語と呼ぶもの――のレパートリーを増やしていく。しかも信じられないスピードで。

生後一八カ月から思春期を迎えるまでの一〇年のあいだに、子供が覚える新しい単語の数は合計四万個ほど。一日平均一一個で、二時間おきに一個の計算になる。自然界でこのような現象はふたつとない。このプロセスはいやおうなく進むため、子供が歩き方を覚えるのをやめさせられないように、話し方を覚えるのをやめさせるのは無理だ。発話は人間に与えられた天賦の才能であり、相当に残酷なことをしないかぎりその能力は奪えない。

・・・

人間はどのようにして、雑音をたてるだけの段階を卒業し、本当の意味で言葉を話せるようになったのだろうか。これは科学における最大の謎のひとつである。アービブはこう見ている。人間の言語のような複雑なものが発達するには、何らかの土台がいるにちがいない、と。ここで思いだすのが、手振りを使ったコミュニケーションだ。ニカラグアの聾学校の子供たちが成し遂げたことはその可能性を裏づけている。はじめは年長の子供たちが、なんとか意思の疎通を図るために写実的な手振りを編みだし、それを各自がもち寄った。最低限必要な情報を伝えるためのパントマイムである。ところが、年少の子供たちはひとつの身振りをいくつかの単位に分け、再利用できるシンボルに変えた。そこに鍵がある。

アービブの考えでは、ホモ・エレクトスのようなヒトの祖先も似たような手振りをまず始めた。けっして効率のいいものではなかったが、ともあれそれを語彙の中心に据える。のちに手振りを修正し、細かい単位に分解することで、単語の種類を増やしていった。祖先もはじめは写実的な身振りをしていて、それをしだいに複雑で効率のよい象徴的な手話表現へと発展させていったとアービブは推測する。最終的には、その象徴的な手のジェスチャーに、象徴的な音のジェスチャーを割りあてた。

アービブは若干異なるシナリオも考えている。ヒトの祖先が身振り言語から発話へと移行する過程では、ニカラグアの年長の子供が手振りによって行なったのと同じことを声を使って行なったのではないか。つまり、ひとつながりのかなり複雑なジェスチャーを、ひとつの単語で言いあらわしたのだ。たとえば「グルーフルック」や「クームザッシュ」などの音で、「牙が長くて肉のたっぷりついた獲物をボスが仕留めたので、仲間のみんなでご馳走にありつける。やったー！」という複雑な説明や、「槍をもって獲物の向こう側に回ったほうが、仕留める見込みが高まるぞ」といった命令を表現した。

アービブの仮説をニカラグアの子供たちの実例と結びつけると、興味深い可能性が浮かびあがる。これらはたしかに一語で多くを物語るが、ひとつの場面にしか使えない。融通が利かないのだ。ニカラグアの子供たちが最初に使っていた「転がりおちる」の手振りと同じで、あまり役に立たない。こうしたお化け単語は使える場面が限られていて、ほかの単語と組みあわせるのも無理だ。しばらくすると祖先たちは、自分たちがお化け単語に埋もれているのに気づいたことだろう。この行きづまりを打開するために、彼らはお化け単語を分解したのではないか。いくつかの塊に分けて、一個でひとつの概念を表わすようにすれば、それを別の塊と組みあわせて使うことで文脈に応じて異なる意味を表現するのも可能になる。ニカラグアの聾学校で、年少の子供たちがしたのとまさに同じだ。祖先たちの一集団が、まず「火」を表わす共通の音を決めたのではないかとアービブは推測する。そのあとで集団のメンバーたちが別の音も決めた。「燃やす」「焼く」「肉」などである。彼らはすぐにこれらを組みあわせて、単純ながら効率的に文章を表現できるようになっただろう。しかも、組みあわせを変えればまったく違う意味も伝えられる。「火(で)肉(を)焼く」「火(を)燃やせ!」「焼く(人を)燃やせ!」

ほかの例も考えられる。はじめは、たとえば「熟したリンゴ」「熟したスモモ」「熟したバナナ」をそれぞれ一語で表現していた。これなら単語の数は三つですむが、限られた使用法しかない。そのため、のちに「熟した」という意味の単語と、それぞれの果物を表わす単語を作って、四つの単語を組みあわせて同じことを表わしたほうがいいと気づいたのではないか。四つとは、「熟した」「リンゴ」「スモモ」「バナナ」である。「熟した」を使う対象は果物に限らない。高齢で「円熟した」という意味で使ってもいいし、人が「熟れて食べ頃」という意味で使ってもいい。

本物の言語はこういう骨組みの上に築かれたのだろうか。私たちにできるのは、理にかなった推測をすることだけだ。もしかしたら、一九万五〇〇〇年前にホモ・サピエンスが現われたとき、身振りから話し言葉への移行が起き、人間の発話と文化が急速に花開いていったのかもしれない[注釈22、23]。あくまで「もしかしたら」だが。

もっとも、それが実現するには、言語の誕生に欠かせないもうひとつの要素がまず姿を表わす必要がある。それは、自分自身に気づいていること。自分が存在していることを理解する能力だ。

六章　私は私——意識の誕生

しかしながら、人類の最初の波は小さな波にすぎず、今にも消えそうだった。……途方もない規模で体の変化が起きつつあった。低い頭蓋冠の下で、夢のような素晴らしい動物が姿を現わそうとしていた。目に見えないシンボルを操る生物が。このような生物は、はじめから絶滅の瀬戸際を歩いている。時がたつにつれて、その歩みはますます必死なものになっていく。

——ローレン・アイズリー『怒れる冬』

前頭前野は額の真後ろにあり、脳のなかでいちばん新しく進化した領域である。進化の時計で考えると、前頭前野は驚くべきスピードで発達した。三〇万年前に最後のホモ・エレクトスが運命に倒れたとき、この領域はまだ存在していないも同然だった。今ではどんな人間にも前頭前野がある。つまり、進化の基準で言えばほんの一瞬のうちに、脳で最も複雑な領域が発達して、脳の大きさが二五〜三〇パーセントも増大したのである。

前頭前野は、ほとんどの高次の思考が行なわれる場所だ。私たちは前頭前野を使って、心配し、概念をシンボルに変換し、自己や時間についての感覚を生みだし、入りくんだ記憶を思いだし、まだ起きていない出来事を想像する〔注釈1〕。

人間ならではの経験をするうえで、前頭前野がなぜこれほど中心的な役割を果たしているのだろうか。ひとつには、そこが脳のあらゆる領域と密に接続されているからだと、認知科学者のテレンス・ディーコンは指摘する。脳の非常に古い領域とも例外ではない。その結果、前頭前野はいわばゼネコンのような存在となった。全体像をつねに念頭に置きながら、聞く、手足を動かす、呼吸を調節するといったこまごまとした実務を担当する領域と緊密に連絡を取りあっている。ほかの脳領域がえてして専門職に特化しているのに対し、前頭前野は総合職であって、脳が生みだす事象のほぼすべてに一枚嚙んでいる。

また、この領域は、ほかの哺乳類や霊長類よりはるかに発達したひとつの機能をもっている。いわゆる「ワーキングメモリー」だ。人間の脳が優れているのは、考えや概念をシンボルに変換できる点だけではない。何かを考えたり思いだしたりしているときに、それらをしばし脇にのけて別の問題に注意を移し、また先ほどの続きに戻ることができる。これはワーキングメモリーのおかげだ。私はこの文章を書きながら、ワーキングメモリーとは何かを説明する例を考えている。今もし電話が鳴ったら、その考えをしばらく脇に置いて、電話に出て話をし、電話が終わったらさっき考えていた事例を再び記憶から引きだしてさらに考察を加えればいい。

簡単なことだと思うかもしれない。たしかに私たちは四六時中それを行なっている。だが、けっして簡単ではないのだ。考えや経験をシンボルに変換し、符号化し、脳内にいわば梱包しておけるばかりか、あとになってそれを呼びもどし、梱包する前につながっていたすべての思考ともう一度つなげて、その考えを発展させるための新たな方法を見つけだす。まるで、思考や経験というものが、自分でこしらえたひとつの物体のようだ。それを文字どおり脇に置いておいて、そのあいだに別の物体を手に取って形にし、先ほどの物体とつなげている。

ワーキングメモリーがあるおかげで、人間はいくつかの特筆すべき能力を操れるようになった。まずひとつは、物事に優先順位をつけて、自分の力でよりよい生き方を選べることだ。知識をいったんしまっておき、あとから思いだして再利用できるのなら、目先の利益を諦めて、長い目で見てもっと重要なことを実行するという決断ができる。たとえば、食後のデザートにパイをもう一切れ欲しいと思いつつも、それを食べたらウエストが太くなってコレステロール値が上がることも理解している。パイを食べたら短期的には幸せなのがわかっていても、自分の健康を考えてパイの追加は我慢する。または、ワーキングメモリーを使って、借金をしてでも修士課程に進もうと決断することもできる。修士号があれば、学士号だけの場合よりも給料のいい仕事につけるし、そうすれば借金も返せて、もっと充実した人生を送れる。すぐには行動をしない選択をしてひとつの行動を遅らせたとき（つまりワーキングメモリーが優先順位をつけたとき）、前頭前野のいくつかの部位が活動するのが脳スキャンの研究で明らかになっている［注釈2］。

優先順位をつけ、行動を抑制する。この前頭前野の働きがあるからこそ、私たちはパーティに行ってもイヌのように人を嗅ぎまわったりせずにすむ。イヌのようにふるまおうとする脳領域を前頭前野が抑えて、笑顔で握手をするといった、社会から受けいれられやすい行動をとらせてくれるからだ。

前頭部に行動を抑制する機能があることは、脳スキャンではじめて明らかになったわけではない。前頭部に怪我をした人を調べる研究からも同様の指摘がされてきた。たとえば、アイオワ大学の脳神経科学者、アントニオ・ダマシオと共同研究者は、幼い頃に前頭部を損傷したふたりの症例を紹介している。ひとりは男性で、生後三カ月のときに脳腫瘍が見つかった。もうひとりは女性で、生後一五カ月で自動車事故にあった。どちらも命に別状はなく、安定した家庭で育てられた。両親には教養があり、きょうだいも健全である。ところが、やがてふたりとも問題行動を示しはじめる。一〇代になると、物を盗んだり嘘をついたりするようになり、善悪の基準を失ってしまったかに見えた。好人物に思えるときもあるのだが、たびたびひどいことを言い、しかも自分の言動を悔いる様子がまったく見られない［注釈3］。彼らの前頭部は、ある種の行動を抑えられなくなったようだった。

前頭部を損傷した事例として最も有名なのは、フィニアス・ゲイジである。ゲイジは鉄道建設の現場監督だった。一八四八年九月、ヴァーモント州キャヴェンディッシュで、ゲイジが鉄の棒を使って火薬を詰める作業をしていたところ、思いがけず火薬が爆発し、鉄棒が吹きとんだ。鉄棒は、直径約四センチ、重さ約六キロ。それがゲイジの左の頬骨を直撃し、左目の裏を通って頭蓋骨を貫通した。そのときに、前頭葉の左側に損傷を受ける。信じがたいことだがゲイジは一命を取りとめ、同僚が彼に手を貸して立たせたときにも意識があった。ゲイジは近くの医師、ジョン・ハーロウのもとに連れていかれる。ハーロウがうまく処置してくれたおかげで、ゲイジは一〇週間後にはニューハンプシャーの自宅に戻ることができた〔注釈4〕。

ゲイジは一年もしないうちに元気になって、再び働きはじめようと考える。だが、以前の仕事には戻れなかった。体に不自由があったからではない。性格が変わってしまったからだ。事故が起きる前、ゲイジはきわめて優秀な現場監督だった。有能で、巧みに問題を解決でき、部下への当たりもよく、鋭い商売勘もある。それが今や、無愛想で、野卑きわまりなく、仕事仲間への敬意をかけらももち合わせない男に変わった。昔を知る仲間は、彼は「もはやゲイジではない」と言い、頑固で気まぐれで短気な別人になってしまったと嘆いた。

ロボトミー手術を受けた患者にも同様の影響が現われる場合がある。ロボトミーとは、前頭葉に至る神経経路を切断する手術を言う。一九四〇年代には、統合失調症から犯罪行動まで、ありとあらゆる問題を治療する方法として何千例も実施された。この手術を施すと、たしかに患者の欠陥が取りのぞかれ、おとなしい性格に変わってくれるケースが少なくない。だが、落ちつかせるどころかかえって興奮させ、非社会的な行動に駆りたてることも多々あった。フィニアス・ゲイジがそうだったように。

前頭前野が衝動を抑えて優先順位をつけようとしても、その抑制が解かれてしまう場合がある。いちばん身近な例は飲酒だ。実験により、アルコールは前頭前野内の神経伝達物質、ドーパミンとGABA（ガンマアミノ酪酸のことで「ギャバ」と読む）の濃度を変化させるのがわかっている。アルコールを一、二杯飲むと、ドーパミン濃度が上昇して気分が高揚し、自信が増す。酒が入ると物静かな人が社交好きに変わり、内気な人が快活になるのはそのためだ。ニューロンは次のニューロンに信号を伝えて、そのニューロンを興奮させたり抑制したりしている。GABAの働きは、その信号の伝達を遅らせることだ。ところが、アルコールが入るとGABAの働きが鈍る。ということは、前頭前野の抑制機能も弱まるおそれがあるわけだ。ランプシェードをかぶるとか、カウンターの上で踊るといった行動をなかなか止《と》めてくれなくなる。飲みすぎたあとにそういう行動をとったり、人が変な目で見たと言って喧嘩を売ったりするのはそのためだ。慢性のアルコール中毒が、問題解決や優先順位づけといった前頭前野の機能を損なうことは、長期的な研究によって確かめられている。要するに、私たちに「人間らしい」ふるまいができるのは、ワーキングメモリーと前頭前野があるからだ。前頭前野が行動を遅らせ、抑制し、行動に優先順位をつけ、独自の合図を発してくれるおかげである。

どうやら、まったく同じその能力が、概念をシンボル化して言語を組みたてるうえでも欠かせないようだ。少なくともテレンス・ディーコンはそう考えている。シンボルを張りつければ、思考は運んだり動かしたりできる対象に変わり、レゴブロックのように組みたて直すことも眺めわたすこともできる。だが、心にいくつものシンボルを抱えるためには、それらを比較して優先順位をつけなければならない。すべてのシンボルを同時に最優先で考えるのは単純に無理だからだ。どれかをすばやく脇に動かして、別のもっと優先順位の高いものの下に置く必要がある。

こういった作業が、ほかの動物にはほとんど見られない能力を人間に授けた。先ほども触れたように、前頭前野は脳の奥深くにある古い領域とも高速の神経線維でつながっている。前頭前野は、そうした領域から入ってくる視覚情報や聴覚情報、あるいは嗅覚情報などを絶え間なく処理している。それだけではない。外界からの刺激がなくても、それ自身の情報を生みだし、新しいシンボルを作り、そのシンボルとシンボルのあいだに新しい結びつきを作っている。脳が自分で独自のシンボルを生みだしているのだ。

　そうやって生まれた新しいパターンを、次にどうするかを決める前に「見る」。これが、一般に「思考」と呼ばれるものだ。意識的にじっくり考えるタイプの思考である。この能力があるために、私たちはほかの動物と大きく一線を画している。私の飼いイヌのジャックは、身のまわりで何かが起きるたびにいちいち本能で反応する。眠っていたかと思えば、私がジャケットをはおるのを見てドアまで走り、外に飛びだして風のにおいを嗅ぎ、次に何か起きたらまた反応しようと身構えている。ジャックは複数の行動をあれこれ天秤にかけたりはしない。フリスビーを追うべきか、左のニレの木のにおいを嗅ぐべきか、はたまた右のカシの木におしっこをしようか、などと悩むことがない。ジャックの頭には、意図的に優先順位をつける能力がないからだ。ジョン・ロックがいみじくも言ったとおり、「獣は抽象的思考をしない」のである。ジャックはただ本能を頼りに行動し、何かの出来事に遭遇する都度、それを処理している。ディーコンはこれを、「指示的な記憶」と呼んだ。感覚や情報がひとつの脳領域に入ってくると、それによってひとつの経験や反応が自動的にさし示されて、脳の別の領域から出力される。

解明される脳

もちろん脳を解明できるわけがない。だからこそ、これほど謎に包まれているのだ。ルーブ・ゴールドバーグの漫画には、馬鹿馬鹿しいほど複雑な仕掛けが出てくるが、脳はそれによく似ている。原始的な認知機能の名残りと、新しく進化してつけたされた機能が、寄せあつめられ、つなぎ合わされている。驚くべき仕事を成し遂げているものの、その仕組みはほとんど明らかになっていない。普通、私たちは脳をそういうふうにはとらえない。進化の力には無駄がないと思いこみ、余分なものはすべて一掃されて脳は最適な状態になっていると、滑らかですっきりした作業工程が実現していると考えがちだ。だが、実際はそうではない。進化は成功に向けて手探りで進む。何か重大な問題があって、それを解決しなければ生き残れないというときに、進化はあちらに手を入れこちらをいじりして、やがてじつに独創的な解決策に行きあたる。そしてまた、よろめきながら進んでいく。私たちの脳はたしかに素晴らしいが、けっして能率的な装置ではない。腹立たしいほどややこしく、頑ななまでに分析を拒む。ただし、わかっていることも少しはある。

成人の脳の重さは、知能指数の高低にかかわらず、一三〇〇～一四〇〇グラムくらいが最も多い。密度は固めたゼラチン程度。最新の計算によると、いちばん新しく進化した領域——大脳新皮質——には約三〇〇億個のニューロンが含まれ、それぞれが一〇〇〇個のニューロンとシナプスを介して接続されている。

既知の宇宙に存在する素粒子をぜんぶ数えると、一〇のあとにゼロが七九個続くという。だが、考えられるニューロンの接続の数を計算したら、一〇のあとにゼロが一〇〇万個も続くのだ。最低でも。すべての接続を一個一個チェックしていったら、三二〇〇万年かかる。高速の神経線維をすべてつなげたら、平均して一六万キロにもなる。ほとんどの人は、右脳より左脳のニューロンのほうが一億八六〇〇万個ばかり数が多いが、私たちが相手にしている数字の桁数を思えば、これくらいの違いは本当に微々たるものだ。

しかし、どれだけ数字を並べたてても、脳の複雑さを言いあらわすには足りない。膨大な数のニューロンをつないでいるのは、シナプスや樹状突起や軸索だ。どれも、構造だけでなく化学的性質も入りくんでいる。約五〇種類のニューロンがそれぞれの専門の仕事を時々刻々とこなし、そのときの各ニューロンの内部では複雑な相互作用が起きている。とはいえ、大まかに言えば、ニューロンが得意とする仕事は情報を蓄えることと情報を動かすことだ。個々のニューロンは巧みに作られた傑作である。一個のニューロンには、この「・」ほどもない範囲に平均一〇〇万個のナトリウムポンプが並んでいる。脳全体で見れば、じつに一〇〇〇億×一兆個にもなる。このナトリウムポンプがなければ、私たちは何ひとつ考えられず、何ひとつ感じられない。ニューロンが電気信号を受けとって、それを次のニューロンに伝えられるのは、このポンプのおかげだ。

脳はフリーマーケットの物々交換のように、イオンを交換することで電気信号を生みだす。こちらにイオンを足し、あそこからイオンを引き、そうするとそれらのイオンと結合した原子はプラスかマイナスの電荷を帯びる。あなたが筋肉を動かしたり、光を見たりするとき、それぞれの感覚を担当するニューロンが内部のイオンチャネルを活性化させる。ナトリウムはそのチャネルを通して細胞内に取りこまれ、細胞膜の内側がプラスに帯電する。ナトリウムチャネルが強く活性化されると、「閾値電位」に達して活動電位が発生する。たとえるなら、ホテルの宿泊客がいつまでもしつこく大騒ぎをして、ボーイ長の注意を引くようなものだ。活動電位はニューロン内を通って次のニューロンへと伝わり、最終的にはほかの活動電位と合わさって、思考や、手の動きや、身のすくむ恐怖となって結実する。

ただし、ニューロンが受けとった感覚が弱いと、十分な量のナトリウムが細胞内に取りこまれず、活動電位が次のニューロンまで伝わっていかない。ニューロンは興奮することなく休んだままで、わずかに取りこんだナトリウムも拡散してしまう。感覚器官が脳に合図を送ったのに消えていく――こういう現象がどれくらい起きているのかはわからない。そのすべてを意識することはできないからだ。脳が感覚をしめ出す。いや、もっと正確に言えば、感覚の弱さが感覚自身をしめ出す。それはいいことでもある。そうでなければ、私たちはみなひどい注意欠陥障害になって、音や光景、においや味、感情や思考に絶え間なく攻撃される羽目になるだろう。

個々のニューロンの仕組みは非常に複雑ではあるが、ニューロンのいちばんの特徴を大まかに言うなら外交的なことだ。ニューロンは互いと触れあいながら生きる（そして死ぬ）。あなたがこの文章を読んでいるときも、あなたの脳にあるニューロンの一個一個が一秒に二億回のスピードで情報を交換している。それでも、ごく普通のデスクトップコンピュータに比べたら、じつに動きが鈍いと言わざるをえない。しかし、スピードに欠ける分を、ニューロンはつきあいのよさで補っている。脳内にはニューロンが一〇〇〇億個あると言われ、そのひとつひとつが平均一〇〇〇個のニューロンとつながっている。接続の経路は往々にして長く曲がりくねっているが、そのおかげで脳のあらゆる部位が緊密に連絡を取りあえるのだ［注釈5］。

ニューロンは情報を伝えなければならない。人間の脳がこれほど大きいのは、ひとつにはそのためである。無理もないことだが、脳が大きいのはニューロンの数が多いからだと考えられがちで、たいていの人は少なくともほかの哺乳類よりは多いと思っているだろう。だが、それは間違いだ。たとえばネズミの大脳皮質には、一立方ミリメートルあたり一〇万個のニューロンが詰まっている。人間はその一〇分の一でしかない［注釈6］。ところが、数が少ないから脳が単純かと言えばそうではなく、実際にはネズミよりも複雑だ。ニューロンの密度が高すぎないのは、樹状突起や軸索を伸ばしてほかのニューロンと接続するためのゆとりが必要だからである（軸索が電気信号を送り、樹状突起が受けとる）。

ネズミと人間のニューロンはほとんど見分けがつかない。つまり、脳を組みたてる材料はほぼ同じである。だが、ネズミのニューロン一個と人間のニューロン一個をほかとつながった̀ま̀まの状態で取りだし、それを丸めて玉にしたとしたら、人間のニューロン玉はネズミの一〇倍も大きい。どうやら実生活と同じで、人間の脳もつきあいの広さが物を言うようだ。脳はこうして、電気信号や化学物質による会話をすべてこなすために、毎日二〇ワットの電球並みのエネルギーを消費するというから驚く。

ニューロンがつねにほかのニューロンとつながっているために、私たちが何をしても、どんな出来事を経験しても、それがひとつの大きな意識の流れとして感じられる。私たちには、誰かが——つまりは自分自身が——外の世界と内なる世界を途切れることなく吸収している感覚がある。何のつながりもない断続的な感覚の羅列を経験しているのではない。自己意識をもつという、人間ならではの特性は、相互接続されたニューロンが絶え間なく交わす膨大な量の会話から生まれている可能性が高い。ミツバチの巣が何千匹ものミツバチのやりとりから生まれるように、また都市が、互いに影響しあう人間と環境の共通のニーズのなかから生まれるように、私たちの人間らしさもニューロンの濃密なおしゃべりのなかから姿を現わしたのである。

シンボルを動かし、型に従って並べること。ひとつの概念や記憶を、別のものの下位に置くこと。優先順位をつけること。これらはすべて、言語に、ひいては発話に欠かせない能力だとディーコンは言う。言語とは、系統だった階層構造に従って情報を並べることにほかならないからだ。

私たちが話すほぼすべての文章にその特徴が現われている。

　言語学では、要素を動かして下位につけるこのプロセスを「再帰」と呼ぶ。再帰という方法を使えば、話をするときにひとつの概念を別の概念のなかに折りこむことができるのだ。そこには、私たちの脳がシンボルを配置するときのやり方が反映されている。中等学校の英語の授業で文法の難問に頭をかきむしったのは、この再帰のせいだ。文章を解きほぐして、前置詞句や従属節や分詞などに分ける作業にはみんな苦労したにちがいない。簡単な例をあげるなら、たとえばこんな文章である。「彼女はビルの裏手を歩いた」「彼のアイデアは素晴らしいと私は思った」「朝、彼はビルの裏手で、ジョージのアイデアは素晴らしいと気づいた」

　実験心理学者のデイヴィッド・プリマックは、かつてこんな光景を思いうかべた。ヒトの祖先がふたり、たき火のそばに並んで座っていて、ひとりがもうひとりに次のように話しかける。「自分の槍を野営地に忘れてきたボブが、ジャックから借りたなまくらの槍を一振りして前足のひづめを割った、あの背の低い獣には気をつけたほうがいい」

　プリマックがこんな例文を考えたのは、「いかに言語が進化論では扱いにくいか」を示すためだった。進化がなぜこんなややこしい能力を作りだしたのか、プリマックには見当もつかなかったからである。だが、認知科学者のスティーヴン・ピンカーは、プリマックの繰り言を聞くとイディッシュ語のこんな決まり文句を思いだす、と指摘した。「それが何か？　花嫁が美しすぎて気に入らないとでも？」

　再帰は言語に絶対欠かせないものであり、物を考えたり、考えを表現したりするうえでの人間特有の方法だとピンカーは主張する。この能力が人間の脳に組みこまれているのは議論の余地がないと彼は言う。プリマックの例文のように入りくんだ回りくどいものである必要はない。コミュニケーションは、適切なパターンと順序に従って情報を伝え、意味するところを明確にするための手段にすぎない。少なくとも、コミュニケーション能力を授かった動物は生きのびる確率が大幅に高まるはずだ。

「再帰を用いれば、遠方の目的地に着くために大木の前の道を行けばいいのか、それとも大木が前に立っているところの道を行けばいいのかを区別できる」とピンカーは語る。「その目的地に、あなたが食べることのできる動物がいるのか、それともあなたを食べることができる動物がいるのかもわかる。そこに熟した果物があるのか、熟していた果物があるのか、これから熟す果物があるのかも言いわけられる。三日間歩けばそこに着くのか、そこに着いてから三日間歩くのかも明確にできる」〔注釈7〕

再帰の重要性はもっと簡単な例文からもよくわかる。たとえば、「ジョーはすごく怒っているが、まもなくここに来ます」と聞けば、ジョーがすぐここに来るというこの文章の主旨がわかるだけでなく、彼の今の心の内までをも知ることができる。心の状態は、この文章においては主要なポイントではないものの、重要な情報であることに変わりはない。比重の置き方を逆にして文章を作りかえてみよう。「ジョーはまもなくここに来るが、すごく怒っている」。表現される概念の上位・下位の関係を変えるだけで、ジョーの心理状態についてまったく異なる情報を伝えることができるし、何より聞き手が受けとる印象が違ってくる。

頭のなかであれこれ動かした考えを正確に表現することには、明確な道案内（それはそれで便利だが）をする以上のメリットがある。言語が真価を発揮するのは、人と人が互いに使いあう場合だ。その相互のやりとりが、私たちの人間関係を形作っているからである。そこにこそ、言語がもつ力の秘密があると言えそうだ。言語がいきなり花開いたかに見える理由も、その視点から説明できるかもしれない。

・・・・

シンボルを生みだし、あちこち位置を動かし、優先順位をつけるためには、不思議に思えるかもしれないが、自分という存在を認識している必要がある。なぜだろうか。言語の誕生は意識の誕生と切りはなすことができない。「自己認識」とか「意識」という言葉は、私たちにとっては当たり前の心の状態なので、ほとんど意味をもたないも同然になっている。だが、けっして当たり前ではないのだ。人間以外の動物にはほとんど見られず、人間らしさの鍵を握る特性だからである。意識をもつためには、自分に「自己」があるのに気づいていて、それが他者とも周囲の世界とも異なる別個の存在であると理解していることが求められる。その線引きができなければ、目的をもって道具を作ることも、椅子から立ちあがって部屋の向こうまで歩いていき、誰かと握手することもままならない。自分が椅子とも部屋ともほかの人とも違う存在だとわかっていなければ、できない行為だからである。また、自己を認識していなければ、物体を手で扱うようにして思考を意識的に扱うこともできない。というのも、何かを手や頭で操作する――しかも意図的に――ためには、操作される側と操作する側が存在することを認識していないとできないからだ。

私たちの自己意識は、自分には肉体があるというきわめて具体的な知識から出発する。肉体は、自分が存在することを最も端的に示すものだ。自己と世界を区別するための、いちばん基本的な手がかりと言える。脳神経科医のオリヴァー・サックスは、その点を見事に浮きぼりにする事例を紹介している。サックスがまだ医学生だった頃の話だ。ある晩、看護師に呼ばれてとある病室に入ると、若い男性患者がベッド脇の床の上に倒れていた。男は、驚きと嫌悪の入りまじった目で自分の左足を見つめている。ベッドに戻れるように手を貸しましょうか、と声をかけたが、男は首を振るばかりで、相変わらず恐怖の表情で左足を眺めている。

サックスが見るかぎり、その左足に変わった様子はない。患者がなぜそこまで取り乱しているのかがわからなかったので、どうしたのかと尋ねてみた。患者が言うには、この病院に入院したのはその日の朝のことで、左足が「だるい」感じがしたので検査をしてもらいに来たらしい。夕暮れどきに眠くなって、やがて目が覚めたら、ベッドのなかに切断された左足が転がっていた。なんと恐ろしく気持ちの悪いことだろう！　その足がどこから来たのか見当もつかない。しばらくじっくりと眺めてから、その足をなんとかもち上げてベッドから放りだした。すると、どういうわけか自分の体も一緒にベッドから落ち、今はご覧のとおり、その足が自分にくっついてしまった。

「見てください！」と患者はサックスに向かって叫ぶ。「こんな気味の悪い、恐ろしいものを見たことがありますか？」そう言うと男は両手で左足をつかみ、ありったけの力をこめて体から引きちぎろうとした。うまくいかないと見るや、こぶしで殴りはじめる。サックスは男の隣にしゃがみ込み、そんなことをしてはいけない、と伝えた。

「なぜだめなんです?」と男。

「あなたの足だからですよ」

これを聞いて患者は動転する。とても信じられない。その足が自分のものでないことを少しも疑っていなかったのだ。ついにサックスはこう尋ねる。「もしその……そいつがあなたの左足でないんなら、あなたの本当の左足はどこにあるんです?」

患者はしばらく考えた。「わかりません」とようやく答える。「見当もつかない。消えちゃったんだ。ないんですよ。どこにも見当たらない」[注釈8]

そんな話は信じられないと思うかもしれない。だが、人はときとして自分自身や、自分が自分であるという感覚や、自分の一部が自分のものであるという感覚を見失う場合がある。自分と世界の境界線がどういうわけか消えうせる。サックスの事例の場合、患者はペーツル症候群という病気（身体失認とも呼ばれる）にかかっていることがわかった。自分が自己と解離してしまう症状の一種で、多重人格障害などの仲間と言える。多重人格障害とは、ひとりの体のなかに複数の異なる人間もしくは人格が住みついてしまう症状を言う。左足を認識する仕事をしているのは右脳の後部だ。そこが損傷を受けると、いわば船をつなぎ止めていたロープがほどけてしまい、文字どおり自分が自分でないような、少なくとも自分の一部が自分のものでないような感覚が生じる。

こうした損傷が起きる原因としては、脳卒中、脳震盪《のうしんとう》、脳腫瘍など、いろいろな脳疾患が考えられる。損傷を受けたのが右脳か左脳かによって、ペーツル症候群は目に現われる場合もあれば、発話や手足に影響が出る場合もある。誰でもいつ何時この症状に襲われてもおかしくない。この事例からよくわかるように、自分の体と自分の「自己」が同じひとつのものだという感覚は私たちの脳で生みだされている。私たちが現実として感じているすべてが脳の産物だ。脳が物理的にダメージを受けたら、自分が自分であるという感覚はゆがみ、粉々に砕け、あるいは消えうせる。こういう脳損傷の事例は、「自己」がいかに壊れやすいかを浮きぼりにする。ある種のニューロン群がどう結びつき、どうホルモンを交換し、活動電位をどう発するかで、自己は大きく左右されるのだ［注釈9］。

今度あなたが朝目覚めて、ふらつく手でコーヒーカップをもち上げて口元までもっていったとき、この話を思いだしてほしい。カップをもっているのは本当にあなたの手だろうか。その手が別の誰かのものだと思わないのはなぜだろう。

けっして突拍子もない問いではない。コーヒーを飲むという単純な行為であっても、それを実行するためには、手を伸ばし、カップをつかみ、口まで運ぶ肉体的な能力が必要なのはもちろん、自分の「自己」がすべての動作を指揮して最後までやり遂げさせていることをわかっていないとできない。もくろみどおりにコーヒーを飲むためには、自分と世界が別個の存在であること、そして、飲んでいる「自分」はひとつの統一のとれたまとまりであって、ばらばらでも分離してもいないことを深い次元で認識している必要がある。それが「自己」意識というものだ。よく考えてみたときに、自分には「自分」と呼ぶものがあると気づく。これは驚くべきことである。

ほとんどの人はほとんどの場合、そんなことは言われるまでもないと思っているだろう。「私は私。ほかの誰かであるわけがない」と。それは、私たちが「自己」に頼る能力をもつことを当たり前だと考えているからだ。だが、じつは自然界ではこの能力はきわめて珍しい。その点を鮮やかに示したのが、心理学者のゴードン・ギャラップが一九七〇年代に実施した一連の実験である。

ギャラップは、人間以外の霊長類にも自己意識があるだろうかと考えた。少なくとも、自己意識と呼べそうな何かが。この答えをつきとめるため、彼はじつに気の利いた実験を考えだした。まず、オランウータン、小型のサル類、チンパンジー、ゴリラなど、何種類かの霊長類に麻酔をかけ、彼らの額に無臭のインクではっきりわかるしるしを書いた。それぞれの前には鏡を置き、目が覚めたらすぐに鏡が見えるようにしておく。鏡を見たとき、手を伸ばして鏡のなかのしるしを触ったとしたら、鏡の像がまったく別の生き物だと思っていることになる。ところが、鏡を見て自分の額に触れたり、額のしるしをこすったりしたら、彼らは鏡のなかにいるのが自分自身だと理解している。言いかえれば、彼らにはある程度の自己意識がある。ギャラップはそう考えた。

実験の結果、小型のサル類はこのテストに不合格だった。オランウータンは、少し時間がかかったが合格した。チンパンジーは一度も失敗せず、意外にもゴリラはたいてい失敗した（これはゴリラに自己意識がないからではなく、ほかに原因があると主張する研究者もいる）［注釈10］。

自分の体を自分のものとして認識することは、自己意識という特別な意識をもつための前提条件である。私たちは日々その自己意識とともに生きていながら、その点をまったく気に留めていない。自己意識があるということは、無意識のままに世界を動きまわっているのではないことを意味する。鳥やポッサムや、マダガスカルのグリーンスケルトンフロッグや、私のイヌのジャックとはそこが違う。周囲のさまざまな動きにただ反応しているのではない。自分が何かの行為をしているのに気づいていて、自ら進んで目的をもってある程度の主導権を握っている。

この自覚がなければ、あなたは小型のサル類と大差がない。鏡に映った自分を見ても、それを見知らぬ生き物だと思っているのと同じだ。あるいは、自分の足が自分の足と思えず、死体から切断された足だと思いこんでいる男にも似ている。どういうわけか、自分の体と自分自身の一体感を見失っている。あなたの自己とあなたの環境がひとつに混じりあってしまう。

・・・・

自分の自己を意識するとき、その前提として必要なものは意識。それだけだ。そこでさらに頭の痛い問題がもち上がる。ゼリーくらいの固さで約一・五キロの重さがある一〇〇〇億個のニューロンの塊から、どうすれば魔法のように意識が現われるのだろうか。

ジェラルド・エーデルマンは、抗体の化学構造に関する発見で一九七二年にノーベル賞を受賞したあと、まさしくその問題に取りくんだ［注釈11］。彼は一九八一年に脳神経科学研究所を設立し、生化学、人工知能、神経解剖学などさまざまな分野から科学者を集めて、脳内の物理的な相互作用からどうやって意識が生まれるかを探りはじめる。

エーデルマンの結論はこうだ。脳内のニューロンどうしは密接に接続されていて、原始的な領域と新しくつけたされた大脳皮質の領域――前頭前野など――とが完全に織りあわされている。

そのため、脳細胞どうしがたえず膨大な量の情報をやりとりしていて、意識はそのやりとりのなかから現われるのだ、と。意識のように、このうえなく重要なものが進化の副産物だと考えるのは奇妙に思えるかもしれない。だが、エーデルマンが正しいなら、それこそが証拠のさし示す答えなのである。

神経解剖学では脳を大きく六つの領域に分ける。視床、脳幹、大脳皮質、大脳基底核、海馬、そして小脳だ。脳の内部が異なる領域に分かれていて、それらが古い部分も新しく進化した部分もともに情報をやりとりしていることが、人間の意識という特殊なものを生みだしているとエーデルマンは考える。エーデルマンの仮説によると、意識を生む中心的な役割を果たしているのは視床だ。視床はいわば、感覚の入口に立つ門番である。視床は灰色で卵形。ニューロンが密集していて、脳幹（脳と首の脊髄をつなぐ部分）と前頭前野のあいだに位置している。私たちが経験すること――人の手が触れる、明るい光を見る、においを嗅ぐ、涼しいそよ風が吹きすぎる――はすべて、まず視床を通ってからでないと大脳皮質に到達しない。視床‐皮質系と呼ばれる密集したループ状の接続が、いわば通信回線「ネットワーク」となって脳のあらゆる領域に手を伸ばしている。

このネットワークがなければ意識は生じないとエーデルマンは考えている。意識が存在するためには、脳が自らのどんなに遠い領域とも絶え間なく連絡を取りあう必要があるからだ。視床‐皮質系が得意とするのはまさにそれである。たとえば、大脳基底核、海馬、小脳など、さまざまな領域から情報を引きだしてプールできるのだ。大脳基底核は、複雑な運動技能の計画と実行をつかさどっている。海馬は、重要な短期記憶を長期記憶に変換して貯蔵できるようにする。小脳は脳の後ろ側についていて、動きの協調と同調を助けている（最近の発見によれば発話にも重要な役割を果たしている）。ほかにも脳内にはいくつものニューロン群があって、それぞれが専門の仕事をこなしている。大きな音や小さな音を扱うニューロン群、においを嗅いでその発生源をつきとめるニューロン群などだ。

どのニューロン群も、脳内を流れる情報を「抽出」する。つまり調整している。ギターの弦が振動すると、弦どうしが影響を及ぼしあって互いを調整し、和音が生まれるようなものだ。この抽出された信号はフィードバックシステムに戻され、やはり外から入ってくる別の抽出済み信号と混じりあってそれらを変えていく。このプロセスに終わりはない。エーデルマンはこの大規模な相互作用を、弦楽四重奏団のメンバーどうしが影響を及ぼしあうさまにたとえた［注釈12］。「一風変わった（奇妙なと言ってもいい）弦楽四重奏団を想像してもらいたい。各奏者は、自分自身のアイデアや合図に従うだけでなく、周囲からの感覚刺激の合図にもことごとく反応して即興演奏を行なう。楽譜はなく、各自が独自のメロディを奏でるため、最初はほかの奏者と調和していない。このとき、四人の奏者の体が無数の細い糸でつながっていると考えてほしい。四人の動きは、糸の張り具合の変化という信号を通して互いにすばやく伝えられる。すると、その信号が奏者の動きのタイミングを合わせる役目も果たす。信号が四人の奏者を瞬時につなぐことによって、彼らの音に関連性が生まれる。個々の奏者のばらばらの演奏にすぎなかったものが、糸でつながったおかげで、もっとまとまりのある統一のとれた新しい音が浮かびあがるのだ。この相互に関連するプロセスは、各奏者の次の演奏も変化させる。こうして再び同じプロセスがくり返されるが、今度は先ほどよりももっと相関性の強い新しい音が誕生する。指揮者がいて指図をするわけでも、全体の調和をとるわけでもない。個々の奏者は自分の演奏法と役割を保ちつづけている。にもかかわらず、全体としてはしだいに調和と統一のとれたものが生みだされていく。この統一感が、まとまりのある音楽につながる。それは、奏者が別々に演奏していたのではけっして成し遂げることのできないものだ」［注釈13］

エーデルマンはこのシナプスのダンスを「再入力」と呼ぶ。視床‐皮質系全体でやりとりされている情報がかならず自分に戻ってきて、また出ていき、また再入力されるからだ。これのもっと単純な（と言っても少しも単純ではないのだが）例が、物を見るときにも起こっている。視覚野（比較的解明の進んでいる領域のひとつ）の仕組みに関する研究からは、視覚野の部位によって、色、形、動きなど、処理する視覚情報の種類が異なるのがわかっている。どれについても「ボス」が中央で指令を出しているわけではない。エーデルマンの弦楽四重奏団に指揮者もいなければ楽譜もないのと同じだ。いろいろな視覚情報は脳のネットワークに入ってくると、相互に影響を及ぼし、再入力の過程で文字どおり世界の絵を描きだす。すべては、ばらばらの情報の断片が一瞬のうちに一体化することで生じる。しかも、こうして描かれる像は完全で、切れ目がないように思える。脳の個々の部位がはじめて情報を受けとる際はそういうふうに感じられないというのに。視覚野はすべての信号を混ぜあわせて、ひとつの継ぎ目のない出来事の流れにしている。

意識もこのようにして生じているとエーデルマンは語る。脳は、内と外の両方から来るあらゆる種類の情報を扱っている。その生の情報は、視覚、聴覚、触覚など、それぞれの感覚を担当する領域で調整される。すぐに長期記憶と短期記憶が照会されて、その感覚が既知のものかどうかが確認される。一方、神経調整物質がノルアドレナリン系のニューロンから脳全体に分泌され、それが好ましい感覚か、恐ろしい感覚か、不愉快な感覚かという情報がつけ加えられる。

ただし、経験したことがすべて意識にのぼるわけではない。そこにはまた別のプロセス、進化論で言う自然選択に似たプロセスが働いているとエーデルマンは説明する［注釈14］。同じ情報が視床 - 皮質系に何度も再入力されるなら、その情報は「生き残り」、選択される。その情報は大脳皮質を小突き、ときには押しながら、経験を正確に写しとったものなので注意を払うべきだと告げる。風は本当に吹いている。捕食動物のにおいは間違いなくする。魅力的な異性のひとりがたしかに性交したがっている。私は怖い。私は上機嫌だ。私は傷ついている。情報の強さとタイミングが、再入力してくる回数と関連づけられ、回数が多ければ多いほど、その情報が意識的な思考に現われる確率が高まる。

意識は、創発システムから何が生まれるかを最も極端に、また最も劇的に示した例と言える。創発とは、部分と全体が互いに影響を及ぼしあうことによって、部分の性質の単純な総和に留まらない性質が全体として現われる現象を言う。進化の歴史をふり返れば、自然界のどんな秩序も、どんな形態の生命も、一見すると無秩序なふるまいから進化してきたのがわかるだろう。少なくとも、トップダウンで設計されて作られたわけではない。自己意識をもち、物事を考え、しゃべることのできる霊長類が生まれるというのは驚くべき結果だが、それすら無秩序から進化してきたことに変わりはない。ただし、自己意識とほかの行動が決定的に違う点がある。自分が行動をしていると、はじめて自分で気づいていることだ。これはまったく新しい性質である。

ギャラップのテストを参考にするなら、私たちの祖先の自己意識も時代を追うごとに高まっていったと考えられる。初期のヒトは現代人のような「抽象的思考」はしなかった。おそらく彼らはほかの霊長類と変わりなく、環境の変化に注意を引かれたら、それに合わせて行動していただろう。寒ければ暖まろうとする。唸り声を聞いたり、ふいに何かが動くのを見たりしたら、戦うか、しっぽを巻いて逃げるかする。

しかし、祖先の自己意識がしだいに高まってくると、環境の変化に応じてただ反応するのをやめ、意識的に環境に注意を向けてもっと自力でどうにかしようと考えはじめる。では、現代人へとつながる霊長類の系統に、なぜこの能力が備わったのだろうか。もしかしたら、親指と手が進化して道具が作れるようになり、物体を手で巧みに扱う能力が求められたのが原因ではないだろうか。その結果、ひとつの物体を脇に置いて、別のことを処理する必要性が生じた。やがて、彼らの脳が高度に発達していくにつれて、手で物体を扱う能力を、頭のなかで想像上のバーチャルな物体を扱う作業に応用した。だが、彼らを最終的に人間へと押しやったのは前頭前野である。

エーデルマンによれば、彼が「原意識」と呼ぶもの（まわりの世界に気づいていることを言い、多くの霊長類もこれをもつ）と、「高次の意識」を隔てているのは前頭前野である。高次の意識とは、あなたや私が目覚めているあいだじゅう経験している特別な自己意識や特別な世界認識のことだ。現代のチンパンジーやオランウータンに何らかの自己感があるとしたら、そして道具作りと身振り言語にはある程度の自己意識が必要なのだとしたら、ホモ・エレクトスはおそらくチンパンジーと私たちの中間的な状態だったと思われる。同じ時代に生きていたどんな生物よりも自己意識があるが、深い思考ができるほどではなかった。

問題は、ほかにどういう要因が働いて脳に自己意識が宿ったかだ。重要な要因のひとつは――いや、唯一の重要な要因かもしれないが――単なる物理的な世界ではなく、厳密に言えば内なる頭のなかの世界ですらない。答えは、私たちが互いに影響を及ぼしあう場所。つまり対人関係である。私たちの暮らしを動かすさまざまな力は、すべてその一点に集まってくる。

七章　言葉、毛づくろい、異性

あなたも私と同じように、人間が社会的な生物であると気づいて消えない驚きを覚えたら、それがおおむね私たちの役に立っていることを示す証拠を探したくなるはずだ。

——ルイス・トマス

人間は地球上でいちばん集団生活を好む生物である。ほかの人とかかわりをもちたいという欲求が、ＤＮＡと脳にしっかりと縫いこまれている。チンパンジーもゴリラも集団生活を好むことから考えて、彼らと私たちの共通の祖先もおそらく社会性が高かったのだろう。動物行動学者のジェイン・グドールは、タンザニアのゴンベ国立公園でチンパンジーの観察をしているとき、離れ離れになっていた二匹のチンパンジーが再会するのを目にした。二匹は互いを一目見るなり、跳びはねながら叫び声をあげ、再び一緒にいられる嬉しさに小躍りして相手を抱きしめた。あなたや私が、長らく行方知れずだった親戚と再会したら、たぶん同じようにするだろう。ただし、そのあとの二匹は私たちが普通はしない行為をした。互いを毛づくろいし始めたのである。二匹とも体を丸くし、愛情を込めて丁寧に相手の寄生虫を取りのぞいた。

野生の暮らしでは毛づくろいに大きな意味がある。アフリカのジャングルにはノミやマダニなどの寄生虫がひしめき、動物の体に乗って生きのびている。寄生虫を放っておいたら、寄生虫は宿主の血を吸いつくしてしまうか、病気を移して、自分も宿主も子孫を残せないうちに殺してしまうかのどちらかだ。だから、毛づくろいは生き残るための技術のひとつであり、切実な目的をもっている。この作業をするには、一組の手でやるよりも二組以上の手があったほうが明らかに効果的だ。

だが、毛づくろいが進化したのにはほかにも理由があるかもしれない。毛づくろいは他者と結びつくための手段でもある。チンパンジーが相手の毛を指でくしけずるようにするとき、鎮静作用のある神経伝達物質が脳に大量に流れて、彼らを温かで安らかな気持ちにするのがわかっている［注釈1］。私たちも、愛する人に髪を指ですかれたり、腕をなでられたり、手を握られたりすると心が休まるが、これは毛づくろいの名残りとも呼ぶべき効果だ。

まだ私たちの祖先が木を伝って移動していた頃には、仲間とできるだけ一緒にいることが大切な意味をもっていた。彼らの暮らしていた環境には、危険がいっぱいだったからである。心理学者のロバート・セイファースとドロシー・チェイニーの発見によると、ジャングルに住む霊長類にとっては毛づくろいし合う相手がいるほうが、生きのび、力を蓄え、役立つ同盟を結び、子供を作る確率は高まる。一九九〇年代のはじめにセイファースとチェイニーは［注釈2］、サバンナモンキーの研究を行なった。その結果、サルたちは最近自分が毛づくろいをした仲間が苦痛の呼び声をあげたときのほうが、毛づくろいをしていない仲間の場合よりもはるかに大きな注意を払うのがわかった。しかも、毛づくろいを丁寧にすればするほど、大勢の仲間が助けてくれた。

だとすれば、毛づくろいは生き残り戦術であると同時に、一種のコミュニケーションでもあると言える。その見方を後押しするかのように、リヴァプール出身の心理学者、ロビン・ダンバーは、人間の会話は毛づくろいから進化したと考えている。祖先の猿人たちにとって毛づくろいは、電話をかけたり、地元のバーで一杯やりながらおしゃべりしたりするのと同じだったというわけだ[原注1]。ダンバーの説によると、初期の猿人たちは互いの体をきれいにすることで接触を保っていた。やがて、そうした原始的な方法による社交とコミュニケーションを拡大し、新たに身につけつつあった素晴らしい能力も利用するようになった。言葉を話すことである。ダンバーの考え方に従うなら、発話は情報交換という現実的な役割以上の意味をもっている。そこには、人間の弱さや感情、たくらみやごまかしもかかわってくるはずだ。

・・・・

人間どうしの関係と、類人猿どうしの関係とのあいだに共通点が見つかるのは、今に始まったことではない。グドールはゴンベ国立公園で研究しているあいだ、何匹ものチンパンジーを観察

原注1　「おしゃべりする」を意味する英語の「chat」は、もともと「chatter」からきていて、「chatter」とはサルが（のちにはヒトも）毛づくろいをするときに歯で寄生虫を噛んだときの音を指している。John Skoyles and Dorion Sagan, *Up from Dragons* (New York: McGraw-Hill, 2002), p.83.

して名前をつけ、彼らがくり広げる人間的で複雑なドラマをいくつも見守った。彼らを見ていると、自分たちの姿を重ねずにはいられない。雄のゴライアスが最上位の座をあけ渡し、メルリンの精神がゆっくりと蝕まれていき、フローは思いも寄らぬ魅力を振りまいて恋に明けくれ、王者の風格漂うデイヴィッド老人《グレイビアード》は思いやりと英知を発揮する。デイヴィッドとウィリアムの友情物語はじつに感動的で、『二十日鼠と人間』や『真夜中のカーボーイ』はこの二匹に触発されて作られたと言いたくなるほどだ［注釈3］。

フリントやフィガン、ギルカやゴブリンなどを何年もつぶさに観察するなかで、グドールはチンパンジーが驚くべき行動をするのを知る。彼らには、他者を殺害したり、組織的に狩りをしたり、こみ入った関係を結んだり、複雑な感情を抱いたりすることができるのだ。人間にとってはわが身を見せられているようで、なんとも心穏やかでない発見である。グドールの報告はことごとく科学界を驚愕させた。それだけではない。現代社会にも見られるこうした人間くさい行動が、太古の昔から消えずに続いてきたことも明らかにしたのである。場面を変え、関係をもっと複雑にし、欺瞞の度合いや地位をめぐる争いをもっと激しくすれば、敗者と勝者の姿はオースティンやトロロープ、あるいはヘミングウェイが書く小説のようにも見えてくる。

チンパンジーたちの物語にさえ人間らしい響きが感じられるなら、ホモ・エレクトスが登場する頃には、祖先たちのドラマはなおさら見覚えのある人間的な様相を呈していたはずだ。すでに彼らは、木の枝を伝って移動していた時代からも、祖先たちが住んでいた熱帯雨林からも、遠く離れていた。今やつねに二足で直立歩行し、両手は自由になり、手の親指はほかの四本の指と完全に向きあっている。ルーシーの時代に比べると脳の大きさは二倍以上で、しかもまだ急速な成長を続けている。体の性感帯は、かなり前から性的な合図をはっきりと送っていた。一方、顔は以前より表情豊かになり、心の内でくり広げられる複雑な思考の世界をより深いところまで映しだせるようになった。産道が狭くなったために子供は「若い」状態で生まれる。そのせいで、子供は自力ではほとんど何もできないかわりに、かつてないほど可塑性が高くなった。彼らが成長すれば、地上で最も知能の高い生物となる。これらすべてが、彼らをますます遺伝子に縛られない存在へと変えていった。

群れのなかの日々の対人関係も、しだいに複雑になっていったにちがいない。群れのメンバーひとりひとりが、水面下で、あるいはあからさまに、配偶者を求めて争わなければならなかった。その配偶者は、ただ最良のＤＮＡをもつだけでは足りない。力を貸し、世話をしてくれる、頼れる相棒であることが求められる。生殖能力や粗暴な腕力のみならず、まだ原始的な形ではあれ忠誠心や誠実さを備えているかどうか。それが、生き残るための戦いを左右する大事な要因になった（二章参照）。協力的であるのはもちろん、対人面での如才なさや相手の真意を見抜く鋭さといった性質も非常に重視されるようになる。異性をめぐる争いや、集団内での権力闘争がややこしくなった結果、進化は対人的な問題に対処するというまったく新しい課題に直面した。

こうしたかけ引きをうまくこなすには、巧みなコミュニケーション能力と、その原動力となる大きな脳が必要になる。だが、どちらが先だったのだろう？　ニーズか、それとも脳か。コミュニケーションを円滑にするためにまず発話の必要性が生じたのか。それとも、脳の進化によって洗練されたコミュニケーションが可能になったのか。何十年も前からの人類学の通説では、集団で狩りをし、道具や武器を作り、肉食が増えたことが脳を増大させた主な原因だとしている。これらが私たちの知性を進化させたのはたしかにまず間違いない。

しかし、現代人のニューロンがこれほど膨大な量になったのは、それだけが理由だろうか。その通説は、祖先の日常生活におけるきわめて重要な一面を見落としている。それは、彼らが苦労して対人的な問題を処理し、権力や地位や未来の配偶者を求めて争いながらも、緊密な協力関係を築いて友情を育もうと努力していたことだ。じつはこういう複雑な社会の力学が、知性を並外れて発達させたいちばんの原動力だった――そういう可能性はないだろうか。

・・・・

一九八八年、イギリスのふたりの心理学者、リチャード・バーンとアンドリュー・ホワイトゥンは［注釈4］、ヒト以外の霊長類が他者と接するときにはしばしば相手の行動を観察し、観察した結果に基づいてその相手へのふるまい方を決めている、と指摘した。鼻息の荒い相手であれば、うやうやしい態度で接する。気前のいい相手であれば、何とかしてその気前のよさのおこぼれにあずかろうとする。つまり、霊長類はただ普通に日々の暮らしを営むなかで、集団内のメンバーとやりとりしながら彼らについて情報を集め、その情報を利用して他者を操って自分の利益を図ろうとしている。それを実行するためには、ほとんど休みなく膨大な情報を処理する必要が生じる。バーンとホワイトゥンは、そうしたかけ引きの必要性が彼らの知性を高めたと考え、その説を「マキャベリ的知性仮説」と名づけた［注釈5］。

サルがそういう行動をとるなら、私たちの祖先も同じだったにちがいない。少なくともロビン・ダンバーはそう考え、一九九〇年代のなかばにバーンとホワイトゥンの仮説をさらに深く掘りさげはじめる。祖先の知能が高まるにつれ、彼らの生活は複雑になっていったとダンバーは考えた。そして、生活が複雑になればなるほど、それにうまく対処するためにもっと知力が必要となる。この仮説を裏づけるように、ダンバーは個々の霊長類が集団内で築いている関係の数と、脳の大きさに直接的な関連があるのを見出した。脳の大きさというより、正確には新皮質の大きさである。

哺乳類の脳では、大脳辺縁系や脳幹が原始的な古い領域であるのに対し、新皮質は「考える脳」にあたる。ほとんどの哺乳類では、新皮質の重さが脳全体の三割から四割を占めていて、霊長類のなかにはそれが五割に達するものもいる。人間はどうかと言えば、じつに全体の八割もが新皮質だ。人間の新皮質にある軸索と樹状突起をつなげたら、およそ一〇万キロもの長さになるという。それが、フォーマルなディナーで使われる食卓用ナプキンほどの厚さと広さに詰めこまれているのだ。新皮質はいくつもの領域に分かれ、それぞれが高次の認知機能を処理している。計画、想像、言語、空間計算などのほか、私たちが見、感じ、聞き、嗅ぎ、触れたものを理性に基づいて検討している［原注2］。新皮質の大部分は、過去一〇〇万年という短いあいだに進化した。

ダンバーの研究によれば、霊長類の集団にメンバーが一匹加わると、その集団内で一個体が把握すべき関係の数はひとつ増えるだけではない。両者にかかわる第三者間の関係もすべて把握しないといけなくなる。

たとえば、ジョーという名の霊長類がマイクと同じ群れで暮らしていたとする。ジョーにはメアリーという友だちがいる。だが、マイクはメアリーを知らない。こういう状況であれば、普通はジョーとマイクがそれぞれメアリーの気を引こうと、ときに躍起になって競うだろう。だが、じつはマイクもメアリーを知っていたとしよう。しかも、ふたりは同盟関係にあるとする。ジョーはメアリーの機嫌を損ねたくないので（友だちだから）、マイクに対して少し誠意をもって接するようになる（ただし、ジョーとメアリーが夫婦で、マイクが横恋慕してきたのならそうはいかないが、それはまた別の話だ）。

ややこしいだろうか。そう思うとしたら、それは実際にややこしいからである。一対一の関係は二車線の道路のようなものだ。そこに第三者、第四者が加われば、もはや交通渋滞である。個体どうしのやりとりは、そこに新たなメンバーが加わるごとに急速に複雑になっていく。ダンバーの計算によれば、二〇匹で構成される霊長類の集団があるとすると、一匹は残り一九匹との直接的な関係を維持するだけでなく、ほかの一九匹が築いている一七一通りの関係にも間接的に注意を払わなくてはならない［注釈6］。かりに、あなたが築いている親密な人間関係の数が四から二〇に増えたとすると、あなたの直接の友人は五倍になる。だが、第三者どうしの関係の数は一気に三〇倍にもなるのだ。しかもその関係は絶え間なく変化する。それでもなお、あなたはすべてを頭に入れておかねばならない。

これは、考えれば考えるほどややこしい状況である。関係の数が増えるだけではない。その関係どうしが複雑に絡みあい、つねに変化しているために、感情面での複雑さもまた増すからだ。群れのなかで何かひとつの行動をとったとすると、それに対する反応はひとつではないし、同程度の反応が返ってくるわけでもない。程度の異なるいくつもの反応がわき起こって、乱雑に並んだドミノが倒れるようにして広がっていく。どれひとつをとっても、ニュートン力学や代数方程式と違ってすっきりとは割りきれない。むしろ感覚的にはカオスだ。カオスはつねに変化して予測のできない状況であるだけに、一個の生物がありったけの知力をふり絞らないととても対処できない（ヒトという生物は不確かさを嫌うため、脳は何とかしてそれを減らそうとたえず努力している）。上司は何を考えているのか。ライバルを出しぬくにはどうすればいいか。どうやってアイデアを浸透させようか。どうすれば相手の心を射止められるか。子供たちをほめたり罰したりするいちばんいい方法は何か。こうしたことを思いめぐらすのに、私たちがどれだけの時間とエネルギーを費やしているかを考えてみてほしい。

　私たちは、日々接する人たちのなかに敵を作りたくないと思っている。それは祖先たちも同じだった。彼らも群れのなかに敵を作っている余裕はなく、それが彼らの暮らしをなおさらややこしくしていた。祖先たちの世界は小さすぎたのである。もしも群れのなかに対立が生じるたびに、

原注2　前頭前野は新皮質の一部ではあるが、新皮質とまったく同じとは言いがたい。最新の説によると、ヒトの新皮質の大部分は過去一〇〇万年のあいだに発達したのに対し、前頭前野が進化したのはわずか四〇万年足らずのあいだと見られるからだ。

どちらかが死ぬような争いに発展していたとしたら、今の私たちは陰謀を好み悪意に満ちた霊長類になっていただろう。いや、絶滅していた可能性のほうが高い。だが、おおむね私たちは悪意や陰謀に染まってはいない（もちろんその気になればそうなれるが）。私たちはたいてい、慎重ではあるが心を開いている。ヒトの性分として、恐れるより信頼する気持ちのほうがまさっている。要するに、人をいじめるより人と友だちになりたい。この性質は、生きのびるうえでなくてはならない技術として進化したものにちがいないのだ。

こういう状況では新たな道具が求められる。燧石のナイフでも握斧でもない。他者を理解し、他者が自分を理解するのを助ける能力。つまりコミュニケーションの才が必要になる。

おそらく一種の軍拡競争が生まれたのではないだろうか。祖先の脳が進化して知能が高まり、しだいに複雑になる集団内の関係にうまく対処できるようになった。その結果、より知能が高く、より的確に複雑な関係を把握できる個体が選択されて生き残る。こうして、ますます知能が高まる方向へ、ますます生活が複雑になる方向へと進んでいくわけだ。この軍拡競争はダンバーの研究でもほのめかされているうえ、直感的にもなるほどとうなずける。しかも、それを裏づけるような研究が二〇〇五年に発表された。ハワード・ヒューズ医学研究所で行なわれた遺伝子の研究によると、人間の脳を作る指令を携えた遺伝子は過去四〇万年のあいだにとくに大きく変化しているのがわかった。この研究を行なったのは、シカゴ大学の遺伝学者、ブルース・ラーン率いるチームである。彼らは、ヒトの異常紡錘体様小頭症関連（ＡＳＰＭ）遺伝子の配列を、六種類の霊長類――チンパンジー、ゴリラ、オランウータン、テナガザル、マカク、ヨザル――の同じ遺伝子と比べた(ほかにもウシ、ヒツジ、ネコ、イヌ、マウス、ラットと比較した)。ＡＳＰＭ遺伝子は、大脳皮質が著しく小さいまま大きくならない症状と関連がある。大脳皮質は、計画の立案や抽象的な推論などの高次の脳機能をつかさどる領域だ。ＡＳＰＭ遺伝子を比較した結果、人間の脳ではこの遺伝子が大幅に変異して、脳の増大を妨げないように変わっていた。ところが、ほかの霊長類にはその変化が起きていない。

これほど短期間で変化を促すのだから、よほど強力な力が働いたにちがいない。さもなければ、その変化が遺伝子にまで刻まれることはないはずだ。ラーンの考えもダンバーと同じである。集団内のやりとりがますます複雑になり、頭を使うことが求められるようになったために、より賢いヒトを選択する圧力が働いた。ラーンはこう指摘する。「ヒトが社会的になればなるほど、知能の違いは適応度の大きな違いとなって現われる。知能が高ければ、周囲の人々をうまく操って自分の利益を図れるようになるからだ」。言いかえれば、人間関係を円滑に運べる者には見返りも大きい、ということだ。

・・・・

円滑な人間関係を築く技能が利益になるとしたら、また、そのためには同じくらい円滑なコミュニケーションが必要だとしたら、それが原因で発話が進化したのだろうか。だが、高い知性を獲得した結果、愛情のこもった毛づくろいを通してコミュニケーションをするようになってもよさそうなものだ。なぜそうならなかったのだろう。ダンバーの答えはこうだ。毛づくろいはたしかに心を落ちつける効果があり、病気を防ぐ役に立つが、意思を伝えるには限界がある。コミュニケーションの手段としては曖昧であるうえに、一対一の活動だからだ。ふたり、三人、四人を、いっぺんに毛づくろいすることはできない。だが、会話ならば一度に複数を相手にできる。脳の大きさも集団の大きさも増していって、コミュニケーションの必要性が高まるにつれ、毛づくろいだけで「会話」をしてメンバー全員の動向を把握するには、単純に時間が足りないのである。

毛づくろいから発話へと移行したのは、およそ二〇〇万年前の、ホモ・エレクトスが現われた頃ではないかとダンバーは考えている。彼らが登場してまもなく、原始的な形の発話が生まれた。進化はいわば窮地に追いこまれ、もっと効率のよい接触方法に行きあたったわけだ。手や指を使うのではなく、身振りを用いるのですらなく、ダンバーの言葉を借りれば「遠くから」毛づくろいをする方法に。つまり、音を発して相手に投げかけるのだ。衛生面は無理だが、対人面では毛づくろいと同じ効果が期待できる。「音による毛づくろい」をすれば、群れのなかの複雑な関係を以前より効率的に把握できる。しかも、自分が直接かかわっていない関係についても情報を得られる。これは大きなメリットだ[注釈7]。

ダンバーは、身振りから言語が進化したという説を支持していない。アフリカのサルたちが、身の危険を感じたり、周囲の注意を引きたかったりするときに、反射的に発した叫び声や呼び声が言語の土台になったとダンバーは見ている。彼の考えのもとになったのは、セイファースとチェイニーの研究だ。ふたりはサバンナモンキーを詳細に観察し、彼らが捕食動物の危険を知らせるときは何種類もの声を出すのを発見した。たとえば敵がワシの場合と、ヘビの場合と、ヒョウの場合とで、声の出し方を変えているのである。これは単純ではあるが一種の語彙であり、異なる音で異なる危険を表わしている。シンボル化している、と言ってもいい［注釈8］。ゲラダヒヒは、毛づくろいをしながら微妙に違う唸り声を使いわけて単純なメッセージを伝えている。私たちの祖先もこういった声でいろいろな意味を表現するうち、それが最初の単語へと進化したとダンバーは考えている（これは、四章で取りあげた「プープー説」に近い）。

毛づくろいにかけられる時間が短くなるにつれて、効率の悪い一対一の毛づくろいよりも、声を出してしゃべることが増えていったにちがいない。ダンバーの計算では、二〇〇万年前から五〇万年前にかけて群れがしだいに大きくなるにつれ、一日の時間の三割を毛づくろいとコミュニケーションに充てねばならなくなった。それくらい時間をかけないと、互いの行動を把握しきれなくなっていたはずだという［注釈9］。こうした背景に、脳の増大と音声調節能力の向上が加わって、最初の原型言語が誕生したとダンバーは主張する［注釈10］。

ただし、ダンバーの仮説では直接答えの出ない謎も残る。ヒトがどうやって頭のなかでシンボルを操れるようになったか、だ。身振りや手振りから言語が発達したとするなら、この問題をうまく説明できるのだが。とはいえ、ダンバー説と身振り説のあいだには、両方がうまく折りあえる着地点があるかもしれない。たとえば、毛づくろいに伴う唸り声はプロソディ（会話に意味合いを添える声の調子や抑揚など）につながり、単語自体やその意味、構文や構成などは、手振りや身振りから発達したシンボル操作と関連しているとも考えられる。つまり、ブローカ野やウェルニッケ野が得意とする機能だ。感情と内容の両方が備わってはじめて、私たちの知っている言語になる。どちらが欠けてもコミュニケーションはうまくいかないだろう。

ウェルニッケ博士の発見

カール・ウェルニッケはポーランドで生まれ、神経科医と精神科医の訓練をドイツで受けた。一八七四年、ウェルニッケもブローカと同様にコミュニケーションに障害のある患者の脳を解剖して、特定の領域が損傷を受けているのを発見する。その領域は、のちに彼にちなんで「ウェルニッケ野」と呼ばれるようになった。ブローカとの違いは、ブローカ野の損傷が発話の障害につながったのに対し、ウェルニッケ野が損傷すると発話（または手話）の理解に支障をきたす点である。

ウェルニッケ野は（ほとんどの場合）左脳の側頭葉《そくとうよう》にあり、ちょうど側頭葉が頭頂葉《とうちょうよう》と接するところの、おおまかに言って左耳の内側あたりに位置する。一次聴覚野の隣だ。ウェルニッケ野はブローカ野とつながっている。ウェルニッケ野がなければ、どんな言語を聞いてもそれを言語として理解することができない。ウェルニッケ野がダメージを受けると、人の話の意味がわからなくなる。こういう症状を「ウェルニッケ失語」と呼ぶ（受容失語とも言う）。

脳スキャンの研究によると、ウェルニッケ野はまず言葉の音を処理し、次いで頭のなかの辞書にあたってから、その意味を別の脳領域に伝えていると思われる。

統合失調症の患者もウェルニッケ野が損傷している場合が多い。ときに彼らが、自分に話しかける「声」を聞き、それをまったく本物と感じるのはウェルニッケ野の損傷が原因かもしれない。

ブローカ野やウェルニッケ野のような脳領域の発見からもわかるとおり、どうやらある種の脳機能は非常に限定された範囲に備わっているようだ。一例をあげるなら、わずか一平方センチメートルほどのきわめて小さい脳領域が、子音を聞いたときにだけ活動するのがわかっている。ウェルニッケ失語の患者のなかには、「失名詞失語（anomia）」が現われる者がいる。これは、ある種の物体の名前が言えなくなるもので、体の部分、乗り物、色、固有名詞など、きわめて限定されたジャンルの名詞だけが言えなくなる。ある患者は果物や野菜の名前が言えなくなり、それを知った心理学者のエドガー・ズーリフはおもしろがって、その症状に「バナナ失語（bananomia）」という名前をつけた［注釈11］。だが、限定された機能が限定された場所にあるケースのほうが少ないのが実情で、たったひとつの機能だけを担う脳領域を見つけるのはまず不可能に思える。

言語には、意味や感情と同じくらい重要な側面がほかにもふたつあって、毛づくろいもシンボル操作もそれとじかに関係している。ひとつは、私たちが言語を用いて対人関係を築き、またそれに対処していること。もうひとつは、自分自身との会話を通して自分の精神生活が形作られることだ。後者は、自分で自分を毛づくろいするのと同じで、別の言い方をすればこれが意識と呼ばれるものである。

外に向けた自己と内面の自己。ふたつとも私たちの一部であり、分かちがたく結びついている。それどころか、そのふたつは一生を通して互いのあり方を決め、互いを作りかえていく。ふたつが融けあってひとつになっているおかげで、ヒトは文化を進歩させ、ほかの生物とは完全に一線を画すまでになった。

言語は人類が文化を築くための万能の道具である。しかし、私たちが心をひとつにして世界を作りあげることができたのは、もとをただせば互いに気持ちを通わせて協力できたからだ。だからこそ、言語のもつ感情的な側面がじつに大切なのである。結局、言語を使い、言語によって作られた精神を用いるのは、どうにかして他者と結びついてうまくやっていきたいからだ。それができなければ、何事も成し遂げることはできなかっただろう。

気持ちが通じあうかどうかは非常に重要である。その証拠にたいていの人は、話をしている時間の大半を費やして一見「中身のない」話ばかりしている。平均して全体の三分の二以上に中身がない。つまり、何かを成し遂げるための話ではないという意味である〔注釈12〕。プロジェクトをどうやって仕上げるかとか、どこで車を修理してもらうかとか、A地点からB地点までどうやって行けばいいかとか、そういう実際的な話はほとんどしていない。そのかわりに、自分が経験したことや好き嫌い、あるいは自分たちの関係がうまくいっているか、悪循環に陥っているか、だめになりつつあるか、といった話をしている。これは会話の「毛づくろい的」な側面と言える。

ただ触れて、噂話をし、相手の様子を確認して、情報を分かちあっているだけだ。

これについては、ダンバーと教え子たちが行なった実験からもよくわかる。彼らは何百件もの会話を立ち聞きして、会話の当事者たちが何を話しているかを数分のあいだ追った。仕事、宗教、政治、さらにはスポーツでさえ、話題にのぼるのは全体のせいぜい一割である。それ以外は身近な人々についての話であり、それを通して、暗に彼らとの関係や彼らについての意見を述べていた。そういった話題について話すことで、友人、ライバル、恋人、同僚、家族について仲間（自分の群れ）がどう考えているかを把握し、その考え方に影響を与えることができる。単に自分以外の動向を把握するだけが目的ではない、とダンバーは言う。仲間が自分をどう思っているかと、自分が仲間にどう思われたいかを同じにしようとしている。つまり、自分が見る自分のイメージと、他者が見る自分のイメージを一致させたいのだ。

一〇代の若者の会話を思いうかべてほしい。彼らにとっては、おしゃべりが複雑なフィードバックループになっている。自分の自己イメージをグループのメンバーに投げかけて、そのイメージが受けいれられるようにと願う。もし受けいれられれば、自己イメージは強化される。誰もがうまく立ちまわって有利な立場を得ようとし、誰もが自分の特徴を宣伝して、自分がグループにとって重要なメンバーだと印象づけようとしている。つきあう相手としてふさわしく、影響力があり、話に耳を傾ける価値がある人間だと伝えているわけだ。この目的を達成するためなら、愛嬌や、ユーモアや、性的魅力や、優しさや創意工夫や、ときにはいじめすら利用する。それでも、ひたむきに努力しているのは確かで、その努力ははたからもよくわかる。個人であると同時に社会的な動物でもあるためにはどうすればいいかを、彼らは学んでいるのだ。もっと年をとれば、一見それとはわからない洗練された手段を用いるかもしれないが、このプロセス自体が終わることはない［注釈13］。

自分の評判をよくするために努力するのはどんな集団でも重要だが、それがとくに大きな意味をもつのは周囲に異性がいるときだ。ダンバーの別の研究によると、ひとつのグループが全員男性で構成されている場合、倫理、ビジネス、宗教といった話題が出るのはせいぜい会話全体の五パーセントにすぎない。ところが、グループに女性が混じっていると、その数字は一五〜二〇パーセントに跳ねあがる。ダンバーはこれを「声によるレッキング」と呼んだ。レッキングとは、動物の雄が競ってディスプレイを行ない、異性に自分の魅力を見せる行為を言う。グループのなかで年若いほうの男性が話をするとき、その三分の二は自分についての話であるのにダンバーは気づいた。彼らは自分自身を誇示しているのだ——言葉を通じて。

どうやらこれはうまくいくらしい。人類学の研究によると、部族の長は弁が立つとともに、多数の集団の血が混じっていることが多い。つまり、多種多様な配偶者を引きつけて維持する能力をもつ。それができれば、自分の遺伝子をじつに効率的に次の世代に残すことができるはずだ［注釈14］。

一方、概して女性はあまり自分の話をしない。だからと言って、これが弱さや服従のしるしとは言いきれない。自分の口は閉ざしたまま、話している男性をじっくり品定めしているとも考えられる。雌のクジャクが雄の尾羽を見比べて、どの雄とつがうかを決めるようなものだ。

人とつきあう際に絶え間なく相手を観察し、狡猾に立ちまわり、想像し、レッキングする。これでは、対人関係の複雑さと脳の増大との軍拡競争に拍車がかかるのも無理はない。配偶者になる可能性のある相手が自分のどこに魅力を感じているかを想像しつつ、ライバルにも目を光らせて彼らより優れているところを見せようとするのは、脳にとって大変な重労働だ。人間関係ほど日々の変化が激しく、無秩序とさえ言えるものはほかにない。同時に、これほど重要なものもない。人とつきあうには前頭前野をたえず働かせて、戦略や、計画や、筋書きをつねに組みたて、また書きかえる必要がある。それればかりか、自分や他者が何かの行動をとったとき、なんとか理屈をひねり出してなぜそうしたのかを自分に納得させる作業も欠かせない。

私たちの祖先にとって、誕生まもない言語を使って意思の疎通を図ることは、人間関係をうまく運ぶうえでいちばん重要な手段だったのではないだろうか。そして進化は、巧みなコミュニケーション技能を操って人間関係にうまく対処できる者を好んだ。狩りの段取りを立てたり、斧の削り方を説明したりするのに、言葉が使えたら役に立つのは間違いない。だが、もっと大きな視点に立てば、マンモスを倒したときの手に汗握る武勇伝を雄弁に語れるほうが、はるかに有利だ。雄弁の才は、他者にいいイメージを抱いてもらう役に立つ。どんなイメージをもたれるかは、私たちの私的な生活においても、社会的な生活においても、精神的な生活においてもきわめて重要な意味をもっている。この三つの生活はすべてつながっている。群れの集団思考から、自分に対してどんな印象が生まれるかは、他者が自分をどう見るかだけでなく、自分が自分をどう見るかも左右するからだ。

人と人とのあいだにはこうしたフィードバックループが働く。そのため、私たちにとっては人がかかわる問題のほうが理解しやすい。人間には生まれながらに対人的な問題を解決する能力があり、それは私たちの脳がその種の問題に対処できるように進化したからだ［注釈15］。カリフォルニア大学サンタバーバラ校の進化心理学者、リーダ・コスミデスは、さらに踏みこんだ主張をしている。人間には特殊な能力があって、集団内の決まりごとが破られたり、メンバーの行動と言葉が一致していなかったりするとすぐにわかるというのだ。これは重要なポイントである。集団内の信頼関係が崩れたら、メンバーはばらばらになってしまう。以前は大勢の仲間がいることで安心できたのに、やがて誰もが無秩序に支配され、われがちに人のことなど構わなくなる［注釈16、17］。

そう考えると、私たちがどう行動するかは外側から強いられるだけでなく、内側の必要性によってもつき動かされているのがわかる。もしもメンバーを裏切ったら、孤立を覚悟しなくてはならない。だが、誰も孤立したくはないし、仲間も力も失うのはいやだ。だから懸命に努力して人とうまくやっていこうとする。

これは人間ならではの大いなる矛盾だ。私たちには十分な自己意識があるので、自分の個性を表現したいと思っている。その反面、周囲の人々に頼ってもいるために、ときにはそれこそ必死に集団に溶けこもうとする。私たちの生涯の目標は、何とかしてそのふたつのバランスをとることだと言っても過言ではないだろう。こうして、集団を結びつけるために使う言語が、自分たちの行動規範をも形作っていく。ジョン・スコイルズとドリオン・セーガンが、著書『恐竜から上へ（*Up from Dragons*）』で「頭のなかの群れ」と呼んだのはこのことだ。

・・・

私たちはやはり前頭前野のおかげで、他者が何を考えているかを推測する能力をもっている。この能力を専門用語で「心の理論」と言う。自分の行動に対して相手がどう反応するかを想像するとき、心の理論はなくてはならないものだ。人を喜ばせるにしろだますにしろ、相手の心の内を正しく推測できれば、自分の思いどおりの結果を得る見込みは高まる。

「心の理論」と「頭のなかの群れ」が合わさると、道徳観とも呼ぶべきものが現われる。たとえば祖先のひとりが、実っているバナナをぜんぶ独り占めしたとする。短期的に見ればしばらくは食うに困らないが、長い目で見たら群れののけ者になるだけだ。そこで、バナナを取るのを諦めるか、少なくとも一部を誰かと分けあおうと考える。あるいは、バナナを残らず分けあうことで自分の影響力が高まるなら、私欲を捨てて気前よく分けあたえようと思うかもしれない。いずれにしても、どんな行動をとれば相手からいやがられず、なおかつ長い目で見ていちばん自分のためになるかを考えれば、まず間違いなく私利私欲を抑えるだろう。その行動には一種の正義がある。

こうした思考にことのほか秀でていれば、子孫を残すうえでも有利だし、日々の暮らしのなかでも有利だ。これは典型的な、「彼が本当はバニラではなくチョコレートアイスを食べたがっているのを私が知っているのを彼が知っているのを私は知っている」状況である。相手の立場になって考える能力という意味では、ゲーム理論やミラーニューロンを思いおこさせる。前頭前野がフル回転しているのだ。「頭のなかの群れ」も懸命に働いている。私たちが両親の足元ではじめての教訓を学びはじめるときからこの「群れ」は頭のなかに現われ、ひとたび現われたら一生そこにいつづけて、私たちがどういう人間になるかを左右していく［注釈18］。

私たちは、集団からの、知性からの、感情からの力を使って、自分が「自己」と呼ぶ人間の行動をコントロールしようと努めている。いわゆる意識とは、それらの力すべてによって成りたっていると言っていい。人間の自己意識は、自覚と目的をもって行なう行動と切りはなすことはできない。では、祖先から受けついだ無意識の古い衝動は、行動の仕方や行動の動機にどう影響を与えているのだろうか。じつはあまりはっきりしていないのだ。

だが、認知科学者のマイケル・ガザニガの説によれば、その答えを探っていくと、まさしく言語が処理される脳領域に行きつく。

・・・・

ほとんどの人間は、言語を生みだす中枢と理解する中枢がどういうわけか左脳にある。それがなぜかをめぐって、いくつもの仮説が唱えられてきた。ひとつには、利き手に関連しているとの見方がある［注釈19］。左脳は体の右側をコントロールしていて、それは右手も例外ではない。しかも、たいていの人は右利きである。ホモ・ハビリスの頭蓋骨からは、脳にブローカ野の原型と見られるかすかな膨らみがあったらしきことがわかっている。ブローカ野は発話だけでなく手のコントロールもつかさどっているのだから、右利きと発話とのあいだに何らかのつながりがあって、言語は左脳で利き手は右という特殊化が起きたのではないか。何と言ってもこの脳領域には、手を使って物体を並べるための計算回路がすでに備わっていたのだ。シンボルや単語を意図的に並べる仕事を兼ねていても不思議はない。

スティーヴン・ピンカーは著書『言語を生みだす本能』のなかで、言語機能が左脳に落ちついたのは、言語が空間や方向といった要素とあまり関係がないからではないか、と述べている。「人間の言語機能が片方の脳半球に集中しているのは……言語は時系列に沿って配置されるが、空間的に広がる必要がないからだ。単語は順番につなげられていくだけであって、四方八方に向かっていくことはない」［注釈20］

心理学者のマイケル・コーバリスは、言語の起源について考察した著書のなかで、どこかの時点で遺伝子が突然変異を起こしたために、利き手は右手に、言語機能は左脳に大きく偏る結果になったと主張している。つまり、これは進化の偶発的な出来事であって、別の次元の宇宙では違う突然変異が起きていてもおかしくはなく、私たちのほとんどが左利きで、言語を右脳で処理しているかもしれないというわけだ。

別の説もある。人間がはじめて言語を入れる部屋を作ろうとしたとき、すでに右脳には限界まで機能が詰めこまれていたため、左脳に場所を見つけるしかなかったというものだ。右脳は昔から別の仕事で忙しかった。感情を示す手がかりを読みとったり、外見や表情などの強力な非言語コミュニケーションを理解したりする仕事である。母親が赤ん坊を抱くとき、自分の左側に抱いたときのほうが、子供が声をたてずに顔をしかめたのに気づきやすいことが実験で明らかになっている。母親の体の左側をコントロールするのは右脳だ。母親が左腕で赤ん坊を抱くことが多いのはこのせいかもしれない。サルも同じで、別のサルの顔が自分の顔の中心より左側に見えるときのほうが、その表情の合図にすばやく激しく反応するのがわかっている［注釈21］。

なぜ左脳なのかはさておいて、言語を用いる思考や発話は、人間の本質にとってきわめて重要だとガザニガは考えている。彼は長年ふたつの脳半球について研究を重ね、「分離脳」の患者を対象に徹底した実験を行なってきた。分離脳患者とは、手術で脳梁《のうりょう》を切断された人のことである。脳梁は、二億五〇〇〇万本もの神経の太い束で、左右の脳半球をつないでいる。通常、脳梁を切断するのは最後の手段だ。発作のせいで正常な生活が送れない重度のてんかん患者を対象に、ごくまれに行なわれている。

たいていの場合、患者の脳半球は術後も問題なく活動を続ける。脳は何らかの不可思議な方法で情報をうまく動かしているらしい。ところが、実験で特殊な環境を作ると、彼らの脳半球がじかに情報をやりとりしていないことが明らかになる。たとえば、視覚情報は右脳に入ってきても左脳には伝わらないし、その逆もまたしかりだ。嗅覚、触覚、聴覚についても同じである。右脳と左脳は体の反対側（右脳は体の左側、左脳は体の右側）をコントロールしているので、患者が右手で物体を操作できるのは左脳から命令が来たときだけであり、その逆も同様なのがわかった（ただし、上腕部の筋肉についてはどちらの脳半球でもコントロールできる）。

ガザニガはジョーという名の患者を長年詳しく調べている。ジョーは一九歳のとき、激しい発作を起こすようになったために脳梁を切断する手術を受けた。手術後も生活に支障をきたすことはなく、ほとんどの分離脳患者と同様、発作のない普通の生活を送っている。だが、脳梁が切断されているために、右脳と左脳は瞬時に情報をやりとりできない。普段はそれが気づかれることはないものの、彼を特殊な状況下に置いて実験した結果、心の仕組みについていくつかの驚くべき知見が得られた。

私は何年か前にジョーの実験を見せてもらったことがある。ジョーはコンピュータの画面の前に座らされ、ガザニガが画面中央の点をまっすぐ見つめるように指示する。ジョーが点を見つめていると、画面の右側に木の写真が、左側に「吹く（BLOW）」の文字が同時に現われる。表示されるのはほんの一瞬だけだ。ジョーは画面中央を凝視しているので、彼の左目は「吹く」の文字しか見ておらず、右目は木の写真しか見ていない。つまり、ジョーの右目がとらえた写真だけが言語機能のある左脳に送られ、「吹く」の文字は物言わぬ右脳に送られた。

このあとジョーに何が見えたかを尋ねると、彼は間髪をいれずに「木」と答えた。言語脳である左脳がとらえたのが木だったからである。だが、画面の左側に何が見えたかと尋ねると、彼は見逃したと答えた。実際は見逃したわけではない。左目でとらえた情報は右脳に送られたのだが、右脳には言語機能がないために、見たものを言葉にできないのである。

別の実験で、ガザニガはジョーに目を閉じてもらったうえで、一巻きのテープを彼の左手に載せた。ジョーはテープを手のひらの上で何度か転がしたが、それは何だと思うかと尋ねられても答えられない。精一杯の当て推量は「鉛筆」だった。暗闇で一突きされたのと同じで、本当に何が何だかわからないのである。ところが、同じテープを右手に乗せると、左脳はたちどころにそれが何かを正しく言いあてた。

以上の実験は、おもにジョーの右脳と左脳がじかに情報をやりとりしていない事実を裏づけただけである。しかし、次の実験からは、私たちが真実だと思っている世界が言語脳によって描かれたものであるのがよくわかる。しかも、その描かれた絵が、私たちの自己感に大きな影響を及ぼしているのだ［注釈22］。ジョーはやはり同じコンピュータの前に座っている。今度は「オレンジ（ORANGE）」という言葉が画面の左側に一瞬だけ表示された。この視覚情報は、言語機能をもたない右脳へと運ばれる。同時に、画面の右側には鳥の写真が瞬間的に映しだされる。次にジョーは、見たものの絵を左手（言語機能のない右脳でコントロールされている）で描くように指示された。ジョーはすぐにオレンジ色のマーカーを手に取り、「オレンジ」という言葉ではなく果物の「オレンジ」の絵を描いた。だが、描きおえたところでジョーは途方に暮れる。なぜ自分がそんな絵を描いたのか、皆目見当がつかなかったからだ。何を見たのかと尋ねられると、自分はオレンジではなく鳥を見たのだ、と答えた（言語脳である左脳は鳥の情報しか受けとっていないため）。するとガザニガは、見たものの絵を今度は右手で描きおえてほしいと頼む。ジョーは先ほど描いたオレンジの絵に手を加えて鳥に変えたため、何やらキーウィー鳥のようなものができあがった。

なぜその鳥はオレンジ色なのか、と尋ねられると、ジョーは少し考えてからこう口を開いた。「よくわかりません。ただ頭に浮かんだんです。ボルチモアムクドリモドキじゃないでしょうか」。彼には本当に答えられないのだ。右脳に提示されたものを言葉では説明できないからである。彼の反応は、ルイス・キャロルの『鏡の国のアリス』に出てくるアリスのセリフを思いださせる。「なんだかいろいろ思いうかんで頭がいっぱいになった気がするわ。ただ、それが何かがよくわからないの！」だがジョーは、それが何かを懸命に考えた。なぜ自分がオレンジ色の鳥を描いたのか、納得のいく説明を見つけようとしたのである。そんな絵を描くなんて、率直に言って自分でも狂気の沙汰としか思えなかったにちがいない。

こうした実験をもとにしてガザニガはひとつの仮説を組みたて、心の仕組みと、そこにおける言語中枢の役割の説明を試みた。ジョーは左脳の言語中枢を使って自分の行動を説明しようとする。だが、その行動はじつは自分が言葉を伴わずに考えたことによって起こされたものである。左右の脳半球がじかにつながっていないため、自分がなぜそんな行動をとったのかを理解できない。だが、覚えはなくても経験をした（オレンジという言葉が右脳に送られた）らしいことは自分の行動から明らかだ。彼はこの矛盾をどう解決するか。要は、口からでまかせを言うのである。「左脳は何らかの筋書きを組みたてて、右脳から生みだされた行動の理由を説明する」とガザニガは言う。「何とかしてそれ［その行動］を、全体として辻褄が合うものにしようとするのだ」［注釈23］

なぜジョーは手の込んだ筋書きを考えて自分の行動を説明しようとするのか。それは、自分の経験に納得のいく解釈を与えることが彼にはできるし、またそうせずにはいられないからだ。これはすべての人間がやっていることだとガザニガは指摘する。

ガザニガの考えによればこうだ。脳にはいくつものモジュールがある。モジュールとはニューロン群のことで、長い時間をかけてそれぞれ異なる目的を果たすように進化した。これらのモジュールは、危険を察知したり、恐怖に対して反応したり、問題解決を助けたり、メッセージの送受信をしたりする。古い家を改築するのに似て、ここに明かり取りの窓をひとつ、そちらにはもうひとつベッドルーム、キッチンも広げよう、という具合に脳につけたされてきたものである。こうした脳の装飾にはそれぞれの役割がある。それぞれが独自のやり方で世界を経験し、また互いに接続されてもいる。各モジュールは情報を処理して感情を経験する。ある意味では複数の心があるのと同じで、ひとつひとつが独自の世界観をもっていると言っていい。ただし、欠点がひとつ。これらのモジュールには言語機能がないため、自分が経験している内容を表現できないのだ。どれも、言語が発達する前に進化したからである。それにひきかえ、もっと最近になってから進化した言語モジュールは、自分自身や自分の経験を語ることができる。さらには、ほかのモジュールの行動や経験までをも語ってみせる。それが正確とはかぎらないが、とにかく語ることができ、実際に語っている。ガザニガはこの脳領域を「解釈装置」と呼ぶ。

私たちは一日じゅう、無意識の脳領域が経験したことに基づいて行動したり感じたりしている。そのせいで、はっきりした理由もないのに上機嫌になる場合もあれば、気が滅入ったり、疑り深くなったりもする。そういった感情の原因は、空が曇っているからかもしれないし、大好きな歌を聞いたからかもしれない。古い記憶がよみがえった場合もあるだろうし、無意識のうちに身のすくむような恐怖を感じたためかもしれない。上司や妻や夫のボディランゲージが原因とも考えられる。そうした物事がさざ波のように意識にうち寄せると、解釈装置が筋書きをこしらえて、その理由を自分自身や他者に説明する。解釈装置はさざ波を言語のシンボルに読みかえ、行動に納得のいく理屈を与える。私たちにはその種の正当化が必要なのだ。さもないと、世界がわけのわからないものになってしまう。映画『再会の時』で、ジェフ・ゴールドブラムが演じる男性はいみじくもこんなセリフを言った。「正当化のどこが悪い？……誰だってやっているだろう。自分に都合のいい正当化を二度か三度はしないと、一日を乗りきれやしないんだ」

だが、解釈装置が筋書きを作って経験を説明してくれるからといって、その説明が真実に近いとはかぎらない。そもそも、自分の考えや行動や感情がどこから来るかなど、私たちにはほとんどわからないのだ。にもかかわらず、それらが意識に押しいってくると、解釈装置は説明する必要に駆られる。「なぜ自分がそういう状態を感じるのか、なぜそんな行動をするのかと、解釈装置は納得のいく理由を探す。そのままにしてはおけないのだ」とガザニガは説明する。「［人間という動物にとって］解釈装置はなくてはならないものであり、ほかの動物がこれをもっている証拠はまったく見つかっていない」

自己意識をもつ動物が人間だけのように思えるのはこのせいかもしれない。私たちの精神のなかの言葉を話せる部分が、私たちが「自己」と呼ぶ、とらえがたいものを授けている。それはニューロン群が捏造した壮大なる幻想かもしれない。だが、そのニューロンたちが合わさって一個の声を作りあげ、私たちの心はひとつだと告げてくれる。たしかに、実際の私たちはいくつもの心でできている。それでも、この声がなければ、人類という種全体が統合失調症か多重人格症にかかったようになるだろう。あるいは、ばらばらな出来事の羅列としてしか人生を経験できなくなり、その出来事を味わい、シンボルに変換し、それについて考える「自己」の存在がなくなってしまう。言語や発話がなければ、そしてそれによって可能になる解釈装置がなければ、あなたも私もその声を失い、「今話しているのは間違いなく自分だ」という確信がもてなくなる。

・・・・

いずれにしても、この声が現われたときに、現生人類であるホモ・サピエンス・サピエンスが誕生したという説がある。およそ一九万五〇〇〇年前のことだ［注釈24］。最初のホモ・サピエンス・サピエンスは、外見は私たちとまったく変わらない。眉の隆起も、額の傾斜も消えていた。あごももはや突きでていないし、体も毛深くない。足は長くまっすぐで、腰幅も狭い。頭蓋骨には詰めこめるだけのニューロンがすでに詰めこまれていた。それ以上ニューロンが増えて頭が大きくなったら、生まれてくること自体が不可能になっていただろう。自然は脳の大きさに制限を置いた。だが、私たちの進化はそこで止まらなかった。単に別の土俵に移って、知識や情報を自分たちの頭の外にも蓄える方法を見つけたのである。カール・セーガンはかつてこれを「体外記憶」と呼んだ。別の言い方をすれば、人間の文化である。

不思議なことに、人間の文化が誕生したのは現生人類の登場と同時ではない。少なくとも、これまでに見つかっている化石を調べるかぎりそういう結論になる。最初の文化の明かりがかすかにともり、彫像、絵画、手の込んだ道具などが現われるのは、今から五万年前のことにすぎない。その頃、ホモ・サピエンスは中東やヨーロッパ、アジアやオーストラリアに移住しはじめていた［注釈25］。

最初の芸術作品が生まれるまでに、なぜ一四万五〇〇〇年も待たなければならなかったのだろうか。理由ははっきりしていない。まだ遺物が発掘されていないだけという可能性もある。フランス、スペイン、オーストラリアの洞窟の素晴らしい壁画にしろ、武器や工芸品にしろ、今までに見つかっているのはごく一部であって、未発見のものがたくさんあってもおかしくない。あるいは、時がそれらの痕跡を跡形もなく消しさってしまったとも考えられる。

ともあれ、一九万五〇〇〇年前には私たちの外見は人間らしくなったが、人間らしい行動を始めるにはしばらく時間がかかったようだ。発話を完全にマスターしていなかったからかもしれない。現代人が操るような明瞭な言語表現ができないとしたら、みんなの精神を結集していろいろなアイデアを形にするのはまず無理だろう。それができなければ、経済、貿易、農業、芸術、宗教、科学の土台を築けない。

言語学における ふたりの巨人、デレック・ビッカートンとノーム・チョムスキーは、言語の「ビッグバン」説で説明を試みている［注釈26］。次のような仮説である。五万年前、脳内のいくつものモジュールと前頭前野をつなぐ神経経路が接続を完了した。言うなれば、それまでは複数のニューロン群による連合国にすぎず、化学物質のメッセージを明確な意図もないままにつぶやき交わすだけだったのが、ひとつの統一国家になったのである。この最終的な接続ができた結果、何らかの神経のスイッチが入り、ある種の臨界点を超えたのではないか。そして、言語と芸術を操る力を備えた、本当の意味で人間らしいと呼べる最初の精神が始動した。それがビッグバン説である。

あるいは、じつはもっと早い時期に咽頭の準備は整っていて、脳もシンボルを呼びだして表現する能力を十分に備えていた可能性もある。ただ、のどや肺や口の一〇〇個の筋肉をうまく調節する方法を身につけ、言葉を発せられるようになるまでに十数万年が必要だったのかもしれない。

別の理由も考えられる。文化を発達させるためには、人々の心をひとつに結びつけなければならないが、それができるきちんとした構造の言語を作るのに時間がかかったのだ。子供や移民、ピジン言語でしゃべる人、あるいは土地に不慣れな観光客の話し方を聞けば、ひとつの言語を完全には操れなくても最低限のコミュニケーションは図れるのがよくわかる。たぶん私たちの祖先が言語をマスターする過程も、はじめは子供同様にゆっくり進んでいたのではないだろうか。ようやく巧みに操れるようになって、文化を築く営みを加速させていったのかもしれない。

祖先たちの脳は現代人並みの大きさに達したが、物を作る能力やコミュニケーション能力はまだ完全とは言えなかった。そのため、一九万五〇〇〇年前から五万年前にかけて不十分な部分を埋めていたのではないかと、心理学者のマーリン・ドナルドは考えている。ドナルドの仮説によれば、言語が生まれるにあたっては、集団内のやりとりが重要な役割を果たした。だが、言語が一段と発達したのは、世界の仕組みを理解したいという人間の根本的な欲求に駆られたからかもしれない。当時の私たちは、以前より周囲の世界を認識できるようになっていたためだ。彼はこうした段階を「神話的文化」と呼び、現代に残る「石器時代社会」に注意を促す。過去一五〇年のあいだに、石器時代社会はさまざまな地域で発見されてきた。タスマニア島の先住民、フィリピンのタサダイ族（のちにこれは当時の政府のでっちあげだったと判明する）、南アフリカのブッシュマン、中央アフリカのピグミー族などは、テクノロジーの面では三万五〇〇〇年前からまったく変わっていない。だが、彼らはそれぞれ、部族の掟や、神話や儀式や、言語を精巧なものに作りあげてきた。技術面での進歩はあまりなくても、社会は進歩して複雑になっているとドナルドは指摘する。彼らには、世界の仕組みを神話という枠組みに当てはめて説明できる精神があった。

ドナルドは、すべての神話は「原型的で根本的で統合的な心の道具」だと語る。詳しく見てみると、ドナルドの言う「統合的な心の道具」はガザニガの「解釈装置」に驚くほど似ている。解釈装置が生みだす筋書きは、私たちに一日を乗りきらせてくれるだけではない。人間はそれをもとにして文化を補強してきた。自分自身の行動や、まわりで起きる不可思議な出来事について、私たちはどうしても納得のいく説明をしたいと思う。その気持ちが、私たちに最初の神話を作らせた。それは正当化でもあるのだが、じつに手が込んでいて、文化全体で大勢の人に受けいれられている。世界はどうやって生まれたのか。なぜ私たちはここにいるのか。死んだらどこに行くのか。太陽はどうして毎日昇り、月はなぜ数週間かけて形を変えていくのか。そういったことを説明するために神話は作られた。宗教、文学、哲学、科学の各分野も、脳の解釈装置なしには誕生しなかっただろう。この装置は「なぜ？」という問いに答えることに取りつかれているからだ［注釈27］。

神話も解釈も、自分の経験を言葉で説明する能力を得たために生まれた。だが、このふたつがいかに重要かを思うと、人間が完全に知性だけで生きているわけではないのがよくわかる。自分の行動の理由や世界の仕組みを説明するとき、その原動力になるのは不安や喜び、情熱といった感情である。人間が人間たるゆえんは、感情に動かされる生き物でもあるからだ。

ヒトは知力をしだいに高めるにつれ、祖先がもっていた原始的な衝動を少しずつ振りはらい、感情の足かせを解いて、よりよい自己への階段を上る。これがかつての進化観だった。だが、実際はその逆である。知性が高まっても、古い衝動から遠ざかるどころか、それを別の形に作りなおしてよりいっそう強めている。私たちの感情が複雑で豊かなものになったのは、私たちに知性があるからだ。あまり知的でない側面を知性が消しさったわけではない。それどころか、これほど多彩な感情を楽しめるのも大きな脳のおかげである。私たちがもっと単純な生物だった頃は、敵に直面したときの戦うか逃げるかの判断や、恐怖、空腹、満足、生殖といったものが原始的な衝動のほとんどを占めていた。その原始的な衝動が、私たちのなかで複雑な感情へと変化を遂げた。愛、憎悪、好意、友情、嫉妬。そのほか、罪と美徳のありとあらゆる組みあわせが誕生したのである。

　原始的な衝動や行動は、祖先が生きのび、現生人類が現われるために必要だったものである。それを進化はけっして捨てたわけではなかった。むしろそれらを残し、発達させた。私たちが行動を正当化したり、神話を作ったりして、世界の仕組みや自分の行動の理由を説明せずにいられないのはそのためである。言葉にされない原始的な恐怖や感情には、どうしても説明が必要なのだ。

　だが、言語という強力な武器をもってしても手に負えず、表現しつくせない部分がある。それらは、意識的な自己表現が進化する前から備わっていたものなので、言葉では言いあらわしがたい。そのため私たちは、言語を獲得したあとでも新しいコミュニケーション法を編みだす必要があった。その新しい方法を使えば、時をさかのぼって私たちの原始的な部分に触れられるばかりか、脳の最も新しい部分とも結びついて人間ならではの情報を発信し、それを他者と共有できる。その新しいコミュニケーション法は、やがて三つの素晴らしい行動へと姿を変えた。笑うこと、泣くこと、そしてキスをすることである。どれも言葉を必要としない不思議なコミュニケーションだ。この三つの行為をするのは人間以外にない。これらは、ほかの人と離れたくないという人間の思いがいかに強いかを如実に示している。

Laughter

第四部　笑い

八章　叫び声から笑い声へ

ふたりの人食い人種が、久しぶりのうまい食事を終えたあと、大きなたき火を囲んで座っている。

「お前の女房の焼肉はじつにうまいな」とひとりが話しかけた。

「ああ」ともうひとりが答える。「いなくなって本当に残念だよ」

――作者不詳

笑いは人間の行動のなかでもとりわけ不可思議である。理解しがたく、分析を拒む。それというのも、ひとつには、笑いが私たちの原始的な部分と知的な部分を見事に結びつけるものだからだ。もっとも、私たちは笑うことが奇妙だとはほとんど思っていない。それくらい、笑いは私たちの生活と切りはなせないものである。顔に鼻がついているように、耳に耳たぶがついているように、あまりに当たり前すぎて特別視しなくなっている。だが、もしも私たちが笑いを奪われたら途方に暮れるだろう。人間は笑いを通して、奇妙で不思議な信号をつねに送りあっているからである。

笑いの起源をさかのぼると、太古の昔の非言語的な行動に行きつく。言語が進化するよりはるかに前の時代だ。笑いは遊びや上機嫌に伴うものだが、人は愉快なときにだけ笑うわけではない。怒っているとき、恥ずかしいとき、不安を感じているときなどに、感情を表に出さないために笑いで隠す場合があると、ダーウィンも指摘している。相手をなだめたり、相手への服従を示したりするために笑う場合もある［注釈1］。一七世紀フランスの才子、シャルル・ド・マルグテル・ド・サン＝ドニ・ド・サン＝テヴルモンが、「彼は誰が笑っているかと不安になるときがある」と書いたのも、この種の笑いを指している。

笑いは人と人のあいだに生じるものなので、他者にも伝染する。誰かが声をあげて笑うと、ほぼ間違いなくほかの人も同じようにする。一九五三年、テレビ局の技術者だったチャールズ・ダグラスがドラマに観客の笑い声を入れる方法を編みだしたのは、笑いの伝染性を利用したものだった。この方法は今でも一部の連続ホームコメディで使われて、冗談を実際よりおかしく思わせる効果をあげている［注釈2］。赤の他人が、私たちのあずかり知らぬことで笑っているのを見るだけで、思わず微笑んだりくすくす笑ったりしてしまう。それも笑いが伝染するからだ。

笑いが万国共通なのも、そこに理由があるのかもしれない。人はどこに住んでいようと、人種や生い立ちがどうであろうと、誰でも笑う。マンハッタンの摩天楼を舞台に企業トップのヘッドハンティングをしている人であろうと、ボルネオのジャングルで本物の首《ヘッド》を狩っている人であろうと、みんな笑う。笑いは私たちを同じ生物として、同じ人間としてひとつに結びつける。手足の親指や、奇妙な形ののどと同じように、笑いは人間だけに備わった特徴である。

これほどなじみ深くて、全世界共通の行動でありながら、なぜ私たちが笑うようになったのかについてはほとんどわかっていない。笑いには、現実問題に役立つような理由が見当たらないのだ。進化というものが、大きな現実的利益を断固として好むものだとすれば、笑いにどんな目的がありえるだろうか。笑いは大きな音であり、笑った者は他者の注意をひきつけるので、サバンナで肉食獣を避けたり、ツンドラでマンモスを狩ったりしているときに都合がいいとは思えない。しかも、人は笑いだすと抑えが利かなくなりやすく、心も体も何者かに乗っとられたようになるため、生きのびる手段としてもあまりお勧めはできない。捕食動物に向かって笑うのも得策とは言えない。首尾よく狩りを終え、遠く離れた洞窟のなかで、たき火を囲んでいるときに笑うなら別だが。

進化というるつぼのなかでは、複雑な行動がいくつも交錯し、複数の行動がしだいに絡みあう傾向にある。時間がたってしまうと、混じりあった行動を切りはなすのは腹立たしいほど難しい。だから、声を出す笑いが微笑みより先に生まれたのか、その逆なのかもよくわからない。片方はおかしな「音」がし、もう片方はおかしな「顔」になる。なぜそうなったのだろうか。また、笑いがいつもいきなりやってくるのはなぜだろう。笑いの起源を理解するには、心の考古学とも言うべきものが求められる。いちばん近い親戚の霊長類にかいま見える行動と、人間の行動を注意深く観察し、比較することが必要だ。

・・・

数年前、イギリスのハートフォードシャー大学で、心理学者のリチャード・ワイズマン率いる研究者チームがひとつのプロジェクトを始めた。世界の人々が、どういうことを非常におかしいと思うのかをつきとめようというのである。彼らはこれを「ラフラボ（笑い研究）」プロジェクトと名づけ、ウェブサイトを立ちあげた。サイトでは、世界じゅうからとっておきの笑い話を募ると同時に、すでに投稿されている笑い話をサイトの閲覧者に評価してもらった。スタートしてからものの数日で、ラフラボは世界の人気サイト・トップ一〇の仲間入りを果たす。一日の訪問者数が三〇〇万人にのぼった日もあった。最終的には三万五〇〇〇人から四万件の笑い話が集まり、それを二〇〇万人が評価した。

すべての情報を分析するのは大変な労力だが、たぶん大笑いの連続だったことだろう。ともあれラフラボは集計を終え、第一位に輝いた笑い話を世界に発表した。選ばれたのは次の作品である。

「ニュージャージーのハンターがふたり、狩りに出て森のなかを歩いていた。すると、突然ひとりが倒れた。どうやら息をしておらず、白目をむいている。もうひとりは慌てて携帯電話を取りだし、救急サービスに電話をかけた。息を切らしてオペレータに伝える。『友だちが死んじゃった！　どうすればいい？』オペレータは冷静な声でこうなだめる。『落ちついてください。大丈夫ですよ。まず、本当に死んでいるかどうか確かめましょう』。するとしばらく静寂が流れ、一発の銃声がする。男は電話口に戻ってくると、『確かめたよ。次はどうすればいい？』」

なぜこれがいちばんおかしい話に選ばれたのだろうか。ワイズマンは、幅広い層に訴えたのが原因と指摘する。性別や年齢を問わず、ベルギー人でもドイツ人でもアメリカ人でもイギリス人でも、この笑い話を読んだ人はみんな気に入った。魅力のひとつは、電話をかけた間抜けなハンターに対して読者が優越感を覚える点だとワイズマンは考えている。もうひとつの魅力は、誰もがもつ死への恐怖を解きはなってくれる点だ。

フロイトは早くも一九〇五年に、笑い話について似たような意見を述べた。笑いは、本来ならば不適切な感情や恐怖を、社会的に許容できるやり方で覆いかくしたり解きはなったりする。誰かが不穏な表現をすると、人は安堵を覚える。笑いは、体がその安堵を表現したものだとフロイトは指摘した。これは、私たちが夢のなかで行なっていることに似ているとフロイトは言う。つまり、意識のある状態では決まりの悪いことを、無意識のうちに伝えるのである〔注釈3〕。言いかえれば、笑いと無意識はつながっているのだ。私たちが眠っているときには、しばしば自分の卑猥な一面、あるいは暴力的な一面を夢に見る。笑い話や短いジョークもそうした性質をもつものが多いので、夢に似た役割が果たせるのかもしれない。すべてのジョークの裏には、人にショックを与えるような、怒りすら含んでいるような、暗い何かがひそんでいる。それでも、ジョーク自体は明るさの仮面をかぶっているために、その暗さを表現しても受けいれてもらえる。それが、私たちが「おかしい」と呼ぶとらえどころのない感情となって結実するとフロイトは考えた〔注釈4〕。

ラフラボの見解はフロイトとまったく同じではない。ハンターの笑い話が大勢の人に受けたいちばんの理由は、行動の場違いさが際立っているからだとチームは考える。救急サービスに電話するほど友人を心配しているなら、慎重に脈を見てあげこそすれ、まさか撃ったりはしないだろう。撃つのはまったく予想外の行為であり、この状況ではその急展開がひどくおかしいのである。
ユーモアに隠された暗さと、予想外の展開。このふたつから、笑いの最も重要な側面が生じる。驚きだ。何かをおかしいと感じるためには、いったん心が一方向に向かってから、だしぬけに別の方向に引っぱられる必要がある［注釈5］。その驚きと戸惑いの瞬間に、ニューロンは相反する合図を何とかして消化し、メッセージの矛盾を解決しようと奮闘する。そして、私たちは突如ジョークの「落ちを理解」する。笑うかどうかを自分でも確実に予測できないのは、最初から笑おうと決めているわけではないからである。絶対に。前もって決めていた笑いは本物の笑いではない。作った笑いは、聞けばたいていすぐにわかるものだ。

ワイズマンのラフラボは、ジョークの予想外の展開が私たちにどんな影響を及ぼすかを観察しただけではない。それを測定もしている。彼らはｆＭＲＩ（機能的磁気共鳴画像法）を使って、人が笑い話の最初の部分を聞いているときと、落ちの部分を聞いたときの脳活動の様子を測定した。それとは別に、おもしろみのない普通の文章を聞かせたときの脳活動も測定し、のちにそれらを比較した。

その結果、ユーモアを理解して笑うときに活動する領域は、脳全体に点在しているのがわかった。アメリカにはコメディ番組を専門に放送するコメディセントラルというケーブルテレビ局があるが、少なくとも脳に関しては、喜劇の中枢《コメディセントラル》と呼べるものは存在しない。笑いとユーモアにかかわるニューロン群はいくつもあって、それぞれが決まった仕事をこなしている。たとえば、誰かが笑うのを見たり聞いたり認識したりする領域もあれば、ドタバタの笑いと洒落を区別する部位もある。肺や咽頭に信号を送って、ただおもしろがるだけでなく実際に笑えるようにする特殊なニューロン群もある。だが、これらの機能は一カ所にまとめられてはいない。だとすれば人間の笑いは、古いものから新しいものへと変化しながら長い時間をかけて進化してきて、脳の新しい部分と古い部分をつないでいると考えられる。

たとえば、「なぜサメは弁護士を嚙まないか？　同業のよしみで」（サメを意味する「shark」は、アメリカの軽蔑語で人を食い物にする弁護士を指す）というような、言葉の意味にかかわる冗談の場合は、まず両耳の上あたりにある左右の側頭葉で処理される。一方、「なぜそのゴルファーはズボンを二枚履いていたのか？　一枚が穴あ《ホールイン》き《ワン》だったからだ」というような洒落の場合は、まず左脳のウェルニッケ野付近で処理される。洒落はもともと言葉にかかわるものなので、言語脳で処理されるのだろう［注釈6］。こうしたいくつもの領域を使って生の情報を整理し、聞いたことの基本的な意味を理解する。だが、これで終わりではない。

人が冗談をおかしいと感じたとき、きわめて限定的な領域がにわかに活動するのがラフラボのfMRIからわかった。それは腹内側《ふくないそく》前頭皮質と呼ばれるニューロン群で、右眉のすぐ上にある。脳のなかで「ユーモアを解する心」と呼ぶにいちばんふさわしいのは、このニューロン群だ。脳スキャンを用いたいくつかの実験によれば、私たちはこの領域で場違いさを「見て」いる。それから驚きを覚え、笑わされる［注釈7］。ここが「落ちを理解する」脳領域なのだ［注釈8］。

ただし、いわゆる「おかしい」という感覚を経験するのはこの領域ではない。それはまた遠く離れた別の場所、脳の底部の側坐《そくざ》核《かく》と呼ばれる領域の近くにある。側坐核は動物の前向きな感情と関連しているので、おかしさを感じる領域がそこに近いというのもうなずける。また、側坐核は薬物中毒を起こすうえでも重要な役割を果たしていることから、どんなに笑っても笑い足りない気がするのは、側坐核の影響ではないかとの説もある。おかしさを感じることにも中毒性があるというわけだ。

最終的に笑いの引き金を引くのは、また別の領域である。じつはそこは、私たちの手の指を動かして道具を作らせ、肺やのどや舌を動かして言葉を作らせるのとまったく同じ領域だ。専門用語で「補足運動野（ＳＭＡ）」と呼ばれていて、脳の最上部近くに位置している。ＳＭＡが発見されたのは一九九〇年代後半のこと。ロチェスター大学医学部の研究者グループが、一三人の被験者を対象にユーモアに関する四種類の実験を行ない、その間の脳活動をスキャンした。ひとつ目の実験では、被験者に笑い声の録音テープを聞かせ、一緒に笑うように指示した。ジョークはいっさい出てこない。コメディドラマを見ないで観客の笑い声だけを聞いているようなものである。ふたつ目の実験では、やはり笑い声のテープを聞かせるが、一緒に笑わないように指示をする。三つ目の実験では、紙に書かれた笑い話を被験者に読ませ、四つ目の実験では、言葉を使わないアニメーションをいくつか見せる。

脳スキャンからは、被験者が何らかの理由で笑うとかならずＳＭＡが活動するのがわかった。どうやらこの領域は、ありとあらゆる動きにおいて中心的な役割を果たしているらしい。手、足、脚だけでなく、目の動きもだ。笑いの場合、「そろそろ笑う時間だ」というメッセージが脳のさまざまな領域からばらばらに送られてくる。それをＳＭＡが集めて、のどや胸や、笑うのに必要な顔面の一五個の筋肉に信号を送っている。

奇妙なことに、とくだんおかしい題材がなくてもSMAは笑いの引き金を引ける。この事実を発見したのは、カリフォルニア大学ロサンジェルス校医学部の外科医グループである。彼らは数年前、難治性の発作に苦しむ一六歳の少女の脳に検査手術を実施していて、脳のどこが問題なのかをつきとめようと、何カ所かに電極を置いた。SMA近くのニューロンを刺激したところ、患者が何度も笑うのに彼らは気づく。もちろん、そのとき何かおかしな出来事が起きていたわけではない。何がそんなにおかしいのか、と尋ねたとき、少女の答えはマイケル・ガザニガの分離脳患者を思いおこさせた。自分で変な絵を描いた理由を、それらしい理屈をでっちあげて説明しようとした患者である（七章参照）。この少女は、物語を読んでいるときに脳を刺激されて笑った場合は、読んでいた箇所がちょうどおかしかったからだ、と答えた。実際は少しもおもしろくないのに。また、ただ二本の指の先をくっつける動作をしてもらっているときに脳を刺激したところ、彼女は笑いだしてこう説明した。「だって、先生たちったら、すっごくおかしいんですもの……そんなふうに私のまわりに立っちゃって」〔注釈9〕。別の研究で、実際は楽しくないときでも笑顔を作ると楽しくなることが指摘されていたが、これも少女の例で説明できるかもしれない。どうやら笑っているときには、きっと楽しいにちがいないのだと心が私たちに告げているようだ。そして私たちは実際に楽しくなるのである。

アイオワ州出身の庭師——科学文献ではCBとして知られている——についても、奇妙な症例が報告されている。先ほども触れたとおり、何かをおかしいと感じるためには場違い感が重要であるようだが、CBの症状はまさしくその場違いさを思いださせる。彼は、四八歳という珍しく若い年齢で脳卒中に倒れた。さいわい完治したが、ひとつ困った問題が起きる。ときおり何の理由も見当たらないのに、急に笑いだして止まらなくなるのだ。笑いの発作が起きているとき、彼が実際におかしさを感じていることはめったにない。おかしいことを思いうかべてもいなければ、愉快な人と一緒にいるわけでもない。それなのに、笑いがいきなり津波のように押しよせてくる。それだけではない。ふいに泣きだしてどうしようもなくなるときもあった。この場合も、私たちが泣くときに感じるような感情を覚えているわけではない。にわか雨と同じで、ただいきなり降りかかってくる。

CBの症状は非常にまれというわけではなく、今では「病的な泣き笑い(pathological laughter and crying)」の頭文字をとってPLCと呼ばれている。PLCの患者は、何らかの原因で脳のごく狭い部分に損傷を受けている。そこは、SMAと、SMAから信号が送られる神経経路に関連した領域だ。本来ならばSMAは、本物の笑いや涙の原因となる感情が脳のさまざまな領域で処理されてから、その合図を受けて活動するはずである。ところがPLC患者の場合、詳しい仕組みはわからないものの、合図もないのにニューロンが活動して、「笑え」とか「泣け」といった命令を発してしまうのだ。

たいていの人はPLCに悩まされてはいない。だが、ここに興味深いポイントがある。笑いの起源と「予想外の展開」効果に関してはひとつの重要な仮説があり、その仮説は、笑うことと泣くことの両方に関連するこの脳領域を念頭に置けば説明できるのである。詳しく見てみると、その両者のつながりには偶然の一致以上のものがありそうだ。

・・・

人間が笑っているときの表情はしばしば泣き顔に似ている。すでにダーウィンもこの点に気づいていた。だが、笑いが生まれた原因が、泣くこととじかに結びついていると最初に考えたのは、イギリスの動物学者、デズモンド・モリスである。この説を展開した彼の著書『裸のサル』はベストセラーになった。

私たちは生まれてから数カ月のあいだ、不安や孤独や苦痛などを感じると、ある原始的な方法で表現する。泣くのだ。しかも大声で長く。自分の言いたいことを伝える方法としては、単純だが効果はてきめんである。子供のいる人ならよくわかるはずだ。

生後九〇日くらいまで、赤ん坊はこれを無差別に行なう。おむつを替えてほしい、おなかがすいた、寒い。そういう問題を解決してくれる大人なら誰でもいい。この時期の赤ん坊には、すべての顔が何の特徴もないものとして見えている。まだ認知機能が発達していないため、知っている顔と知らない顔の区別ができない。だから、やみくもに泣く戦法が役に立つ。

ところが、生後四カ月くらいになると、顔を識別する脳回路に非常に基本的な接続ができはじめ、自分をおもに世話してくれる人の顔が見分けられるようになる。これは、赤ん坊が微笑んだりキャッキャッと笑ったりしはじめる時期と一致する。人間関係を築くうえでの重要な進歩だ。母親や父親にとっては、子供の最初の笑い声が生きがいと言ってもいい。単に問題を解決する大人としてではなく、自分個人として接してくれていることを意味するからだ。子供がこう告げているのと同じである。「あなたのこと知ってるよ！　あなたは特別だよ！」今や赤ん坊は、空腹のような原始的で顔のない欲求にただ反応しているのではない。ママやパパその人に対して反応するようになる。そこからは固い絆が生まれる。

こういう角度で見ると、笑うことが赤ん坊にとっての生き残り戦術であるのがわかるだろう。人間の子供はほかの霊長類より一二カ月早く生まれてくるため、地球上で最も無力な哺乳類と言える。親が献身的に世話をしなければ生きていけない。怪我をしやすいし、数カ月間は首も座らない。しっかりした足取りで歩くのもままならない。優しく世話をし、食事を与え、昼も夜も目を配る必要がある。

そういう状況で赤ん坊が笑えば、親への大きな心の贈り物となって、さらに世話をしようという気持ちを起こさせる効果があるだろう。笑えば笑うほど絆は深まる。絆が深まれば深まるほど、赤ん坊が生きのびる確率は高まる。笑うことがきっかけとなって、強力なフィードバックループが動きだす。どの国でも親が赤ん坊と遊んで笑わせようとするのは、このためかもしれない。

では、そもそもこの遊びと笑いのフィードバックループはどのようにして生まれたのだろうか。モリスは次のように説明する。あなたは生後四カ月の赤ん坊で、今は先史時代だとする。母親の腕に抱かれたまま移動しているとき、突然あなたは何かに驚く。まだ生後四カ月なので、あなたの最初の反応は泣き声をあげることだ。だが、次の瞬間、きっと大丈夫なんだと思いなおす。お母さんの腕にしっかり抱かれているから安全だし、お母さんも「大丈夫よ」って囁いてくれている。不安は急速に薄れていき、あなたはすっかり安心する。声を長く引っぱって泣こうとしていたのだが、途中で安全に気づいたためにそれが途切れ、分断されて、短い「ハ・ハ・ハ」のつながりへと変わった。

このように、首尾一貫しない情報が入ってきて、一見矛盾したメッセージを受けとる。（一）危ない。（二）いや、そんなことはない、大丈夫。これはいわば、最も基本的なレベルでの「予想外の展開」効果である。この驚きと安心の組みあわせから笑いが生まれたのではないか。モリスはそう主張した［注釈10］。

遊びもまた、進化の観点から見れば、矛盾するふたつの要素でできていると言っていい。一見すると楽しむことが目的のようでいて、そのじつ笑いと同じでこれもまた生き残り戦術である。幼い哺乳類は、じゃれて喧嘩したり、噛んだり、倒したり、追いかけっこをしたりする。これは、やがて来る本物の戦いに備えて予行演習をしているようなものだ。

霊長類が遊びでよくやるのが、くすぐりである。幼いチンパンジーやゴリラは、かなりの時間をくすぐられて過ごす。直接血縁のある家族にくすぐられる場合もあれば、子ザルどうしでくすぐり合う場合もある。このことから、くすぐられたときの反射行動が、ユーモアで笑うことの土台ではないかとの説もあるほどだ［注釈11］。たしかに、ユーモアはくすぐりより洗練されているものの、そこに働く力はくすぐりとたいして変わらない。たとえば、驚きの要素がそうだ。だから、自分で自分をくすぐるのが無理なのかもしれない（補足運動野がそれを許してくれないのだ）。また、くすぐりも危険と安全、快感と不快感が背中合わせになっている。くすぐりは一種の模擬的な攻撃でもある。研究により、くすぐられたときの感覚は、ふたつの別々の神経経路を同時に伝わっていくのがわかった。これらの神経経路は、じつはまったく異なる感覚を伝えるために進化したものだ。ひとつは快感、ひとつは苦痛である。さらには、やはりユーモアと同じで、くすぐりという行為は人と人とのあいだに生じる。（普通は）たったひとりでは笑えないように、くすぐったさを感じるためには、最低でもふたりの人間が必要だ［注釈12］。いや、そうだろうか？

アメリカの心理学者、クリスティーン・ハリスは、この答えを何とかして確かめようと思いたち、風変わりな実験を考案した。くすぐったさを感じて笑うために、本当にふたりの人間が必要かどうかを調べたのである。ハリスの狙いは、くすぐったさの笑いの正体を明らかにすることで、ほかの種類の笑いについても仕組みを理解することにあった。

だが、人の接触が必要かどうかを確かめるなんて、いったいどんな実験をすればいいのだろう。なにしろ、人間以外からくすぐられることなどないのだ。くすぐりから人間的な要素を排するにはどうすればいいのか。ハリスのチームは、くすぐりマシンを製作することにする。くすぐられて笑うのに、本当に生身の人間がもうひとり必要なのだとしたら、機械にくすぐられても誰も笑わないはずだとハリスは推測した。

しかし、別の問題点が浮かびあがる。くすぐることのできる機械をどうやって作ればいいのだろう。それに、くすぐっているのが機械か人間かを、被験者に悟らせないようにするにはどうすればいいのか。そこでチームは考えた。機械がくすぐっている「ふり」をすればいい。彼らは偽物のくすぐりマシンを作った。ロボットふうの手と、掃除機のホースがついていて、喘息の治療に使う噴霧器がいかにもそれらしい音を出す。だが、ロボットふうの手は実際は自動操縦《ロボティック》ではない。それどころか、まったく動かない。

被験者には、「これから皆さんを二回くすぐります」と説明する。一回は人間、もう一回は機械の手によるものだ。次に、くすぐったさに集中するためとの名目で、被験者に目隠しをする。実際は二回とも別の研究者が被験者をくすぐる。その研究者は、被験者の隣にあるテーブルの下に隠れ、テーブルクロスをかけて姿が見えないようにしていた。被験者には、一回は人間が、もう一回は機械がくすぐると伝え、研究者も二度ともまったく同じくすぐり方をするように気をつける。もしも被験者が、人間にくすぐられていると思ったときにだけ笑い、機械だと思っているときに笑わなかったとしたら、くすぐったさには人間による接触が必要ということになる。結果はどうだったのだろうか。じつはどちらでも関係がなかった。被験者は、機械だと思ったときにも人間だと思ったときにも同じくらい笑ったのである。被験者と「機械」だけを残して研究者たちが部屋を出て、なかに人間はひとりもいないと思わせてくすぐったときにも、やはり被験者は笑った。

もっとも、体が何らかの方法で人間のくすぐりを判別できるのかもしれない。被験者は、機械のくすぐりが実際は人間のくすぐりであることに無意識のうちに気づいていた可能性もある。今となっては確かめようがない。いずれにしても、くすぐられて笑うことと、ユーモアに対して笑うことは、私たちが考える以上によく似ているのは確かだ。くすぐりによる笑いには、ウィットやユーモアはかかわっていないように思えるものの、相反するメッセージが含まれる点と、予想外の展開によって正反対の状況になる点では同じである。もしかしたら、私たちはくすぐりのなかに単純で原始的なユーモアを見ているのかもしれない。くすぐりの笑いが土台となって、おかしいことを見聞きしただけで笑うという高次の認知機能が発達したのだ。もしかしたら、ユーモアを見たり聞いたりすることは、象徴的なくすぐりと言えるのではないだろうか。足の裏やおなかや首をくすぐるのではなく、心をくすぐるのである。

・・・・

くすぐりと遊び、そして遊びとユーモアとの共通点はほかにもある。私たちはくすぐられそうになるといやがるが、じつは自分が信頼している相手にだけくすぐることを許している。子供が見知らぬ人からくすぐられたら、おそらく笑わないだろうとダーウィンも指摘している。それどころか、怖ろしくて悲鳴をあげると彼は予想した。くすぐりは親しい者どうしで行なうものであり、くすぐりを通して、すでに親しい相手とさらに固い絆を結ぶことができる。これは、友人たちとジョークを言いあって笑う場合も同じだ。いや、見知らぬ人とでもかまわない。笑いを通じて相手と絆を結ぶのである。つまり笑いは、人々をいやおうなく結びつける強力な非言語コミュニケーションの一種と言える。ヒトという生物がいかに互いを必要としているかを思えば、そういうコミュニケーションに多大なメリットがあるのがわかるだろう。

だが、そもそも笑いや、笑うときに経験する感情はどうやって生まれたのだろうか。笑うときに独特の音を出すのはどうしてなのか。なぜ顔をゆがめるのか。笑いがいきなりやってくるのはどうしてなのか。一言で言うなら、笑いはどのようにして進化したのだろうか。

チンパンジーがじゃれ合っていて、相手を倒したり、追いかけたり、くすぐったりしているとき、彼らはパンティングと呼ばれる非常に特徴的なハァハァという声を出す。ちょうど息が切れたときに似ている。これを「笑い」と呼ぶ研究者もいるが、人間の笑い声とは似ても似つかない。だが、このふたつに関連がないわけではない。メリーランド大学で笑いの起源を詳しく研究している心理学者のロバート・プロヴァインによると、このパンティングは、チンパンジーが遊び疲れたときの呼吸の仕方から発達した。息を継ごうとする行為が、やがて一種の儀礼的なコミュニケーション手段に発展し、「ぼくは楽しんでいる。きみとは遊んでいるのであって戦っているのではない」と伝えるようになったのではないか。プロヴァインはそう考えている。だとすれば人間の場合も、くすぐられたときの体の反応が最終的に象徴的な反応へと発展して、今日私たちが「笑い」と呼ぶ行為になったのかもしれない。

とはいえ、チンパンジーのパンティングと人間の笑い声には違う点もある。チンパンジーのパンティングは、ごく普通に息が切れたときと同じで、息を吸うときにも吐くときにもどちらの場合にも音が出る。ところが、人間の笑い声は息を吐くときにしか出ない。この理由としてひとつ考えられるのは、人間は息を吸うときより吐くときのほうがはるかに正確に声帯を調節できるということだ（息を吸いこみながらしゃべってみるといい）。そのため、話をするときはすばやく息を吸って準備をし、それを少しずつ吐きながら長くしゃべっている。呼吸より発話を優先させていると言ってもいい。誰かが気の利いた言葉を言ったときに、私たちがチンパンジーのパンティングのようにならないのもこのためと考えられる。人間の笑い声はかならず吐きだされるのだ

（激しく笑いすぎると息が切れるので、吸わなければならなくなるが）。

プロヴァインの仮説によれば、人間がパンティングをしないのは、私たちが四足ではなく二足歩行をしているからだという。彼は、大勢の人の笑い声を録音し、その音の構造を綿密に調べたあとでこの結論に達した。人間は、くすくすと忍び笑いする場合も、げらげらと大笑いする場合も、たいてい笑い声を切りきざんで短い音の連続として吐きだしている。個々の音は約一五分の一秒間続き、それを約五分の一秒の間隔をあけてくり返す［注釈13］。この間隔には個人差があっても、笑い声がかならず吐きだされる点は変わらない。だからこそ人間の笑い声は「ハ・ハ・ハ」という特徴的な断続音になる。

それにひきかえチンパンジーは、パンティングの声を短く刻んだりはしない。人間の笑いよりも声が長く続き、一度の呼吸につき一回のパンティングを行なう。これは、彼らが四本足で歩くために（チンパンジーがおもにナックル歩行していることを思いだしてほしい）、歩行のリズムが呼吸のパターンに制約を加えるためだ。一歩につき一呼吸である［注釈14］。チンパンジーは人間と違って、呼吸にかかわる筋肉や肺を精密に調節することができない。呼吸も、遊びの際のパンティングも、彼らが四本足であることと密接に結びついている。

人間は直立二足歩行を始めて、一歩につき一呼吸のパターンから解放されたおかげで、呼吸に必要な筋肉を巧みに操れるようになったとプロヴァインは言う［注釈15］。もしも彼の説が正しいなら、私たちの笑い声の音とリズムには、発話の特徴が刻まれていることになる。発話と笑いは、それぞれまったく別の理由で生まれたものとはいえ、私たちが今のような笑い声をたてるようになったのは、言葉を話す能力を進化させたせいでもあるからだ［注釈16］。それだけではない。私たちのしゃべり方や笑い方のもとをたどれば、そもそも足の親指が発達して直立したために、呼吸の仕方が変わったことに行きつくのである。

・・・・

笑いに伴う表情はまた別の問題だが、やはりこれも、遊びや原始的なコミュニケーションにルーツがある。ただし、そこにたどりつくまでの道のりはかなり曲がりくねっている。

チンパンジーは、本当に身の危険を感じたり腹を立てたりして今にも攻撃しようとするとき、唇を引いて完全に歯をむき出す。そして、フーホーフーホーといった鳴き声や叫び声をあげ、これでもかとばかりに大騒ぎをする。叫び声をあげるのも、一緒に激しい身振りをするのも、前もってじっくり考えたうえでしているわけではない。すべては本能に根差した無計画な行動で、遺伝子につき動かされたものだ。

ユトレヒト大学の動物行動学者、ヤン・ファン・ホーフは、この点について講義をするとき、あるドキュメンタリー映画を好んで使う。ヨースト・ド・ハースが製作したもので、ヒトと霊長類の行動が描かれている。ホーフはスクリーンの脇に立ち、チンパンジーが喧嘩したり跳ねまわったりしている映像と、人間が腹を抱えて大笑いしている映像を並べて映す。一見すると、このふたつに関連はありそうにない。ところが、じつは驚くべき類似点があった。

たとえばチンパンジーは、相手を本気で攻撃しているときには荒々しく歯をむき出して唸るのだが、じゃれているだけのときには下唇を元の位置に戻して牙が隠れるようにし、唸り声も弱める。これは、自分は本当は怒っていないと告げる合図なのだとホーフは指摘する。彼らがこの表情をすると、口の形が人間が笑うときに近くなり、唸ったり叫んだりするときほど歯をたくさん見せない。

顔のほかの部分にも共通点がある。チンパンジーの目はじゃれているときのほうが大きく見開かれる。本気で戦っているのではないしるしだ。額にもしわが寄っていない。このふたつにパンティングの音も加えることで、単にじゃれているだけで本気ではないというメッセージを強めている。チンパンジーのパンティングを人間特有の笑い声に置きかえたら、笑っている人間と遊んでいるチンパンジーは外見的にはよく似ている［注釈17］。まったく同じと言えないのは、ひとつの単純な理由によるものだ。いとこのチンパンジーやゴリラに比べて、人間の顔にははるかに多数の筋肉があるため、もっと豊かな表情が作れるし、しかもじつに微妙な違いを表現できる。それでも、私たちの「笑い顔」が、類人猿が遊んでいるときの表情から進化した可能性はある。彼らも私たちも、顔の表情を修正して「ただの冗談だよ」と告げているのだ。

プロヴァインやホーフの研究により、私たちの笑い顔と笑い声がなぜ現在のようになったかが見えてきた。だが、笑いがいきなりやってくる理由はいぜんとしてわからない。とはいえ、それについても仮説はある。

・・・・

笑い声を、それまで一度も聞いたことのない音として聞いてみてほしい。何の脈絡もなく発せられる獣じみた音。まるでジャングルに響く呼び声か、人間ではない動物が交わしあう原始的な秘密のメッセージのようだ。それには理由がある。私たちの笑い声は、ウィンストン・チャーチルの雄弁よりも、興奮したチンパンジーの叫び声との共通点のほうが多い。言葉より単純であると同時に、不可思議でもある。言葉を話す場合、私たちはまず考えを抱き、多少なりとも目的をもって言葉を組みたててからその考えを表現する。ところが、笑いの場合は反対だ。まず頭や心が不意をつかれて、その結果として笑うのである〔注釈18〕。

これは、ほかの霊長類が呼び声をあげるときにも起きる。ただし、呼び声はユーモアとも遊びとも無関係だ。たとえば、チンパンジーが森で餌を探していて食料を見つけると、反射的に特徴的な呼び声をあげて、近くにいる仲間（たいていはきょうだいなどの家族）においしそうなものがあるぞと知らせる。進化が授けてくれたこの方法で、彼らは家族が生きのびる確率を高め、家族全員を豊かにできる。呼び声は一種の音のシンボルであり、「こっちに食べ物があるぞ！」という意味を表現している。しかし、呼び声は言語とは違って、学習して身につけるわけではない。遺伝子に組みこまれた生得のものだ。危険を察知したイヌが吠えるように、止められない行動である。

ジェイン・グドールは、この種の呼び声がいかに抑えがたいかを示す素晴らしい話を記録している〔注釈19〕。彼女がゴンベ国立公園で研究しているとき、観察地点の近くに住むチンパンジーたちのためにバナナを隠してとっておいてあった。ある日、一匹のチンパンジーがこの豪勢なご馳走を見つけ、反射的に食料を知らせる呼び声をあげる。ところが、まだ呼び声が終わらないうちに、そのチンパンジーは両手で口を覆って声をおし殺そうとした。私たちが教会や葬式でおかしいことを見たときに、なんとか笑いをかみ殺そうとするのに似ている。だが、口をふさいでもあとの祭り。いけないとわかっていても笑いが止まらないときがあるように、このチンパンジーも呼び声を止めることはできなかった。結局は、せっかくお宝を見つけたのに、はからずもあたりのチンパンジーというチンパンジーにその幸運を知らせる羽目になった。いわば、数十億年に及ぶ進化の成果がまさって、言葉が漏れでてしまったのである。

笑いも同じだ。笑いがやってくるかどうかは予想できないが、ついにきたとき、私たちにはほとんど止めるすべがない。だとすれば、私たちが笑うときには片足を原始の世界に入れ、もう片方の足は複雑な知性が求められる現代人の世界に入れていると言えそうだ。

百薬の長

笑いには強力な治癒力があることが近年の研究から明らかになっている。私たちが笑うとき、脳と内分泌系が化学物質のカクテルを放出する。鎮痛作用や多幸感をもたらすエンドルフィンとエンケファリン。それから、ドーパミン、ノルアドレナリン、アドレナリンだ。これらは顔に笑みを浮かべるだけでなく、免疫系を活性化して私たちを実際に健康にしてくれる。

エンドルフィンは、生まれながらに人体に備わっている神経化学物質で、痛みを和らげ、さまざまな不快感を寄せつけない効果をもつ。ひどい頭痛に苦しむ人は、エンドルフィン濃度が低いとの説があるほどだ。エンドルフィンが鎮痛効果を発揮するのは、なかに含まれるアミノ酸が脳と脊髄のレセプターに結合するからである。レセプターに結合すると、全身から送られてくる痛みの信号が遮断され、大脳皮質に送られなくなる。これは、モルヒネに反応するレセプターとまったく同じだ。

エンケファリンもエンドルフィンのように痛みを遮断する。アヘンが人体に強力な作用を及ぼすのは、その化学構造がエンケファリン類とよく似ているからだ。一方、ドーパミンに鎮痛作用はないが、ドーパミンなしに脳はうまく機能しない。パーキンソン病にかかっている人は、ドーパミン濃度が低いことがわかっている。ドーパミンが十分に供給されるのがいいことであるのは間違いない。ノルアドレナリンは神経伝達物質の一種で、心を静めてストレスを減らす効果がある。ノルアドレナリンが足りていれば、過度の不安や心配に苛まれることがない。

笑いが分泌する化学物質のうち、異端児的な存在がアドレナリンだ。アドレナリンが大量に放出されると一時的に痛みを緩和する働きはあるものの、もともと心を静める物質ではない。アドレナリンが駆けめぐる典型的な場面は、私たちが「戦うか逃げるか」の態勢になっているときだ。上司と対決するとき、バーで酔っぱらいにからまれたとき、サバンナで腹をすかせたライオンと出くわしたとき、などである。アドレナリンは副腎から分泌されるホルモンで、心拍数を上げ、気管支と腸の筋肉の緊張をほぐし、心臓を刺激し、頭をはっきりさせ、体に行動を起こす準備を整えさせる。楽しいときに分泌される物質としては奇妙に思える。だが、激しく笑うと新陳代謝が一気に高まるのはアドレナリンのせいかもしれない。それに、「危険と安心」という笑いのふたつの要素のうち、危険の部分をアドレナリンが担っているとも考えられる。いないいないばあの場合にも、切れ味鋭い「落ち」の場合にも、かならずそのふたつの要素はある。笑いの暗い側面をアドレナリンが神経化学的に表わしていると言えるかもしれない。

笑いによって分泌されるこれらの物質にはきわめて大きなプラス効果があるため、それを利用した新しい医療分野も生まれている。作家のノーマン・カズンズは、一九八〇年代に強直性脊椎炎にかかった。これは、結合組織が衰えて体を衰弱させる病気で、カズンズは指をもち上げるのもままならなくなる。医師からは、完治するのは五〇〇人にひとりだと告げられた。まったく体が動かせないので、ベッドに寝たままテレビを見るしかないするとそのとき苦痛が和らぐのを感じたと、ノーマンはふり返っている。マルクス兄弟のコメディや、「どっきりカメラ」を見たあとでは、痛みが治まって寝つきがいいのだ。はじめのうちは、一時的でも楽になればいいと思ってやっていたのだが、しだいにユーモアと笑いを治療の一環として取りいれ始めた。やがて、笑いのおかげで本当に自分が治りつつあるのを実感するに至る。そしてついには、病気から完全に回復することができた［注釈20］。

カズンズの実話にヒントを得て、笑いの治癒力について本格的な研究が始まった。以後、笑いは素晴らしい治療実績をあげている。カリフォルニア大学ロサンジェルス校（UCLA）の医療センターでは、子供の患者に愉快なビデオを見せる研究を行なった。すると、ガンなどの病気や怪我に対して痛みを伴う治療を行なっても、子供が痛みに耐えやすいことがわかった。そればかりか、笑いによってナチュラルキラー細胞（NK細胞）が放出されるのが確認された。NK細胞はリンパ球の一種で、つねに体内を巡回しては、病原体に冒された細胞や異常な細胞がないかどうかに目を光らせている。まるで警官のように、問題が起きていないかを探し、見つけたら問題を始末する。

ガンであれ何であれ、病気にかかっていれば異常な細胞や感染した細胞が当然増えるだろう。だから、NK細胞の効果を高めてくれるものなら何でも歓迎である。どうやら笑いの効能はまさしくそこにあるらしい。UCLA医療センターの若い患者たちを調べたところ、笑いでNK細胞の数が増えるだけでなく、より活発になって機能も高まることがわかった。笑いによって増えるのはこれだけではない。病気と闘うB細胞も、呼吸器疾患と闘う免疫グロブリン（抗体）も、補体3と呼ばれる物質も増える。補体3は、抗体が機能不全の細胞を破壊するのを助ける働きをもつ［注釈21］。

日本の大阪で行なわれた別の研究では、二一歳の若い男性数名に観光案内ビデオを見せたあと、日本で非常に人気のあるコメディアンたちの芸を見せた。UCLAの研究のようにNK細胞の増加は確認できなかったものの、活動が二七〜二九パーセント高まったのがわかった。言いかえれば、警官の数は増えなかったが、巡回と異常細胞の破壊にあたる熱意とエネルギーが笑う前より高まったのである。いずれにしても、旧約聖書の「箴言《しんげん》」を書いた人が四〇〇〇年前に結論づけたことは正しかったようだ。「喜びを抱く心は体を養う」（「箴言」一七章二二節）［原注1］

私たちはどんなときにいちばんよく笑っているだろうか。テレビや映画で、コメディアンやおかしいシーンを受動的に見ているときだと思うかもしれないが、さにあらず。私たちの笑いのほとんどは、ただ誰かと一緒に楽しく過ごしているときに生じている。自分ひとりでいるときよりも、ほかの人と接しているときのほうが三〇倍もよく笑うことが研究で確かめられている［注釈22］。人と人との絆を育み、コミュニケーションをすることが、笑いの目的のすべてだからだ。

このことは、ロバート・プロヴァインの別の研究からも浮きぼりになっている。プロヴァインと教え子たちは一〇年以上にわたり、ショッピングモールやバーやコーヒーショップに出かけて、人々がたむろしたり、しゃべったり、何より笑ったりしているときの会話に聞き耳を立ててきた。話し手が男性か女性か、誰がいつ笑ったか、誰がいちばん笑ったか、笑いが始まる直前にどんな言葉が言われたかをメモ帳に記録する。その結果、じつに興味深い人間行動が次々と明らかになった。とりわけおもしろいのが、男女の違いである。

研究結果をいくつか紹介しよう。まず、不思議なことに、人は聞いているときより話しているときのほうが四六パーセントも頻繁に笑うことがわかった。また、男女が混じったグループの場合、男性よりも女性のほうが一二七パーセント多く笑い、それは彼女たちが話し手のときも聞き手のときも変わらなかった。これに対して男性は、自分が話しているときは女性の聞き手より笑うのが七パーセント少ない。わかりやすく言うと、男女が集まって談笑しているとき、笑っているのはほとんど女性だということである。一方、女性が話している場合、聞き手の男女両方ともが、男性が話しているときより笑う頻度が少なかった。

また、笑いはかならずしも抱腹絶倒のウィットによってもたらされるのではない。むしろ、笑いの大きな役割は、一見それとわからないやり方で無意識のうちに対人関係を円滑にすることにある。プロヴァインたちが観察したなかで、ウッディ・アレンふうの気の利いたジョークを飛ばしたり、洒落た言葉の応酬をしたりしているグループはなかった。笑い話や絶妙のジョークで笑うのは、全体の二割程度でしかない。あとはただ、なごやかな会話に対する非言語コミュニケーションとして笑いを返しているだけである。「ねえ、あれアンドレよ！」「ほんと？」といった会話や、「こちらこそ会えて嬉しかったです」といった言葉に対してだ。笑いにとって大切なのは、何が話されるかよりも、どういう前後関係で、どういう人たちのあいだで、どういう言い方

原注1　大阪の研究からはもうひとつ興味深い事実が明らかになっている。NK細胞の活動が高まるかどうかは、笑いの激しさや笑い声の大きさとは関係がないということだ。それよりも、笑ったあとにどれだけ被験者の気分がよくなるかが目安になるのがわかった。NK細胞の働きと相関関係があったのは、心も頭も前向きで明るくなることだったのである。ということは、誰かをくすぐってもその人を健康にはできない。大事なのは笑いそのものではなく、笑いがもたらす明るい気分である。

で話されるかである。

それが証拠に、膨大な量の録音テープとメモのうち、プロヴァインたちがいちばんおかしいと思ったセリフは、「きみは飲まなくていいんだぜ。ただおごってくれれば」と、「同じ種類の生物とデートしている?」だった。おかしくないわけではないが、グルーチョ・マルクスやノエル・カワードばりのユーモアとは言いがたい。だが、どういう状況で、どういう前後関係で、誰といるときに、どんな表情で話されるかによっては、十分におかしく、楽しく笑いあうことができる。それこそが最も重要なポイントだ。笑いを通じて絆を深め、ひとつにまとまっている。

笑いで大事なのは、「互いに楽しめること、内輪感覚があること、気持ちを明るくする響きがあること」だとプロヴァインは語る。つまり笑いは、集まっている人々に対し、全員がいわば同じページに載っているから安心してつきあえるのだという重要なメッセージを伝えている。たとえば、仕事が終わって何人かで飲みに行ったとする。ところが、ひとりだけ無表情でまったく笑わないとしたらどうだろう。その人はグループから浮いてしまう。デコレーションを終えたばかりのウェディングケーキにゴキブリが一匹止まったようなものだ。すぐにグループの誰かがその人を仲間にひき入れようとするか、どうかしたのかと尋ねるだろう。みんなが笑っているのにひとりだけ笑わないのは奇妙であり、非常に気になる。

こうしてみると、笑いは私たちが思っている以上に洗練されたコミュニケーション手段であり、いろいろな場面で使われているのがわかる。ほかに何をしていいかわからないから笑うこともある。そのときの状況では、笑っておくのが無難だから笑うのだ。これはコミュニケーションというより、笑いの仮面をかぶるわけである。神経質な笑いはたぶんそういう理由で生まれるのだろう。相手を立てるために笑うときもある。さりげなく上司にスポットライトを当てて、「あなたが上ですよ」ということを示すわけだ。悪意あるコメント――「今夜はいつもよりずっと素敵だね」――をカムフラージュするのにも笑いは役立つ。

先ほども触れたように、男性より女性のほうがたくさん笑う。このことから、笑いとそのメッセージがもつもうひとつの複雑な一面が見えてくる。女性のほうがよく笑うからと言って、男性のほうが生まれつきウィットに富んでいるわけではないだろう。前章で紹介したダンバーの仮説を思いだしてほしい。グループ内に男女が混じっているとき、男性のほうがたくさん話をする。それは「レッキング」のためであり、クジャクが尾羽をひけらかすのと同じだ。だとすれば、笑いの場合も男性が女性に能力を見せつけているのかもしれない。尾羽を広げ、相手がどれだけ笑ったかで自分への関心の度合いを測っている。

一九九九年の『エスクァイア』誌の誌上アンケートによると、女性が男性に求めるいちばんの条件は「自分を笑わせてくれること」だった［注釈23］。表面的には、愉快な男性と一緒に過ごしたいという以上の意味はなさそうに思える。それももちろんあるだろう。だが、ふたりで一緒に笑えるかどうかは、長い目で見たときのふたりの相性を推しはかる絶好の目安なのかもしれない。何かについて一緒に笑うためには、同じ価値観を共有し、同じレンズを通して人生を眺めていなければ無理だ。「心の理論」を踏まえた言い方をするなら、笑っているときは全員が互いに共感していて、まわりの人たちも自分とよく似た感情を味わっていると考えている。気持ちがひとつになっているのだ。それはじつに心安らぐ経験である。
ふたりの心理学者、マイケル・J・オーレンとジョー・アン・バチョロウスキーは、笑いは私たちをさりげなく、しかし強力に結びつける点で、サルの呼び声に似ていると指摘する。ジェイン・グドールが報告した、餌を見つけたチンパンジーの呼び声と大差ない。ふたりの考えでは、霊長類の呼び声と同じように、人間の笑いも基本的には周囲の注意を引くために発達した（赤ん坊が泣いて親の注意を引くのに似ている）。笑いには、自分の性的な魅力を高めたり、相手より優位に立たせたり、優しく、あるいは親しみやすく見せたり、自分の人気や人望を高めたりする効果がある。言葉、ボディランゲージ、顔の表情などの要素は、そうした効果をさらに高めるものにすぎないと彼らは主張する。もしそれが本当なら、笑いとはユーモアがどうこうと言うよりも、一緒にいる人の行動や考え方に影響を与えるためのものなのかもしれない。暗にこう言っているのと同じだ。「私はここにいる。私に十分な注意を払ってほしい。あなたが私と一緒に笑ってくれるなら、私のもくろみはうまくいっているにちがいない」［注釈24］
こう考えると、対人関係における笑いのもうひとつの不思議な力が見えてくる。発想を逆転させて、人類が笑いを進化させなかったとしよう。私たちは今頃、全員が自閉症患者のようになって、自分の心の状態を周囲の人に合わせて調節できなくなっていたかもしれない。自閉症の子供は、なかなか適切なタイミングで笑えない。笑うためには人と心を触れあわさなければならないからだ。人の気持ちになって考える能力と笑いとは、切っても切れない関係にある。
言いかえれば、私たちは一緒に笑ってくれる人と親密な絆を結ぶ。そして、いちばん居心地のいい人と一緒にいるときに、いちばんよく笑う。とりわけ親しい友人となら、腹の底から大笑いができるものだ。一緒に笑うことで、自分たちが同じ仲間でひとつに結びついていることを示している。私たちは普段、まわりの人たちが何を感じ、何を考えているだろうかと、想像力をフル回転させている。だが、一緒に笑っているときはそんなふうに頭を使う必要がない。少なくともその瞬間は、ほかの人がどう思っているかを知っている。同じ対象をおかしいと感じているのがわかっているのだ。笑いとは、グループで集まっているときに、人も自分と同じように考えているのを確認する手段なのかもしれない。いわば、相手をひじで小突いてこう言っている。「今のおかしいと思っただろう？　だったらきみを信頼できる」

しかも、この効果はしだいに強まっていく。特定の人たちと一緒に笑えば笑うほど、互いに抱く信頼感が増すのである。あなたが一二歳でも九〇歳でも関係ない。笑いによる一体感は、言葉ではとうてい成し遂げられないものだ。誰かに「好きだ」と一〇〇万回くり返すよりも、長い夜を一緒に過ごして心から笑いあうほうがよほど固い絆が結べる。普通の心の絆よりも並外れて固い絆が。長い進化の歴史を踏まえて考えると、このことが私たちの大きな救いになっているのがわかるだろう。

Tears

第五部　涙

九章　涙を流す奇妙な生き物

いったいぜんたいなぜ人は泣くのか。こんなに奇妙な行動はない。気が動転すると目から水が出てくるなんて。

——スタンフォード大学の臨床心理学者、ジェイムズ・グロス

感情のいいところは、人を惑わせることだ。
——オスカー・ワイルド

なぜ私たちは泣くのだろうか。さしもの科学者たちも、わからないと認めざるをえない。彼らの意見が唯一一致しているのは、泣くのは人間だけだということだ。ほかの動物も哀れな声を出したり、嘆くようなうめき声をあげたり、怒りで泣き叫ぶように吠えたりはする。だが、激しい感情につき動かされて涙することはなく、それはいちばん近い親戚である霊長類でも同じだ。笑いや、さらには言語でさえ、霊長類の世界に似たものを見出せるのに、泣くことに相当する行為は見当たらない。サルたちにもほかの哺乳類にも、涙を流すための管はあるが、それはもっぱら

目の維持のために使われる。涙が目を潤し、目を癒す。人間にも同じ管があり、眼球を清潔にして健康に保つ働きをしている。ところが、進化のどこかの時点で何らかの理由により、サバンナの類人猿かさらに古い祖先たちの体のなかに、涙を作る涙腺と、感情をつかさどる脳領域とのあいだに物理的な接続ができた。こんな現象は自然界で類を見ない。

遺伝子の突然変異はどれもそうだが、この結びつきができたのも最初は何かの間違いだった。ところが、その間違いが功を奏したのである。間違った遺伝子の持ち主は、どういうわけかこの変化によって生きのびる確率が高まり、その遺伝子が次の世代に伝えられていった。ついには「異常」転じて人類に有利な特徴となった。

私たちの目尻の少し上あたりには、涙腺と呼ばれる小さな器官がある。感情がどうしようもなくこみ上げてきたとき、この涙腺で大量の涙が作られて目の表面を流れ、目頭近くの排出管では吸収しきれなくなって溢れでる。泣くという人間の行為が変わっているのはこの点だ。強い願望、恐怖、苦痛といった感情をもつ動物は多い。だが、人間の場合は感情と涙が組みあわさるところがほかの動物と決定的に違う。

人間の赤ん坊が生まれて最初にする行為は泣くことだ。原始的ではあるが、自分がこの世にやってきたことを明確に宣言する役目を果たす〔注釈1〕。産声はふたつの単純な事実を知らせてくれる。ひとつは、その子が生きていること。もうひとつは、へその緒を切って、母親から独立したひとりの人間にしても大丈夫なことだ。生後三～四カ月までは、私たちにとっていちばんのコミュニケーション手段は泣くことである。微笑んだり声をあげて笑ったりするのを覚えるのはそれからだ。生後八〜一二カ月になると、ほかの表現方法がかなり身についてくるので、泣く回数は少なくなる。泣くかわりに、指を差す、唸り声をあげる、スプーンやシリアルや瓶をそこらじゅうに放りなげるといった手段で意思を伝えるのだ。それでも、幼いうちは頻繁に泣くことに変わりはなく、それはじつにうまくいく。

乳児の泣き声に効果があるのは、親の耳が自分の子供の泣き声に敏感なせいもある。自然がそういうふうに作ったからだ。人間の母親は、大勢の赤ん坊が泣いていても自分の子供の泣き声をまず間違いなく聞きわける。赤ん坊の泣き方には、伝えたい内容に応じていくつかの種類がある。鋭く甲高い泣き声は苦痛を表わし、何か重大な問題が起きていることを告げている。ほかにも、孤独、不快、空腹を示す泣き方がある。まだ言葉は話せなくても、それぞれの泣き方がいわば泣き声による初歩的な語彙だ。一説によると、赤ん坊が泣くときの上がって下がるリズムが、人間が話す文章すべてのイントネーションパターンの土台になっているという。たしかに、会話の文章は普通、しだいに上がっていって最後に下がる。こうした泣き声に、苦しげにしわを寄せた赤い顔が加われば、注意を引きつけずにはおかない（ちなみに赤ん坊の泣き顔は、サルが見せる「失意の悲しい顔」や、「すねた顔」や、「泣き顔」に似ていることがわかった［注釈2］）。

成長するにつれ、私たちはもっと複雑な感情につき動かされて泣くようになる。苦痛や不快を、体についてだけでなく精神的にも感じるようになる。しかも、たいていの場合、その感情はうまく説明できない。まるで、感情が先回りして発話の構文より前に出てしまうために泣くかのようだ。名詞も動詞も形容詞も、それらを組みたてる規則も、感情を説明するには力不足である。言葉で語れるなら、そもそも泣く必要などないのかもしれない。だが、もちろん私たちは泣く。泣くことは、笑うことと同じように原始的なコミュニケーションの手段だからだ。私たちの脳や経験には、感情に支配され、言葉では表現できない無意識の部分があって、泣くことでそれを外に出している。

このことを裏づける研究も報告されている。涙が今にもこぼれそうなとき、あごが震えたり（おとがい筋）、のどが詰まったようになったり、口角が下がったりする（口角下制筋）。筋電計（活動筋に発生した電流を記録する器械）で調べたところ、そのときに使われる筋肉を動かす神経はすべて、意識的にコントロールするのが非常に難しいものだった。にもかかわらず、少しでも気持ちが沈んでいれば口角が下がるのですぐにわかる。おとがい筋などはどうしても止まってくれない。まったく無意識のうちに、感情が体に表われるのである。これらの神経や筋肉は、言語脳や意識には何の相談もなく活動を起こす。赤ん坊が、中脳より上の構造をもたずに生まれてきても立派に泣くことができるのはこのためだ。だとすれば、泣くことに付随する感情は、遥かな過去に根を下ろしているにちがいない。言語や意識的な思考といった道具が現われるよりはるか昔の時代に［注釈3］。

・・・・

涙は、目を補助するシステムの一部として生理学的な働きも担っている。私たちが光を感知できるのは、桿状体《かんじょうたい》や円錐体、視神経などが入りくんだ構造のおかげだ。どれも、じつに見事な進化の発明品と言える。ただし、これらは涙がなければ機能しない。

はたから見る分には（そして内側から見ている分には）、目のレンズは一〇〇パーセント滑らかに思えるだろう。実際はどうかと言えば、窪みや溝はあるし、しわは寄っているしと、月面さながらの姿をしている。ところが、私たちがまばたきをするたびに涙がその凹凸を埋め、レンズを滑らかにしてくれる。人間がまばたきする回数は、一分間に平均一二回だ。涙がたえず目を潤してくれなければ、世界はビニール袋ごしに見たような景色になるにちがいない。私たちの視力も、昔のアニメ「がんばれマグー」の主人公だった近視のマグー程度になっていただろう。

涙の成分は水だけではない。じつは涙は一種の「液体サンドイッチ」で、三層構造になっている。目の角膜を潤すいちばん内側の層には、ムチンと呼ばれる粘性物質が含まれていて、これが潤滑剤の役目を果たす。まんなかの層はほとんど水で、いちばん外側のまぶたに近い層は脂質でできている。涙を蒸発させないために進化がくれた工夫だ。涙がたえず目を潤し、洗浄してくれなければ、感染症などの病気にかかってたちまち目を失う羽目になるだろう。

涙が三層でできているように、涙が分泌される理由も三つある。反射性分泌、基礎分泌、情動性分泌だ。それぞれ目的は異なり、涙の組成も違う。反射性分泌は、目にシャンプー液や砂が入ったときに涙が主涙腺で自動的に作られ、目の表面を洗いながして、万が一傷がついていた場合に早く治るように助ける。基礎分泌による涙はつねに目の表面を流れていて、視界を澄んだ状態に保つとともに、ほこりやごみを洗いおとしている。科学者の頭を悩ませているのは情動性分泌だ。情動性分泌による涙は、強い感情——たいていは悲しみのようだが——がこみ上げてくると溢れるのはもちろん、強い誇り、怒り、苛立ち、愛情、優しさ、といった感情によっても流れでる。

理由はさまざまでも、涙が複雑なシステムを通って分泌されることに変わりはない。このシステムにはいろいろな管や、腺や神経がかかわっていて、なかにはツァイス腺、ヘンレ腺窩《せんか》といった、この世のものとも思えない変わった名前の器官もある。涙の大部分を作っているのは涙腺で、目に刺激を感じたり、強い感情がこみ上げたりしたときに涙を分泌する。基礎分泌の場合は、上まぶたにある多数の小さな腺からたえず涙がしたたり落ち、そこに杯細胞やマンツ腺など四六個の腺から分泌される液体が加わる。この複雑な配管系が、私たちの視界を明瞭に保ち、病気から目を守っているのだ。

最終的にはほとんどの涙が、目の下側の、鼻梁近くにある涙道に向かう。そこでまず目頭近くの涙点と呼ばれる開口部に吸いこまれ、そこから涙嚢《るいのう》やハスナー弁を通り、鼻腔に抜ける。大泣きすると鼻水が出るのはこのためだ。

だが、こうしたシステムで扱える水分の量には限界がある。涙道経由で排出できるのは、一分間に一・五マイクロリットル（一マイクロリットルは一リットルの一〇〇万分の一）という微々たる量でしかない。一・五マイクロリットルの水滴と言ったら、ボールペンのペン先よりほんの少し大きい程度だ。大泣きすればシステムは許容限度を超え、涙が溢れて頬を伝う。じつはこれが非常に重要なのである。目に見える涙を流すことは、人間どうしのコミュニケーションにおいて大きな役割を果たしている。

涙は、目的や原因で分類できるだけでなく、化学組成の違いによっても区別ができる。反射性分泌と基礎分泌による涙には、グロビン、ブドウ糖、殺菌作用のあるタンパク質や免疫関係のタンパク質、尿素、そして多量の塩分が含まれる。一方、情動性分泌では涙の化学組成が違う。取り乱して流す涙は、目にごみが入ったときに出る涙よりタンパク質の量が二〇～二五パーセント多い。さらにはナトリウムが、血漿中に通常含まれる量の四倍あり、マンガンの濃度も三〇倍に達している。感情の涙にはホルモンもいっぱいだ。たとえば、副腎皮質刺激ホルモン（ACTH）やプロラクチンなどである。ACTHは、ストレスの度合いをきわめて正確に示す物質だ。プロラクチンは、涙腺内にある神経伝達物質のレセプターを調節している。奇妙なのは、プロラクチンが女性の母乳を作るホルモンでもあることだ。

研究者の考えでは、このようにホルモンとタンパク質が混じりあうのは、泣くときの気分やストレスや、感情と関連があるという。たとえば、マンガン濃度が高いのは、慢性的な鬱病患者の脳にも見られる状態だ。ACTHが過剰に分泌されるのは、不安やストレスが高まっているしるしである。また、女性は男性の五倍も頻繁に泣くことが研究からわかっているが、女性はすべて男性よりプロラクチン値が高い。プロラクチン値が極度に高い女性は、敵意や不安、憂鬱といった感情を強く感じやすく、そのせいでなおさらよく泣くという結果になっている。

プロラクチンと涙にはもうひとつ不可解なつながりがある。母乳を飲んでいる赤ん坊が泣くと、母親の母乳が反射的ににじみ出て、赤ん坊がすぐに飲める状態になるのだ。言いかえれば、母親の体が無意識のうちに瞬時に反応し、子供が泣いている原因を、少なくともその原因として最も可能性の高いものを取りのぞこうとする。なかには子供とのあいだにテレパシーを感じると訴える母親までいる。出張や職場の会議などで、子供から何キロも離れた場所にいるときに母乳がしみ出し、あとで確認してみたらちょうどそのときに赤ん坊が泣きはじめたという［注釈4］。

泣く理由が違うと涙の化学組成が変わるように、私たちを泣かせる感情の種類によって、活動する脳領域は異なる。涙腺から伸びた神経は、曲がりくねりながら脳の古い領域と新しく進化した領域の両方につながっている。具体的には、橋《きょう》（中脳と延髄のあいだにある）、大脳基底核、視床、視床下部、前頭前野だ。どの領域も脳の重要な中継基地であり、顔の表情、呼吸、体温、視覚、嚥下、反射、記憶、計画、心配など、多種多様な機能や経験を担当している。私たちがいろいろな感情のせいで泣くのもけっして偶然ではない。また、泣くときには、体温、血圧、心拍数、顔の表情が変化するとともに、さまざまな記憶や感情が呼びおこされるが、それも偶然ではないのがわかるだろう。しかも、その記憶や感情はたいてい混乱したり矛盾したりしている。

私たちが泣くとき、その感情を生みだしたホルモンのカクテル自体も少し涙のなかに入りこむようだ。生化学者で、ミネアポリスのドライアイ・涙研究センター所長のウィリアム・フレイは次のような仮説を唱えている。泣くと気分がよくなる理由のひとつは、悲しい気分を生みだした脳内の過剰なホルモンやタンパク質を涙とともに外に排出しているからではないか。彼の考えどおりなら、「いいから思いきり泣きなさい」というアドバイスは理にかなっている。感情につき動かされて流す涙は、私たちを悲しくする物質——過剰なプロラクチン、マンガン、ＡＣＴＨ——を流しだすために体に備わった仕組みなのかもしれない。

涙のデータあれこれ

涙の解明はあまり進んでいない。だが、いくつかの研究からは興味深いデータが得られている。たとえば、女性は本当に男性よりよく泣くかというテーマについても、実験が行なわれている。フレイのチームは、一八歳から七五歳まで三三一名の被験者に三〇日間「涙日記」をつけてもらった。その結果、女性は男性の四～五倍多く泣いていたことがわかった。この理由は、文化によるものというより体内の化学物質によるものだとフレイは考えている。女性は男性より血漿プロラクチンの値が高く、プロラクチンは母乳のみならず涙の生産にも関与している。「ホルモンが涙の生産を調節する助けをしていて、それが泣く頻度に関係しているのではないか」とフレイは指摘する。フレイの仮説を裏づけるような事実も確認されている。男児と女児を比べても、泣く頻度にはほとんど違いが見られないのだ。一二歳くらいになるまで、プロラクチンの値は男女ともほとんど変わらない。一二～一八歳にかけて女性のほうがこの値が六〇パーセント高くなり、そして男性よりも頻繁に泣くようになる。

フレイの「涙日記」によると、三〇日間で泣いた全時間の内訳は、悲しくて泣いたのが四九パーセント、嬉しくて泣いたのが二一パーセント、怒りが一〇パーセント、同情が七パーセント、不安が五パーセント、恐怖が四パーセントだった。残りの理由は不明である。

別の研究によると、嬉しくて泣く時間は一回あたり平均二分なのに対し、悲しくて泣く場合は平均七分である。

悲しさを生むホルモンやタンパク質を涙が洗いながす——この説が万人に支持されているわけではない。かりにあなたの親しい友人が亡くなったとする。一緒に過ごした楽しい時間を思いだして、あなたは泣きだしてしまった。このとき、記憶がホルモンを生みだしてあなたを悲しくさせているのか、それともその逆なのだろうか。どちらが正しいかを確実に知るすべはない。両方正しいとも考えられる。脳はじつに複雑なフィードバックループであって（ループのなかに何億個ものループがあると言っていい）、外の世界だけでなく、万華鏡のように移りかわる内なる世界ともたえまなく影響を及ぼしあっている。感情がホルモンを作りだし、ホルモンがさらに強い感情を引きだして、ついに私たちは泣きだしてしまうのかもしれない。

ヴァッサーカレッジの心理学者、ランドルフ・コーネリアスは、泣くという複雑な神経の錬金術からいかに深い感情が生まれるかを調べている。この研究を始めたのは二五年ほど前のこと。博士論文のテーマとして選んだのがきっかけだった。最初の頃は、被験者にたったひとつの単純なお願いをしていた。「最後に人前で泣いたときのことを教えてください」。人生の極限状況とも言える痛ましい事件や、胸を打つ物語の数々に触れ、一日の終わりにはコーネリアス自身が涙することも多々あった。

たとえば若い女性が、一九歳になったばかりのある日の話をしてくれた。その日彼女は病院で、生後六カ月の我が子を抱いたまま、夫の生命維持装置を外してもいいと医師に告げた。夫はガンで余命いくばくもなく、しかも心臓発作を起こしたのである。彼女は涙をこらえた。だが、同意書に署名したあと、名も知らぬ女性看護師の腕のなかで泣きくずれたのだった。

別のインタビューでは、ベトナム帰還兵がベトナムの銃撃戦で顔の半分を吹きとばされた話をした。片目は失われ、砕けた頭蓋骨のかわりに金属のプレートが顔に埋めこまれる。ある日、彼はセラピストに電話して、これから自殺をすると留守電にメッセージを残そうと思った。ところが、思いがけずセラピストは電話に出る。そして話をするうち、彼の心に大きな変化が訪れた。そのとき「熱い涙が頬を伝うのを感じた」と元兵士はコーネリアスに話す。だが、その涙をこぼした片方の目が、自分にはないことも十分に気づいていた。

人が涙を流すのを見て強い共感や同情を覚えるのは、人間特有の反応である。涙は往々にしてさらなる涙を呼ぶものだ。祖先が遠い昔に道具作りを覚えたとき、それを可能にしたのはミラーニューロンだった。おそらくは同じミラーニューロンのおかげで、現代に生きる私たちは相手の気持ちに共感できるのだろう。

そう考えると、泣くという行為もまた、強力なコミュニケーションの一手段なのがわかる。これほど無防備な自分をさらさせるものは、涙以外にない。前章で見たとおり、笑いは人と人を結び、互いをますます近しい存在にしてくれる。涙も、もっと深いところで私たちを結びつける。助けを求めているのを明白に示すとともに、自分が完全に無防備であることを告げているのだ。

涙は、互いが嘘偽りなく心を触れあわせる機会を与えてくれる。その有無を言わさぬ力強さは、どんな言葉もかなわない。私たちが泣くとき、壁は倒れ、防御は突破されている。

・・・・

どんな理由で泣くにしろ、泣いたあとは気持ちが楽になる。だが、涙がホルモンを押しだしたからという理由だけで説明するには無理がありそうだ。私たちの涙道はそこまで大きくもなければ、手際がよくもない。思う存分長く泣いて胸のつかえを吐きだしたとしても、ホルモンを含んだ液体の量はたかが知れている。

だが、ほとんどどんな場合でも、泣けばたとえ一時的であれ気分が晴れるのは事実だ。誰かが亡くなるとか、恋人と別れるなどといった非常につらい状況であっても、泣くことで、少なくとも一息ついて気持ちをたて直すチャンスが生まれる。では、どのような仕組みで気分がよくなるのだろうか。悲しさの化学物質を洗いながしているのでないとすれば、何が原因なのだろう。

ひとつ考えられるのは、泣いてホルモンを外に出すだけでなく、泣いてホルモンを取りこんでいるかもしれないということだ。やはりフレイの発見によれば、私たちが涙を流すとき、脳内に神経伝達物質のロイシンエンケファリン（鎮痛作用のあるアヘン様の物質）が分泌される。これは、笑うときの神経伝達物質に似ている。分泌される理由は違うとはいえ、その効果に大きな違いはない。気分をよくしてくれるのだ。一見すると、進化がなぜこういう方策を選んだのかはわかりにくい。動物が捕食者や病気の魔の手を逃れたいときに、気分の大きな変化が役に立つとは思えないからだ。だが、利点はある。その動物が、私たちのように集団生活を好み、高い知性をもっているならば。

自然界では、一定した状態を保つことがたいていの場合は好ましい。体温が高くなりすぎるのも低くなりすぎるのも、活動しすぎるのも動かなすぎるのもよろしくない。かりに状態が一方向に大きく変動したとしたら、せめてそれ以上にならないように抑えて、できるだけ早く元に戻すのが得策だ。細菌も、木も、サンゴ礁も、そして人間も、外部の環境とやりとりしながら生きている。正常な暮らしから大きく外れたのにそれを修正できないとしたら、正常に機能できなくなって死んでしまう。植物は凍り、トカゲは過熱し、森は裸になる。人間は精神が不安定になって、まともな生活が営めなくなるかもしれない。

安定した状態を維持できるかどうかに生物の生死がかかっている場合、平衡状態は体のみならず心も楽にしてくれる。私たちは一定した状態を保ちたいからこそ、食べ、眠り、家や衣服やエアコンを発明した。じつは、泣く理由もそこにある。

小学校の理科の授業で習ったように、自律神経系は「無意識」に行なわれる人体の機能を調節している。呼吸、心拍、腎臓や脳の基本的な活動などだ。自律神経系は、交感神経系と副交感神経系のふたつに分かれている。交感神経系は、私たちに行動の準備をさせるために進化した。体と、頭と、心の準備である。たとえば私たちが怯えているとき、交感神経は体に向けてメッセージを発し、一目散に逃げるか、踏みとどまって戦いに備えるかを告げる。

交感神経系には気持ちを高ぶらせる作用があるのだから、泣く原因も交感神経系にあるはずだというのが長年の定説だった。しかし今ではそうではないと考える研究者が多い。結局のところ、戦うにしろ逃げるにしろ、終わったら落ちつかなくてはならない。異様な興奮状態を続けていたら、大動脈が破裂したり、脳卒中を起こしたりするのが関の山で、そうなったら一巻の終わりだ。祖先の暮らしは危険に満ちていたのだから、そんな仕組みであればヒトという生物は脳血管障害や冠動脈血栓ですぐに絶滅していただろう。そこで副交感神経系が働いて、神経伝達物質や、心拍数や、ホルモンを正常な状態に戻す。私たちが泣くのも、興奮して取り乱しているからではなく、神経系を平衡状態に戻すためではないだろうか。

この考え方を裏づける研究がある。交感神経系の重要な神経が麻痺すると、人はもっと頻繁に泣くようになる。ところが、副交感神経系の重要な神経が損傷すると、あまり泣かなくなるのだ。泣くことが交感神経系の働きだとするなら、結果は逆でなければおかしい。つまり、私たちは気が動転して泣いているように思えるが、実際には、動転した状態から立ちなおるために泣いている。心ゆくまで泣いたあとに気分が楽になる本当の理由はこれなのかもしれない。

そう考えると、泣くという行為が進化した理由も見えてくる。進化の好みがここにも反映されて、泣くこともまた生き残り戦術なのである。食事をしたり、眠ったり、呼吸をしたりするのと同じ。安定を回復し、自分が快適と思える状態に戻って、生きつづける。そのための手段のひとつだ。

だが、こうした諸々の説をもってしても、なぜ涙を流すのかがわからない。別に涙を流さなくても、コヨーテのように吠えたり、いとこのチンパンジーのように声を限りに叫んだりするだけで気分が晴れてもよさそうなものだ。進化論的に考えて、涙の利点はどこにあるのだろう。利点どころか涙は視界をかすませるし、ただでさえ気持ちが乱れて無防備になっているのをなおさら無防備にする。大陸横断飛行中のパイロットや、手術中の脳外科医が涙にくれていると知ったら、とうてい落ちついてはいられない。それでも涙には何らかのメリットがあるはずなのだ。そうでなければ、進化の掟によって、涙を流させる遺伝子はとうの昔にお払い箱になっていたにちがいない。

イスラエルの生物学者、アモツ・ザハヴィは、一九七五年におもしろい理論を提唱した。動物の行動のなかには、少なくとも表面的には生存上の利益がありそうにないものがある。だが、ザハヴィの理論を踏まえてよく考えてみると、一〇〇パーセント理にかなっているのだ。そうした行動はわけのわからないものが多いばかりか、生き残るうえで明らかに不利に見えるとザハヴィは指摘する。たとえば、クジャクはなぜあれほど大きく色鮮やかな尾羽をもっているのか。あんな尾羽がついていたら、動きは鈍くなるし、捕食動物の注意も引いてしまう。飛ぼうにも飛びにくくなるだろうに。アンテロープにしてもそうだ。ライオンに襲われそうな気配を感じると、どうしてわざわざホッピングのように高く跳びはねてから逃げるのか［注釈5］。

ザハヴィは、こうした特徴や行動は彼の「ハンディキャップ理論」で説明できると説いた。雄のヘラジカが大きな枝角をはやしているのも、腹をすかせた雛鳥が大声で鳴くのもしかりで、こういう例は自然界でいくつも見つけられる。どれも代償が大きいので、一見すると理屈に合わない。エネルギーや資源を必要とするうえ、危険なほどに注意を引きつける。

だが、ザハヴィの理論によれば、これらは効果的なコミュニケーションの手段だ。ハンディキャップ（不利に思える度合い）が大きければ大きいほど、より強力なメッセージが伝わる。アンテロープがまず縦ジャンプをすれば、なるほど不利な立場に身を置くことになる。そんな暇があるならさっさと逃げて、自分を狙う敵から遠ざかったほうがいい。だが、その縦ジャンプはこういうメッセージを送ってもいる。「私はすごく足が速いし、こんなに高く跳べるんだぞ。お前に私をつかまえられるわけがない。だから無駄なエネルギーを使うのはよすんだな」。追いかけようと身構えていたライオンやチーターはこのメッセージを受けとり、すばやく労力と利益を計算して、その場を離れることが少なくない。そして、もっと体の弱そうな、一・五メートルもジャンプできない獲物を狙うのだ。

じつに奇妙なやり方ではあるが、こうしたメッセージは、原始的な形ではあれ「嘘偽りのない真実」という概念を自然界にもち込んでいる。メッセージが嘘であるはずはない。嘘だったらあまりに高くつくからだ。もしもクジャクが、大きくて重い尾羽をもっていながら実際はそれを支えられるほど健康でないとしたら、すぐにはったりを見破られて、ネコ科動物やキツネの餌食になるのが落ちだ。そういう遺伝子は子孫に伝わらない。アンテロープが元気なふりをしてジャンプした場合も同じである。一回くらいジャンプできても、そのあと電光石火のスピードで反対方向に走って逃げられないなら意味がない。要するに、動物たちにも「できもしないことを言うな」の掟がある［注釈6］。

私たちの涙も、この「嘘をつかない」の掟で説明できるかもしれない。泣くことも笑うことと同様、人間ならではのコミュニケーション法であり、そのルーツもやはり人間の原始的な部分に根差している。違うのは、笑うことは四六時中行なえるのに対し、泣くことは特別な場合に限られる点だ。強い感情に駆られて涙を流すことがそう頻繁にはないとすれば、涙には大きな代償が伴うと考えられる。余分なエネルギーを必要とし、無用の注意を引きつける。まさしくザハヴィの言うハンディキャップだ。涙は代償を伴い、しかもまれである。また、激しい感情につき動かされたときにだけ流される。そのため、偽りの涙を流すのは容易ではない。泣く行為は、涙の背後にある感情が絶対に本物だという紛れもない信号を伝えている。

涙は、私たちが体や心の痛みで苦しんでいて、助けと慰めが必要であることを告げている場合が多い。だが、こうした合図を送るのは、誇りや喜びから涙を流す場合も同じだ。わが子が生まれたのを見て父親が泣き、それを妻が見ているとき、涙はふたりを結びつける。「私たちは一緒にこれを体験しているのだ」と語っている。コーネリアスの研究によれば、泣いている人に対して私たちは心からの反応を示す場合が多く、それが互いへの気持ちをいっそう強める働きをしている。私たちの心は泣いている人に向かう。たとえその人が、自分とは何の接点もない赤の他人だとしてもだ。

とはいえ、泣くことは諸刃の剣でもある。人が泣いているのに涙が見えないと、私たちはたちまち疑ってかかる。涙がないと本物に思えないのだ。コーネリアスはこの辺の心の動きについても調べている。彼と教え子たちは六年前から、はっきりと涙を流して泣いている人の写真や映像を集めてきた。自分たちの狙いにとくに合ったものを見つけると、彼らはそれを加工してもう一種類の画像を用意した。涙を流している未加工の画像に加えて、デジタル処理をして涙を消したものも作ったのである。

コーネリアスたちは被験者を集め、彼らをひとりずつコンピュータの前に座らせて、画面でスライドショーを見てもらった。各スライドには二枚の写真が映っている。一枚は涙を流している顔、もう一枚はひそかに処理をして涙を消した顔である。ただし、おおもとが同じ写真を、涙付きと涙なしで同時に表示することはない。それから被験者に、写真の人物がどんな感情を抱いていると思うか、またそういう表情の人を見たら自分は何を感じるかを尋ねた。

その結果、涙を流している人に対しては被験者の全員が同じ印象をもった。涙のない人よりも深い感情——おもに悲しみ、苦悩、嘆き——を経験しているように見える、と答えたのである。ところが、涙を消した写真については被験者の答えはまちまちで、悲しみ、畏れ、退屈など、いろいろな感情があげられた。涙があるというだけで、その人の感情を具体的に強力に伝えられるのだとコーネリアスは結論づけている。

この実験からはもうひとつおもしろいことがわかった。涙を流している人の写真を見たとき、被験者はふたつの対照的な反応を示したのである。被験者の約半数は、泣いている人が「助けて」あるいは「慰めて」と言っていると感じ、残り半数は「ひとりにしてほしい」と言っていると感じたのだ。この違いは、写真の人の表情がどうこうと言うよりも、見る人の考え方からきている面が大きいようだとコーネリアスは指摘する。泣くことが、「助けてほしい、気にかけてほしい」というメッセージを送っている場合はたしかにある。その一方で、別のメッセージを発するときもある。今は自分が無防備な状態にあるため、この動揺を何とか鎮めて普段の自分に戻るまではひとりになれる時間と空間が欲しい。そういう場合もある。矛盾していると思うだろうか。そうとばかりは言えないとコーネリアスは語る。涙を隠そうとすること自体が、やはり心のうちを正直に伝えているからだ。自分は苦しんでいる、助けてほしいが今すぐでなくてもいい。そう告げている。不思議なことに、慰めを拒んだり、涙を隠そうとしたりする人ほど脆《もろ》く見えるものだ。

涙は表現の手段として非常に重要な意味をもっている。私たちが集団や個人との複雑なやりとりに絶え間なく注意を注いでいるとしたら、そして脳が特大サイズに進化したおかげでそのやりとりがうまく処理できるようになったのだとしたら、涙は正真正銘の強力な武器となる。人間が駆使するさまざまなコミュニケーション手段のひとつなのだ。

米国立精神衛生研究所の脳進化・行動研究所長のポール・マクリーンは、人間が泣くことのルーツが、幼い霊長類が苦痛を感じたり親と離れたりしたときにあげる声にあると考えている。つまり、笑い声と同じで、泣き声の音もまたジャングルの叫び声から進化したということだ。彼の仮説によれば、進化の過程で私たちの祖先が葬儀の際に火を使用しはじめ、遺体を焼く薪から立ちのぼる煙が目にしみ、それがやがて悲しさを連想させるものになった。もちろん仮説の域を出ないものの、人間の涙腺が何らかの理由で脳の感情中枢と結びついたことは確かだ。詳しいプロセスは正確には知りようがない。

進化は行きあたりばったりの偶然の積みかさねである。遺伝子の突然変異は、生物の体内に包まれてこの世にやってくる。その突然変異は、涙を流すようになる変化かもしれないし、色鮮やかな尾羽をもつような変化かもしれない。その生物が生きのびれば、突然変異による新しい特徴も生きのびて子に伝えられる。突然変異が生物に有利に働くものであれば、次の世代、また次の世代と、しだいにその変異が広まっていく。マクリーンが考えるように、泣くことが霊長類の原始的な叫び声から進化したとしてもおかしくない。叫び声をあげて注意を引こうとする生物は数えきれないほどいる。原始的な叫び声がどうやって涙に姿を変えたのかを探るには、この「注意を引く」という点に手がかりがあるかもしれない。

・・・・

この世に生を受けるとき、私たちは大きな産声をあげて、自分たちが生まれてきたことをわかりやすく告げる。その後、泣き声はしだいに複雑になり、空腹、苦痛、孤独、不快を伝えられるようになる。生まれて八カ月のあいだ、赤ん坊は涙を流さない。まだ配管ができていないからだ。それに、この時期はまだ涙が必要ない。自力では何もできないのが明らかなので、泣けばかならず信じてもらえる。

ところが、よちよち歩きを始める頃から様子が変わる。泣き方はより巧妙になり、単純ながら一種の言語の役割を果たして、人を巧みに操るために使われる場合が出てくる。何と言ってもまだ子供だ。赤ん坊の頃より成長したとはいえ、親の気を引きたいことに変わりはない。そのための方法としていちばんうまくいってきたのが泣くことなので、子供はその方法を使いつづける。本当に助けが必要なわけではない場合でもそうだ。同様の行動はアカゲザルの乳児にも見られる。彼らは鳴いて母親を呼び、母親が子供に乳離れをさせようとする頃になるとよりいっそう鳴く傾向にある（アカゲザルは授乳をやめないと再び妊娠できない。人間の母親も同じとの俗説があるが、それは間違っている）。母ザルは鳴き声を聞きつけて最初のうちは走ってくるが、子供が頻繁に鳴くようになると、なかなか反応しなくなる。実際は何でもなかったという結果が度重なるためだ。母ザルは子供の鳴き声を簡単には信じなくなり、子ザルはと言えば、鳴いてもうまくいかないのでしだいに鳴く回数が減っていく［注釈7］。

だが、こうした嘘泣きがあるために、涙の真実味が一段と増したのかもしれない。子供のいる人ならみな経験したことがあるだろうが、子供は本当はひどく困っているわけでもないのに、何かしら不満があって、涙を流さずに泣いて親の注意を引こうとする場合がある［注釈8］。そこで、親は子供が本物の涙を流しているかどうかにまず注目する。涙があれば、子供が本心から助けを必要としているのが確実にわかるからだ（スーパーでスニッカーズを欲しがって駄々をこねているときとは違う）。私たちの祖先の場合も同じだったのではないだろうか。涙を流すことで、わめき声や、うめき声や、しかめつらに、目に見える「感嘆符」がかならずつけ加えられる。現代の私たちと少しも変わらない。

いつとも知れない、また知りようもない過去のある時代、目に何か入ったときに反射的に出る涙が、悲しみに打ちひしがれたときにも流れるようになった。過去六〇〇万年のあいだ、私たちの祖先にはいくつもの大きな変化が現われたが、その大半は首から上についてである。脳の大きさが二倍になり、さらに二倍になっただけではない。顔も変化して、いろいろな感情を伝えられるようになった。表現力に富んだ複雑な筋肉組織は偶然によって進化したものである。だが、それが今も残っているのは、より正確に意思を伝えられるとともに、人を操るうえでも役に立ったからだ。

こう考えると、涙を流して泣くという行動がどのように進化したかも説明がつく。あるときどこかで、経験や感情表現に関連する脳領域をコントロールする遺伝子が、眼球のすぐ上にある涙腺とつながった。霊長類の世界でははじめての出来事である。チンパンジーやゴリラも顔をしかめ、わめき、唸り、うめく。悲しい、傷ついた、怖い、といった感情もある。だが、彼らが痛みや落胆や喜びから涙を流すことはない。それは彼らが、イギリス人執事のように背筋を伸ばして歩くのも無理なら、完全な文章で話すのも無理なのと同じだ。

遥かな昔、私たちの遠い祖先がまだアフリカの熱帯雨林でチンパンジーのように暮らしていた頃、ひとりの赤ん坊が奇妙な能力をもって生まれてきたとしよう。悲しいときに涙を流す能力である。だが、当時の彼らの社会ではそれが何かの役に立つことはなかったため、やがてその能力を生じさせる遺伝子は消えてしまった。ジャングルのチンパンジーが個体どうしできわめて複雑なやりとりを行なっているのは確かだが、人間のやりとりの複雑さには遠く及ばない。涙はコミュニケーションの手段としては必要性がなかったのかもしれない。現代人のようにたくさんの顔面筋を進化させる必要がなかったのと同じだ。

だが、ヒトの場合は違った。私たちの直接の祖先は、比較的安全なジャングルから離れて暮らしていた。そのため、森に留まったいとこたちよりも仲間を強く必要とした。仲間を必要とすればするほど、より的確に意思を伝えることが大事になる。彼らの脳と、集団内での情報のやりととりは、互いが互いを発達させていき、しだいにどちらも多面的になっていった。それにつれて、他者と結びついて意思の疎通を図り、互いの心を読んで人を操る必要性は急速に高まった。複雑な人間関係は、ますます複雑な頭脳とますます複雑なコミュニケーション手段がなくては成りたたない。言語という強力な能力は、まさしくこの理由で生まれた。そして涙もまた、力強く明白なメッセージを伝えられる点を考えると、同じ能力と言えるだろう。一種の優れたボディランゲージになったのだ。

だが、強い感情を表現するなら、言葉だけで十分ではないのだろうか。言葉の的確な表現力の前では、泣くことも涙も太刀打ちできないのではないか。たぶんそうだろう。ただし、きわめて強く激しい感情は往々にして言葉ではとらえきれない領域にあるものだ。そんなとき、構文や音節では表現できないことを涙が表現してくれる。その感情が深い悲しみや落胆であれ、怒りや誇りであれ、痛みであれ、私たちはみなその感情を知っている。泣くことは、言葉では言いあらわせない感情を表に出してくれるのだ。

チンパンジーの場合、涙腺と脳がつながっていなかったことが問題なのではなく（実際にはつながっているので）、つながった先に人間並みの大きな新皮質がなかったことが問題なのだろう。プラトンは二五〇〇年前に、人間の本性は二輪戦車のように二頭の馬に引かれていると書いた。一頭は邪悪で荒々しく（感情）、もう一頭は論理的で抑制されている（知性）。邪悪な側を知性がコントロールしなければならないとプラトンは説いた。ある意味では、前頭前野が進化したことはこの比喩を裏づけている。だが、実際はそれほど単純ではない。知性は、私たちがもつ本能的で動物的な感情を抑えつけるだけではなく、それを強めてもいる。人間のみが泣く、いちばんの理由はそこにあるのではないだろうか。泣くことは、ありのままの荒々しく原始的な感情を、その感情について「考える」脳領域と結びつける。だから私たちは泣く。霊長類のいとこたちも、才能や知性に恵まれてはいる。ただ、思考と感情を固く結びあわせる能力がない。怒りや落胆や喪失を感じても、それについて考えることがないのだ。人間の場合、偶然の遺伝子変異によって、感情の脳領域と知性の脳領域の両方が涙腺と接続され、言葉では言いあらわしがたい気持ちを新しい方法で表現できるようになった。しかも、助けを求めていることをはっきりと示すしるしも手に入れた。それは、ほかのどんな動物ももっていないものである。

Kissing

第六部　キス

一〇章　唇の言語

賢くなるよりキスするほうがいい。

――e・e・カミングズ

可愛い女の子にキスしようかどうか迷ったときは、かならず彼女にその迷いの恩恵をあげなさい。

――トマス・カーライル

キスは涙に似ている。それが本物のときに限ってこらえきれない。

――作者不詳

唇を固く合わせた、いつまでも終わらない魅惑的なキス。それを嫌う人がいるだろうか。私たちがキスを愛するのは、唇の皮膚が人体でいちばん薄いからであり、唇と舌と口に集まった神経が、「快感」という言葉が意味するところを脳に伝えるからである。唇、舌、口を動かすための神経に、脳は広い面積を割いている。何を隠そう、胴体全体を動かすのに必要な面積より広い。これほど触覚に敏感な部位は、体のどこを探してもない。唇の役割は、感覚を得ることがすべてに思える。だから私たちはキスをする。ときに密かに、ときにみだらに、ときに恥ずかしげに、ときにむさぼるように、ときに熱狂的に。儀礼のキス、愛情のキス、社交上のキス、危険なキス、命を吹きこむキス。激情にとらわれたとき、私たちは固く唇を合わせ、体液と息と、においと味を交換する。それだけではない。魂、心、気持ち、秘密、強い感情なども交換している。これらは、言葉を拒み、言語の規則を置き去りにするものだ。キスをするとひとつの回路ができあがって、ふたつの心から流れる電流が溶けあい、まったく新しい何かが生まれるかのようだ。ある意味ではそのとおりなのである。

魂を求めるような情熱的なキスを交わしているとき、気づいていないかもしれないが、私たちの心拍数と血圧は上昇し、瞳孔が広がり、呼吸が（うまくできていればの話だが）普段より深くなっている［注釈1］。キスをすると、虫歯になる確率が下がり、ストレスが軽減し、カロリーが消費され、自尊心が高まる［注釈2］。自尊心が高まる理由のひとつは、唇と唇が合わさると、神経伝達物質のノルアドレナリン、ドーパミン、フェニルエチルアミン（ＰＥＡ）が大量に分泌され、脳内の快感レセプターに結合して多幸感を生みだすからだ。この多幸感は、笑ったり、激しい運動をしたり、コカインやヘロインといった気分を高揚させる薬物を摂取したりしたときに感じるものと変わらない。キスをしているときに憂鬱になることがほとんどないのはこのためである。

キスをするためには顔をたくさん動かす必要もある。性・ジェンダー・生殖に関するキンゼイ研究所のマーガレット・H・ハーターによると、挨拶のためにごく普通の軽いキスをするだけでも、唇の三〇個の筋肉が仕事をしている［注釈3］。その間、唇、舌、頬、鼻と脳を結ぶ神経が、キスをしている本人に温度や味、におい、動きを感じさせ、その感覚が、快楽を生む神経伝達物質の生産を促す。脳機能に影響を与える脳神経は全部で一二本あるが、キスをしているときにはそのうちの五本が活動している。私たちひとりひとりが自分の心の空模様を作りだしているとしたら、キスはその空模様を察知する優れたバロメーターと言えるかもしれない。

もちろん私たちは、接吻（キスを表わす専門用語）をするためにそうした神経や筋肉を発達させたわけではない。それらはもともと食物を食べるために進化したものである。進化の圧力が神経や筋肉を精緻なものに改良して、食べ物の風味、舌ざわり、味を敏感に感知できるようにした。おかげで、おいしいおやつにありつけるか、毒に当たって悲惨な死を遂げるかを区別できるようになった。哺乳類のなかで、ヒトだけが外側にめくれた赤い唇をもっているのはこのためではないかとの説もある。一方、デズモンド・モリスのように、私たちの唇が赤くふっくらとしているのは女性の陰唇部を再現しているからだという考えもある。二章でも見たように、雄マンドリルの顔の赤と青の模様が、生殖器の性的合図を模しているのと同じだ。たしかに、陰唇部も顔の唇も、性的に興奮して血液が集まってくると、赤さが増して膨らんでくる（とくに女性の唇は肉付きがいいのでその傾向が強い）［注釈4］。

ふっくらとした唇だけでも興奮をかき立てるものだ。だからこそ、昔からさまざまな文化で男性はそれを魅力的と感じ、女性もしばしばその魅力を高めようとしてきた。古代エジプトの女性は、褐藻アルギンという植物染料で唇を赤紫色に塗った［注釈5］。一七世紀ヨーロッパでは、女性の唇に口紅が塗られているのを見て、イギリスの牧師、トマス・ホールが思わず次のような文章を書いている。「口紅を塗っている女性は、視線を投げかけた相手の心に公然と淫欲の炎をかき立てようとしている」［注釈6］。唇は現代でも相変わらず強調されていて、しかもその度合いには拍車がかかってきた。口紅は一五億ドルの市場に成長しているうえ、最近ではシリコンを注入してアンジェリーナ・ジョリーさながらの唇にする整形手術がはやっている。唇をとがらせたり、唇を噛んだりするのは、ふっくらと見せるために発達したボディランゲージだとの説もあるほどだ。すべては原始的な関心のなせるわざ。ふたつの異なる性を近づけて、自分たちと同じ種類をさらに生みだすためである。

人間の唇がどのようなプロセスで独特の形になり、並外れた感覚能力を得たのかはさておき、キスにおいては唇に新しい用途が生まれた。唇が形作るどんな言葉よりもはるかに劇的なメッセージを送り、口が取りこめるどんな食べ物よりも飢えを満たすようになったのである。女優のイングリッド・バーグマンはかつてこう語った。「キスとは、言葉が不要になったときに話をやめるための、自然が作った素敵なトリックである」フランスの詩人、エドモン・ロスタンはこう表現した。「キスとは、耳のかわりに口に囁く秘密の言葉である」

こういう視点で見ると、キスもまた、人間の得意な能力のひとつであるのがわかるだろう。そう、コミュニケーションだ。笑うことや泣くことと同じで、キスも私たちの遥かな過去に手を伸ばし、人間の本性の古い部分を新しい部分と結びつけて人間にしかできない新しい行動を生みだした。私たちがキスをするとき、この優しく、激しく、見事なまでに人間的な行為全体に、人類の歴史と進化——私たちを動かす車輪とギアと化学反応のすべて——が塗られているのである。

・・・・

キスは人類共通の行動ではなく、キスをするのは全体の約九割だ。ということは、キスをしない人は約六億五〇〇〇万人にものぼり、中国とインドを除けばどんな国の人口よりも多い。なぜキスをしない人たちがいるのだろうか。難しい問題である。キスはじつに豊かで甘美なので、呼吸や歩行のようにDNAに深く織りこまれた行為だと思いたくなる。ところがこれは、遺伝子ではなく文化が生みだしたものだ。つまり、私たちは生まれつきキスをする生き物なのではなく、キスを後天的に学習しなければならない。

キスの習慣がない人々についてはいろいろな事例が知られている。二〇世紀初頭、デンマークの言語学者、クリストファー・ニーロップは、フィンランドのある部族が全裸で一緒に沐浴している のを発見した。そのくせ彼らはキスをみだらな行為と考えていた。モンゴルでは、今でも息子にキスをせず、かわりに頭のにおいを嗅ぐ父親がいる。「エスキモー式キス」は、唇を触れあわせずに鼻と鼻をこすり合わせる。ポリネシア人もマオリ人も、キスで愛情を示すのを好まない。一八九七年にはフランスの人類学者、ポール・ダンジョワ（Paul d'Enjoy）——新進の接吻学者にはふさわしい名前である（「enjoy」は英語で「楽しむ」の意なので）——が、中国人にとって口と口のキスは食人の風習と同じくらい怖ろしいものだと記している。チャールズ・ダーウィンはマレー半島を訪ねたとき、住民のあいだで接吻はまったく行なわれていないが、鼻と鼻をこすり合わせる挨拶はよく見られると記している。探検家のキャプテン・クックも、はじめてタヒチ、サモア、ハワイを訪れたときに同様の行動を見たと報告した［注釈7］。

キスの習慣がない地域であっても、ひとたびキスが紹介されればかならず人気を博すようだ。クックの船の乗組員が上陸すると、たちまち誰もがにわか接吻学者になったと伝えられている。今では中国全土でキスはごく普通に見られるようになった。携帯電話と、コンピュータと、人工衛星の時代にあってじつに奇妙な話ではあるが、私たちは今、文化が生みだしたひとつの行動が進化の最終段階を迎えているのを目の当たりにしているのかもしれない。その行動は、何万年もかけて人類を席巻してきながら、まだすべてを手中に収めていなかったのである。

では、そもそもなぜ人間はキスを始めたのだろうか。その手がかりになりそうなのがフェロモンである。一九九五年、動物学者のクラウス・ヴェーデキント率いるスイスの研究者グループは、新しい分野の開拓を目指し、においが人間の行動に及ぼす影響を調べることにした。フェロモンと呼ばれる不思議な分子の集まりが、一生を左右するような重要な決定にいつのまにか影響を及ぼしているのではないか。彼らはそう考えた。たとえば、結婚相手を決めるのもその重要な決定のひとつである。仮説を確かめるために、彼らは実験を行なった。

ヴェーデキントのチームは、まず四四人の男性と四九人の女性を集めた。次に、彼らの免疫系を検査し、各人がどんな病気にかかりにくいか、逆にかかりやすいかを調べた。そのうえで男性に、同じTシャツを着たまま二晩眠るように指示をする。彼らには無香料の石鹸を渡し、自分の体臭を変えるようなことをいっさいしてはならぬと言いわたした。男性たちは家に帰った。

決められた二日間が過ぎ、四四人の男性は二晩一緒に眠ったTシャツを脱いで、別の真新しいTシャツの入ったいくつかの箱のなかに入れる。いよいよ四九人の女性が呼ばれ、Tシャツのにおいを嗅いでどれがいちばん「セクシー」かを答えるように指示された。女性たちが口を揃えて「どれもセクシーじゃない！」と言ったと思うだろうか。ところが、蓋を開けてみれば女性たちにははっきりした好みがあった。しかも、不思議なことに、彼女たちが選んだTシャツの持ち主は、自分とは免疫系が大きく異なる男性だった。別の言い方をすれば、自分の選んだ男性とその女性が結婚したら、生まれてくる子供がかかりやすい病気の数はどちらの親よりも少なくなる。そうなれば、彼らが生きのびる（そして彼らの遺伝子を子孫に伝える）確率は高まる［注釈8］。じつに原始的な化学反応が起きているらしかった。

フェロモンは生物の体内で自然に生成され、異性に働きかけて驚くべき行動をとらせる。昆虫や動物の世界にフェロモンが存在するのはずいぶん前から知られていて、その作用が非常に強力なのもわかっている。たとえば、北米最大の（そして非常に美しい）ガであるアカスジシンジュサンは、かすかな雌のフェロモンをとらえると、風に逆らってはるばる一〇キロ以上も飛んでいき、その雌とつがおうとするのが知られている。ハチやアリなどの集団生活を営む昆虫は、フェロモンなしには生きていけない。フェロモンを利用して複雑な社会を維持しながら、暮らし、そして働いている。だから彼らの触覚は、どこへ行ってもつねにあたりを探りながら揺らめいているのだ。見えない分子のメッセージをつかまえて、次に何をすればいいかを読みとっている。

哺乳類にとっても、化学物質によるコミュニケーションは重要だ。ブタの雄は、5‐アンドロスト‐16‐エン‐3‐ワンという得体の知れない名前のフェロモンを分泌し、これを嗅いだ雌のブタは、『夜毎来る女』に出演したグラマー女優のメイ・ウェスト並みに好色になる。このフェロモンの効果は確実なので、養豚農家向けに「ボーアメイト」の商品名で販売されているほどだ。子ブタを絶やしたくない農家にとってはありがたい商品だろう〔注釈9〕。

フェロモンが誘発する動物の行動は多種多様で、じつに興味深い。だが、人間の場合はどうかと言うと、フェロモンの正確な役割についてはまだ議論の決着を見ていないのが実情だ。長いあいだ、人間の生活にはフェロモンの出る幕がないと考えられていた。ところが、ヴェーデキントの実験からもうかがえるように、フェロモンが私たちの行動をかなり左右していることを示す証拠は続々と集まっている。とくに、異性の前での行動についてはそうだ。

ヴェーデキントの実験結果を見るかぎり、何らかの化学物質によるメッセージが人体には備わっていて、正反対の者どうし、少なくとも免疫系の型が正反対の者どうしが引かれあうように取りはからっているかのようだ。ヒトという生物が存続する確率をできるだけ高めるためである。これがサバンナでどれほど役に立ったかを考えてみてほしい。彼らの世界では、個人の好き嫌いよりも集団として生きのびることが優先されていた。この種の化学物質がなければ、私たちの祖先は祖先になる前に絶滅していたかもしれない。

フェロモンが本当に私たち個人の暮らしに一役買っているとしたら、人を魅力的に感じたりそうでないと感じたりする理由は、私たちがそう「考えた」からではないことになる。愛は、いや、少なくとも相手に引かれる気持ちは、私たちが思っている以上に盲目なのかもしれない。いずれにしても、フェロモンに基づく好き嫌いのルーツがはるか昔にさかのぼるのは間違いない。フェロモンに左右される点は、ブタやハチやガと共通するだけでなく、ネズミとも同じだ。ネズミは異性の尿のなかからフェロモンを「読みとり」、それに従ってつがう相手を決めている。化学物質が取りもつお見合いシステムのようなものだ。

とはいえ、人間とほかの哺乳類では違う点もある。動物は自ら進んでフェロモンを探し、できるだけ丈夫な子供を作れそうな相手を嗅ぎつけて、そうでない相手を避ける。一方私たちは、化学物質の会話が行なわれているのをまったく知らない。フェロモンによるコミュニケーションは一〇〇パーセント無意識のうちに行なわれる。「一目惚れ」の理由はここにあるのかもしれない。いや、「一嗅ぎ惚れ」と言うべきか。

物言わぬ化学物質の使者が、結婚相手の選択といった私的な決断にひそかに働きかけている——そんな仮説が提起されるようになったのは比較的最近のことである。以前はフェロモン説など論外だった。人間にはフェロモンを感知する器官がないとみなされていたのである。たとえば齧歯類などは、体重に比して嗅球が人間よりはるかに大きい。齧歯類の世界では嗅覚の役割が非常に大きく、それはイヌ、ネコ、ウシなど、哺乳類の世界についても変わらない。ネズミの場合、嗅覚器官のひとつに鋤鼻《じょび》器と呼ばれるものがあって、フェロモンだけを嗅ぎわける仕事をしている。ネズミのフェロモンは、性的成熟を促したり、妊娠（および妊娠の失敗）を知らせたり、さらにはテストステロンを分泌させたりする。鋤鼻器は、そういうフェロモンが空気中に漂っているのを感知し、雄のネズミに交尾をすべき時期と控えるべき時期を教える。かりに人間にこういう器官があったとしても、必要がないのでとうの昔に手放しているはずだというのが従来の定説だった。大きな脳と豊かな語彙をもっているのだから、化学物質でメッセージを送る必要などないと考えられていた。ところが一九七〇年代に、今でも有名なある実験が行なわれる。マサチューセッツ州のウェルズリーカレッジで心理学を学ぶマーサ・マクリントックが、大学の同じ寮に住む女子学生一三五名について月経周期を調べた。すると、数週間一緒に暮らしたあとで、寮仲間たちの月経周期がほぼ完全に一致したことに気づいたのである。言いかえれば、全国からやって来た人々がひとつ屋根の下で暮らしているうち、互いの体と体が会話を始め、ひそかに化学の力で合意に達した。一緒にいるという以外、ほかに何の理由も見当たらないのに。いったいどういう仕組みなのだろう。

意識的に努力して一致させたわけでないのは明らかだ。女性は自分のホルモン周期を意図的にコントロールすることはできない。一九七一年、今や有名になった論文を『ネイチャー』誌に発表したとき、マクリントックはこの一致の背景にフェロモンがあるのではないかと感じながらも、はっきりとは断言できなかった［注釈10］。当時は、フェロモンほど微細な分子を計測する技術がなかったのである。それでも彼女の発見からは、私たちが駆使するさまざまなコミュニケーション手段のリストに新たな一行が加わったことがうかがえる。それは化学物質を使った一種のテレパシーであり、意識的な思考や感情とは何の関係もないものだ。

マクリントックの研究以後、人間がフェロモンでコミュニケーションをしている証拠がさらに浮かびあがった。一九八五年にはコロラド大学の研究グループが、じつは人間も鋤鼻器をもっているのを発見する。じつに小さな穴が、鼻のすぐ内側に左右一個ずつあいていたのだ。研究からは、人間の鋤鼻器が独自の神経経路で脳に直接つながっている証拠も見つかっている。鼻の主な仕事はにおいを嗅ぐことだが、この鋤鼻器の神経系は嗅覚系とは独立して働いているという。だとすれば、厳密に言ってフェロモンはにおいとは関係がないことになる（フェロモンに付随する何らかの物質のにおいを嗅いでいる可能性はあるが）。要はフェロモン分子が鋤鼻器に達して、いくつかの脳領域を始動させる。その結果、特定の行動が引きおこされるというわけだ。ひとりの脳とひとりの体がじかに分子の会話を交わしているとすれば、フェロモンはその「言葉」にあたると言っていい。

たとえば女性は、アンドロステノールという物質にとりわけ敏感なようだ。アンドロステノールは男性の汗腺で作られる無臭の分子で、男性フェロモンの一種である。男性が映った写真にアンドロステノールを吹きつけてから女性に見せると、吹きつけていない写真よりアンドロステノールの写真のほうを女性は魅力的だと感じる。写真に映っている男性が、メル・ギブソンだろうが配管工のジョーだろうが関係がない。ロンドン大学ユニヴァーシティカレッジで行なわれた別の研究では、女性がアンドロステノールにさらされると、その後の数時間を男性と一緒に過ごすことが多くなるのがわかった。「ボーアメイト」並みとまではいかないものの、アンドロステノールが女性をいつもより積極的にするのは確かなようだ。しかも、男性と出会ったときにだけ。同様の研究はほかにもある。映画館の座席をいくつかでたらめに選んでアンドロステノールを吹きつけておくと、女性はその座席に座る確率が高い。自分の鼻によってその席に導かれたとは夢にも思わずに。フィラデルフィアにあるモネル化学感覚研究所の実験によると、つねに男性と一緒にいる女性の場合、月経周期の長さや時期が変化するのがわかった。以前より排卵が規則的に起きるのである。つまり、妊娠可能な時期を予測しやすくなるわけだ。たくさん子供が欲しいカップルにとっては望ましいことだろう。それにしても、自分ではまったく気づいていない化学物質のせいで、こんなに私的な行動が影響を受けているなんて、じつに不思議ではないか。

フェロモンは男性にも奇妙な効果を及ぼす。最近の実験によると、男性はコピュリンと呼ばれる女性フェロモンを「まとった」女性に敏感に反応するのがわかった。ＡＢＣテレビの報道番組「20／20」では、同様の実験をするために二組の双子を募集した。一組は男性、もう一組は女性である。それぞれひとりずつに、異性の注意を引くと見られる無臭のフェロモンを吹きつけた。別のひとりには、ただのウィッチヘーゼル（植物のハマメリスから作った傷・打ち身用の水性エキス）だけである。それから、ニューヨークで人気のバーの別々の席に二組を案内し、何もせずにただそこに座っていてもらう。魅力的な笑顔も、挑発的なボディランゲージも禁止である。

男性の双子のほうにはとりたてて事件がなかった。ふたりとも、普段と同じくらいの注目をバーの女性たちから浴びている。ところが、女性の双子のうち、フェロモンを吹きつけておいたほうについてはまったく話が違った。彼女のもとには三〇人の男性が寄ってきたのである。同じくらい魅力的な双子の姉妹には一一人だったから、三倍近くの人数だ。明らかな違いはただひとつ。フェロモンをスプレーされたことだけである。フェロモンが、物を言わずにメッセージを送っていたのだ［注釈11］。

　こうした現象が具体的にどういう仕組みで起きているのかはまだ明らかになっていない。だが、これらの研究結果からは、キスがフェロモンと関係している可能性がうかがえる。どうやらフェロモンには磁石のような作用があり、男女（および同性の同性愛者どうし［注釈12］）に働きかけて相手を抱きしめたいという気持ちにさせるらしい。動物が鼻をすりつけ合うのを見たことがあるだろうが、あれにもフェロモンが働いているかもしれない。イヌイット族やマラヤ人が鼻と鼻をこすり合わせるのも、いわばキスの原型であって、相手に近づくための手段だとの説がある。近づけば、相手の体が発する魅惑的なメッセージをもっとたくさん吸いこめるからだ。

　今のところわかっているのは、人間の鋤鼻器が視床下部にじかに通じていることくらいである。視床下部は脳のなかにあって、体温や心拍数、感情や性欲など、ありとあらゆる機能に影響を与えている。行動を修正するのもこの視床下部だ［注釈13］。

　私たちの祖先にフェロモンがどんな影響を及ぼしたかを想像してみてほしい。初期のヒトが、パーティの紙吹雪のように化学物質の信号をまき散らし、互いを引きよせたり遠ざけたりしている。それがどういう仕組みかは何も知らないままに。ホモ・エレクトスや、ネアンデルタール人や、クロマニョン人のカップルが、互いのににおいを嗅ぎ、顔をこすりあわせ、抱きあい、それぞれのにおいを混ぜあわせる。ヒトの場合は齧歯類の性生活と違って、相手に愛情や魅力を感じる要因はフェロモンだけではない。フェロモンはただ物言わぬパートナーとして、男女をはじめてのキスに導くだけだ。頬と吐息と、さまよう手が重なる。相手に引かれる思いが、原始的な化学反応と相まってしだいに強く深くなっていく。そのあとは、次のステップとしてキスへと進むのはまったく自然な成りゆきだったのではないだろうか。キスとは、人体の最も敏感で官能的な部分を使って文字どおり互いを味わい、分かちあう行為なのだから。

それを裏づける新しい研究がある。私たちがフェロモンを感知して、そこから誘発されるさまざまな感情を経験するのは、空気中に漂っているのを奪いとるときだけではない。舌と唇でフェロモンを「味わう」こともできるとわかったのだ。だとすると、キスをすれば化学物質のメッセージをなおさら受けとりやすくなる。つまり、子供を作る相手としてふさわしい遺伝子をもっているかどうかを、ただ吸いこむ場合よりも正確に確かめられる。接吻は、無意識とはいえその確認をごく自然に行なうための行為だったのではないだろうか。だから自然は、キスに快感を伴わせた。キスは私たちを促して最善の相手を見つけさせ、もっと子供を作らせるための手段である。結局はそれこそが、自分を大事にするすべてのＤＮＡの最終目標なのだ。

・・・・

人間がキスを始めた理由については、フェロモン説以外の仮説もある。先史時代に、親が子に食べ物を与えたときのやり方がキスの起源ではないかというものだ。一見するとふたつの仮説はばらばらなようでいて、もしかしたらつながっているかもしれない。給餌説によれば、ヒトの祖先は母親があらかじめ食べ物を嚙んでおいて、鳥などがするようにそれを子供に口移しで与えた。チンパンジーも同じ行動をする。やがて、外にめくれた唇を相手の唇に押しあてることが、食物の少ない時期に空腹の子供をなだめる手段として発達したのではないか。そして、最終的には愛情と慈しみを表わす行為となった。その愛情表現が、親から子へだけでなく恋人どうしのあいだでも使われるようになり、しだいに新しいやり方が編みだされていったのかもしれない。

給餌や食欲をキスに結びつける考え方はある程度理解できる。感情の要素が入ってくるからだ。そうすればキスは、生殖能力が高くて健康な配偶者を選ぶために魂のこもらない探りを入れる手段というだけではなくなる［注釈14］。食べ物、空腹、激しい感情。どれも、あるレベルではつながっている。これについては、旧約聖書の「雅歌《がか》」（四章一一節）がすべてを言いつくしているかもしれない。「花嫁よ、あなたの唇は蜜を滴《したた》らせ　舌には蜂蜜と乳がひそむ」。結局、私たちの誰もが愛情に飢えている。そこにいる誰かを求めている。

食物とキスは、古代エジプトの言語のうえでも結びついている。一時期エジプト学者は、象形文字の「食べる」を誤って「接吻する」と訳していた。食べることにかかわる文章は、「食べる」を「接吻する」と訳してもまったく違和感がなかったために、誤りが長いあいだ気づかれなかったのである。こう考えると、キスがひとつの飢えを満たす手段から、別の飢えを満たす手段に移行したとしてもおかしくないように思える。

・・・・

キスには、その快感とは裏腹に危険も伴う。ある計算によると、唇を一回合わせただけで二七八種類の細菌やウイルスが行きかうという。善玉の病原体もあれば悪玉もある［注釈15］。風邪にインフルエンザに腺ペスト。愛情いっぱいのキスのなかにそんな病気がひそんでいてもおかしくない。とはいえ、プラスマイナスをさし引きすれば、キスは人類の存続に一役買ってきたと言えるだろう。キスの快感は自然に性交へとつながり、性交をすればかなりの確率で赤ん坊につながるからである。

キスから赤ん坊へのこの道筋が、昔から大勢のティーンエージャーを悩ませてきたのは言うまでもない。唐突に自分が親になるとわかるのは相当なショックである。思春期の始まりと、それに伴って押しよせるホルモンの波は、現代文化が生まれるよりはるか昔に進化したものだ。にもかかわらず、いまだに若者をつき動かしている。かつては、母親が一四歳で父親が一五歳でも別段おかしくはなかったから、それでもよかった。

その頃は、深い絆を育んで愛情を持続させることはあまり重視されておらず、とにかく種を存続させることに主眼が置かれていた。もちろん、心通う温かい関係を築く例もあっただろう。それでも、できるだけ有望な遺伝子と、生きのびるための最善の技術をもった相手を見つけることが、いちばんの目標だったはずだ。相性がいいにこしたことはないが、それはあくまで二の次である。

この古い衝動が、いまだに私たちの行動の根底にある場合が多い。先史時代の女性は、妊娠や子育てのせいで身軽に動けなくなった。その結果、彼女たちが引かれる男性は、力が強くて狩りがうまく、群れのなかでの序列が高く、子育ても手伝ってくれそうなタイプになった。それが進化心理学の主流の考え方である。子育ての現実に忙殺されて、女性がよりいっそう男性に依存するようになったとしたら、女性が力と誠実さに引かれたとしてもおかしくはない。それに、たぶん「力、誠実さ」の順序で魅力を感じたことだろう。強い男性――肉体面でも、精神面でも、集団内の立場の面でも——は有望な遺伝子をもっているだけでなく、子供を十分に養える地位と力をもっていた。こうした基準に基づく意思決定の名残りは、今でもいたるところで見られる。誠実で信頼できて、富と権力を兼ね備えた男性がいれば、抗える女性はほとんどいまい。

一方、先史時代の男性が好んだタイプは、健康で申し分のないＤＮＡをもっていそうな女性だ。肉体の美しい女性なら、そうした条件を備えているのが明らかである。丸い尻も、豊かな胸も、均整のとれたウエストやヒップも、魅力的な微笑みも、すべてその女性が健康であることを物語っている。祖先が生きていた荒々しい世界では、強い者でさえ体を痛めつけられるのだから、そうした特徴はなおさら尊ばれただろう。こういう男性の好みも、いまだにあまり変わっていない。

男女の脳の違いも、この考え方で説明できそうだ。カリフォルニア大学アーヴァイン校とニューメキシコ大学の研究者たちは最近、脳スキャンを用いて研究を行なった。それによると、女性も男性も知能に違いはない反面、脳構造に関してはかなりの男女差があるのがわかった。知的活動にかかわる脳領域を男女で比較してみると、男性の場合は「灰白質」の量が女性の六・五倍あるのに対し、女性の場合は「白質」の量が男性の一〇倍近い。一般に灰白質は脳の中枢で情報処理を行ない、白質はそういった複数の処理中枢を結んでいる。

研究チームは次のように考えた。「男性は、より局所的な情報処理の必要な作業——数学など——を得意とする傾向にあり、女性は言語機能のように、脳内に分散する灰白質から情報を集めて融合し、まとめあげる能力に秀でる傾向にある。その理由がこの研究結果で説明できるかもしれない」。こうした差異が生まれたのは、おそらく祖先の男性と女性が、異なる環境、異なる社会の圧力と向きあっていたためだ［注釈16］。

　研究チームは論文の結論として次のように記した。進化は、異なる構造の脳を男女に与えることで、同じ仕事を同じくらいうまく、ただし別のやり方でこなせるようにしたのではないか、と。もしそうなら、男性と女性では世界や他者に対する感じ方が根本的に違っている可能性がある。

　概して女性のほうが考えを言葉で伝えるのがうまく、同時に他者の心を読むコツも身につけているように思える。これは、女性の脳のほうが密に相互接続されていて、言語能力が高いせいかもしれない。ケンブリッジ大学の心理学者、サイモン・バロン＝コーエンの研究によれば、男性が世界を見るときは、非常に小さいところから出発して外に向かって作業を進めていくという。逆に女性は全体像をまず把握し、それから内に向かって作業をしていく。このとらえ方の違いは、脳構造の違いをそのまま反映しているのだろうか。男性の脳は局所型で一点に集中し、女性の脳は分散型で密接に相互接続されているからだろうか。

　バロン＝コーエンはケンブリッジ大学の自閉症研究センター所長でもある。彼は、男性の脳は女性の脳より自閉症的なふるまいをすると指摘した。男性は数学的な推論や、三次元の物体を頭のなかで回転させるようなテストに優れている。このことは、脳機能が局所的で相互接続が少ないことに関連があると、複数の研究で確認されている［注釈17］。バロン＝コーエンによれば、男性はまず細かな事実に注目し、対象からある程度の距離を置いているときに最も能力を発揮する。男性は対象を体系づけてシステムを構築するのが得意で、あまり人指向ではない。

　この行動パターンは自閉症患者に似ている。自閉症患者はいわば「心が盲目」で、ミラーニューロンがきちんと働いていないかのように人の気持ちが理解できない。彼らもまた、対象を体系づけてシステムを構築するのが大好きだ。ただ、その度合いが甚だしいというだけである。しかも、自閉症患者には圧倒的に男性が多い。軽度な自閉症の一種であるアスペルガー症候群の場合、患者の男女比は一〇対一である［注釈18］。

男性は言葉の面で短気（交渉するより命令しようとする）だったり、仮想の座標をもとに車を運転したりする。女性であれば、見覚えのある目印を手がかりにして空間を把握しようとするだろう。この違いも、男性特有の脳の特徴を踏まえれば説明できそうだ。男児が、人形とままごとをするよりオモチャのトラックや銃で遊びたがるのも、そのせいかもしれない。彼らは人より物に引かれるのだ。

一方、人形やままごとは、女性の知覚力や心の能力にぴったり合っている。あまり分析的でなく、直感的で、ボトムアップではなくトップダウンだ。女性の脳内の接続が密であることが、直感的に他者の心を読む助けになっているようである。状況の前後関係を把握し、他者の意図を推測し、適切な感情を込めて反応する。女性のほうがそういう能力に恵まれている。

人とつきあい、人に共感する脳の能力については、まだわからない部分が非常に多い。だが、左脳のブローカ野とウェルニッケ野の近くに、もっぱら他者の感情や意図を読む仕事をするニューロン群が見つかっている。そのニューロン群は、総じて女性のほうが発達している［注釈19］。以上を考えあわせると、社会的な動物としては女性のほうが有能で、全体像をとらえやすい脳の仕組みになっていると言えそうだ。

先史時代の人間の暮らしぶりについては、これまで少しずつ明らかになってきた。それを踏まえて考えると、男女の脳にこうした違いが生じたのも納得できる。おそらく男性は狩りの大半を担当していたにちがいない（男性は標的に物を投げて当てる能力が非常に高いが、概して女性にはその能力がないとする研究もある）。また、物事を分析する力に優れ、単刀直入で、ひとつの目標に集中し、あまり社交的ではない傾向にあっただろう。こうした特徴があれば、危険な環境のなかで食料を探したり獲物を狩ったりしても、生きのびる見込みが大きくなる。男性がおもに狩りをしたのは、妊娠しないからだ。女性より自由に動ける時間が長かったからにすぎない［注釈20］。

男性ではなく女性が妊娠するという現実は、ほかの役割や行動も左右したはずだ。現代に生きる私たちも、そのときに形作られた役割や行動の多くにとらえられたままである。たとえば、女性の卵子の数は決まっているので、妊娠はあらゆる点で大きな代償を伴った（これは今も変わらない）。そのため、祖先の女性たちは配偶者を慎重に選ぶ必要があった。かかっているものが大きいだけに、女性のなかの争いは熾烈を極めたことだろう。だが、当時の状況では、それが表面に現われることはほとんどなかった。群れのなかでは女性どうしがうまくやっていかなければならなかったからだ。自分の友がライバルになるかもしれない世界では、微妙なバランスを保つことが求められる。自分の子供やほかの女性と接するときに、物事を深く考えて巧みなコミュニケーション能力を発揮できる女性は、生きのびる確率が高まったにちがいない（総じて父親より母親のほうが愛情こまやかなのはこのせいかもしれない）。

男性は狩りをしながらそれに伴う危険に身をさらし、変化の激しい日々を送っている。その間、女性は群れの複雑な人間関係に対処しなければならなかった。ほかの女性と良好な関係を保ち、子供の世話をしつつも、女性のなかで自分ができるだけ有利な立場になるよう競争相手にも目を光らせる。自分の役割をそつなくこなし、誰が味方で誰が敵かを見極めるコツを身につけ、自分に協力してくれる仲間と同盟を結ぶ才能に恵まれていれば、その女性は群れのなかでいい位置につけられただろう〔注釈21、22〕。

男性の場合は状況が違った。正反対とまでは言わなくても、かなり異なっている。男性もまた日々の暮らしのなかで互いに協力しながら、できるだけいい相手と性交すべく競いあっていた。だが、男性は何百万個もの精子をもっている。その気のある相手を見つけられればどこでも、自分のＤＮＡをばらまくように進化してきた。それに、妊娠という大きな代償を払う必要がない。だから、どの女性と性交するかにはかなり無頓着でいられたのではないだろうか（これは現代でも変わらない。性交が妊娠につながるとしても、妊娠するのは男性ではないからだ）。

そういう意味では、男性側の選択はたいして複雑ではない。自分に「忠実な」女性を見つけることがさほど重要ではないのだ。大事なのは、とにかく女性を見つけること。以上。しかも、できるだけ健康なほうがいい。男性が女性よりも、美しさや姿形といった外見に夢中になりやすいのは、たぶんそこに理由がある。肉体が健康かどうかを見極めるには、外見で判断するのがいちばんよく、男性にとっては肉体の健康が何より大切だ。自分を補う最良の染色体を見つけることが肝心なのである。

機能が形を生むのであれば、異なる状況に身を置いていたことが脳の物理的な違いとなって表われてもおかしくはない。異なる脳からは、性生活や人間関係に関して異なる行動や考え方が生まれただろう。その違いがいまだに影を落としているため、男女間の相互作用は互いを補いあうものであると同時に、じつに複雑なものでもある。だが、子孫をできるだけたくさん残すという原始的な必要性を満たすには、互いの体だけでなく頭や心もひとつに合わせなくてはならない。たとえ男女で世界のとらえ方が違うとしても。

・・・・

誰とキスするかを決めているのは、新しく進化した脳領域だけではない。異性に対する行動の仕方には大脳辺縁系も大きな影響を及ぼしている。大脳辺縁系はやはり古い領域で、新しい領域とも密接に接続されている。いわゆる「感情」や「気持ち」を生みだしているのは、おもにこの大脳辺縁系だ。誰かを恋しく思う、愛する人と一緒にいて心が安らぐ、ふつふつと怒りを覚える、嫉妬を感じる、大喜びする――こうした経験は、大脳辺縁系のニューロンがたえず交わしている化学物質と電気信号の会話から生じる。

脳のなかはどこをとってもほかの領域と密に接続されているが、大脳辺縁系はとりわけ交通量の多い十字路と言えそうだ。非常に古い領域がつかさどるきわめて原始的な機能（呼吸、快感、恐怖、空腹など）と、前頭前野の高次の機能（思考や計画など）とが、この大脳辺縁系で出会う。大脳辺縁系があるために、記憶や行動や決断から感情を切りはなすのは難しい。また、激しい感情を覚えたときに体にも反応が現われるのはこのためである。たとえば、心拍数が上がる、手が震える、瞳孔が開く、汗が出る、急に吐き気がする、同じくらい急に喜びが弾ける、などだ。

明らかに無分別とわかっている行動を人がとってしまう理由も、たいていは大脳辺縁系で説明できる。大統領、首相、上院議員、王族。こういった人たちも、大脳辺縁系に主導権を渡したためにどれだけ話題を提供してきたことか。ゲイリー・ハート上院議員、ビル・クリントン大統領、あるいはルイジアナ州選出のロバート・リヴィングストン下院議員などが、愛人スキャンダルで紙面をにぎわせたのを思いだしてほしい。彼らほどの高官なら失うものは大きいのに、それでも大脳辺縁系はきまって自分の言い分を通す。

原始的な衝動の命令の前では、知能指数の高さは関係がないようだ。

大脳辺縁系は感情の記憶をつかさどっているため、別の要素が交差する場所ともなっている。キスやフェロモン、性生活や愛といった成人の経験が、幼児期から集めてもちつづけてきた記憶と大脳辺縁系で結びつくのだ。私たちが時間や自己の感覚をもっていられるのは、ひとつには、大脳辺縁系が記憶に感情を付与してくれるからだ。このおかげで、非常に幼い頃を含め過去に経験した感情のパターンの多くが、間違いなく蓄えられ、色をつけられて、現在や未来において利用できるようになる。

だからこそ、キスについて思慮分別のある論理的な文章を書くのが難しいのだろう。キスは、原始的な衝動と知性が交差する場所に位置していて、その両者はとても一致するとは思えない。キスは、複雑にもつれ合った人間の心を象徴している。人間のなかでいかに性欲と愛情がぶつかり合ってきたかを、キスは如実に示しているのだ。

なぜこうしたことが私たちに起きたのだろうか。エミューやウミガメや、マダガスカルのキツネザルではなく、なぜ人間に？　それは、ホモ・ハビリスが二〇〇万年以上前に最初の道具を作って以来、人間の文化がＤＮＡをはるかにしのぐスピードで進化してきたからだ。自然選択がさまざまな形で遺伝子を並べかえてきたにもかかわらず、原始的な衝動の多くは今も変わらず残っている。それなのに、私たちの大きな脳は世界を完全に作りかえて、もともと人類が誕生して暮らしていた世界とはまったく異なる場所にしてしまった。人間の大いなる皮肉のひとつである。

じつは、キスもフェロモンも、それらによって駆りだされる大脳辺縁系も、このふたつの世界に橋を架ける役割を果たしている。私たちの進化を育んだ原始的な世界と、私たちが生みだした現代の世界だ。前者はＤＮＡによって、後者は大きな脳によって形作られた。ときに両者は正反対のように思える。もちろん、それほど単純な図式ではないのだが、文化が凄まじいスピードで進化した結果、ＤＮＡと脳が対立する位置に置かれてしまったのは疑いようがない。

たとえば、遺伝子の命令に従うなら、私たちはできるだけ早い時期に子供を作るべきである。だが、現代では、一三歳で性行為をするのをよしとしない文化が多い。現代のティーンエージャーは、一九万年前とは別の人生設計に従って暮らしている。それなのに、体や衝動は昔と変わっていない。

例はほかにもある。いわゆる先進工業諸国では衛生管理と医学が進歩したおかげで、七〇代、八〇代、あるいは九〇代まで生きるのを当てにできるようになった。一夫一婦で連れそう期間も、四〇年から六〇年に及ぶ。短命だった祖先たちには想像すらつかない長い年月だ。そのため私たちは、パートナーとの性生活を楽しみながら子供を作るだけでなく、何十年ものあいだもちこたえ、長い年月をかけて花開くような充実した関係を求めるようになった。はたして私たちの体はそういうふうにできているだろうか。

適切な相手を見つけて長続きする関係を築くのは、けっして簡単なことではない。ひとつには、大脳辺縁系とＤＮＡが生みだす原始的な衝動があるためだ。私たちは一夫一婦制と貞節を重んじる。だが、インターネットでいちばん儲かっているのはポルノ産業であり、不倫の件数は男女ともに世界中で増えている。アメリカでは結婚した夫婦の二組に一組が離婚している。

衝動と理性の対立を身をもって知る機会が「嫉妬」だ。シェイクスピアの『オセロ』に出てくる「目に緑色の炎を燃えあがらせた怪物」である。嫉妬は「人の心を餌食にして、それをもてあそぶ」のだと、イアーゴはオセロに悪魔の言葉を囁いた。原始的な衝動（キスもそのひとつ）はたいていそうだが、嫉妬もまたハイジャック犯のようである。ウイルスが細胞の複製システムを乗っとるように、嫉妬が脳の一部を乗っとってしまう。ときには嫉妬の力が法廷にまでもち込まれるケースもあった。そういう事例のうち二〇世紀で最も有名なのが、ハリー・K・ソーの事件である。ソーはピッツバーグの大富豪だった。一九〇六年のある夏の夜、ソーはニューヨークの高名な建築家のスタンフォード・ホワイトに近づき、レストランに居合わせた満員の食事客の目の前で、至近距離から銃の引き金を引いてホワイトを撃ち殺した。そのあとソーは裁判史上はじめて、自分はあのとき一時的な狂気に陥っていたと訴えたのである。

ソーがのちに証言したところによると、スタンフォードを殺したのは、その数年前に彼がソーの妻と不義を働いたからだ。妻は名前をイーヴリン・ネズビットといい、大変な美女である。ソーの頭のなかを嫉妬の嵐が吹きあれて、自分が抑えられなくなってしまったのだと弁護士は主張した［注釈23］。この弁護が功を奏し、ソーは無罪放免になった。心神喪失を理由に刑罰を逃れた最初の（最後ではないが）人物になったわけである。

人を殺すほどの激しさではないにせよ、ほとんど誰もが嫉妬のうずきを覚えたことがあるはずだ。私たちが嫉妬を感じるとき、脳内の天候が急変したように思える。ある意味では実際にそうだと言える。駆けめぐるホルモンと、活性化した脳細胞と、興奮した分子が作る天候だ。

しかし、大脳辺縁系が前頭前野とつながっていなければ、嫉妬や羨望といった感情が、殺人や復讐のように事前の計画を要する行為に発展するはずがない。私たちは嫉妬に駆られながらも、脳の新しい領域を使って最悪のシナリオを思いめぐらすことができる。その考えがまた、視床下部や扁桃体や海馬といった大脳辺縁系の重要な部位をよりいっそう興奮させる。これらの部位は、さらに古い脳領域とつながっていて、そこは激情、怒り、恐怖といった最も原始的な行動の引き金を引いている。つまり、私たちの知性が原始的な行動を増幅しているのだ。嫉妬の嵐という比喩は、あながち的外れではない。

美の考古学

腰や肩の形が、脳の形や生物の進化に深くかかわってくるなどと、いったい誰が考えただろうか。

私たちが何を美しいと感じ、何を魅力的と考えるかは、膨大な年月をかけた性淘汰によって形作られてきた。この美の基準が今でも私たちの行動の大きな原動力となっている。また、主流文化において私たちは特定の価値観を重視しているように思えるが、それがなぜかもこの美の基準で説明できる。何を魅力的と感じるかは、文化が違えば異なる。ふくよかな体がよいとされる国もあれば、そうでない国もある。衣服、アクセサリー、髪型についても、ところ変われば好みは変わる。だが、地域を問わずに誰が見ても、たとえ幼い子供が見ても魅力的と感じる基本的な要素はあるものだ。それらに共通するのは、何らかの健康を示唆する特徴であることと言えそうだ。とくに異性に関してはそれが顕著である。健康は、強い遺伝子をもっていることを外面的に示したものであり、強い遺伝子があれば、その持ち主が生きのびて次の世代に自分のDNAを残す確率は高まる。結局のところ、それこそが進化の目指すものなのだ。

たとえば、顔のつくりの釣りあいがとれていることはどの地域でも健康的だとみなされ、したがって魅力的だと考えられている。均斉のとれた顔（あごから口まで、口から眉まで、といった長さの比率が、黄金比と呼ばれる一対一・六一八……になっている）は文化を問わずに魅力があるとみなされる。また、目が大きく鼻が小さい童顔の女性も魅力的と言われることが多い。もうひとつの「黄金比」は女性の腰まわりで、ウエストサイズがヒップサイズの七割になっているのが好まれる。そういう比率の女性は多産で、しかも妊娠の失敗もないとみなされるからだ（もちろんこうした計算は無意識のうちに行なわれている）。

いくつかの研究によると、女性の胸の形として好まれるのは双曲線でも球でもなく、三次元の放物線らしい。一方、男女を問わず尻の形として好まれるのは、逆さまにしたハート形である。

女性の場合は概して長い髪が好まれる。髪を長く伸ばせるのは健康のしるしだからだ。同じことは、爪、バラ色の頬、赤い唇、色艶のよい肌についても当てはまる。これらの特徴を際立たせるのが化粧品産業の基本であるが、現代的な化粧品が普及していない国であってもこうした特徴は好ましいとされている。また、アクセサリー、ピアス、入れ墨などが好まれる地域もある。

女性の側にも好みはある。ほぼ全世界で共通するのは、たとえ数センチであれ自分より背の高い男性を魅力的と感じることだ。背が高いほうが男性のなかで優位にあり、一緒になったら優れたＤＮＡと力をもたらしてくれる。そうすれば、自分たちの子供が生きのびて繁栄する確率が高まるという理屈だ。同じ理由から、概して女性は胸や肩が広くて腕の太い男性を好む。あごひげなどの顔の毛に魅力を感じる女性もいるだろう。男性をより強

> そうに、より優れているように見せるからだ（アメリカ先住民はほとんどひげを生やさないのでこの基準は当てはまらない）。姿勢がいいことも、男女ともに好まれる特徴である。健康で卓越しているしるしだからだ。人が前かがみになるのは、敗北したときか気分がよくないときと相場が決まっている。
>
> 　肉体の魅力はたしかに強力だが、最終的にはそれだけが決め手になるわけではない。肉体的にどれだけ魅力があっても、性格に問題があれば評価は簡単に覆されてしまう。人を作りあげているものは外見だけではないのだ。自信に満ち、快活で、人を引きつける非凡な個性を備えていれば、肉体の魅力などさして重要ではない。

　私たちの祖先の男と女はそれぞれ異なる状況に置かれていて、脳も異なる構造に進化した。そのため、一部の進化心理学者は、嫉妬の原因も男性と女性では違うと考えている。その代表格がテキサス大学のデイヴィッド・バスだ。彼の説によれば、男性の脳に備わった特定の脳回路は、妻の性的な裏切りに嫉妬を感じるようにできている。一方、女性には別の脳回路があって、夫の精神的な裏切りに嫉妬を覚える［注釈24］。

　くすぐりの研究のところで紹介したカリフォルニア大学サンディエゴ校のクリスティーン・ハリスは、嫉妬にはほかの要因も働いていると考えている。ハリスは、二〇の文化における夫婦間の殺人事件（合計五二二五件）について何が動機になったかを調べたところ、男女で特段の違いは見られなかった。彼女の別の研究では、精神的な裏切りのほうが性的な裏切りよりショックが大きいと男女ともが語っている。相手がほかの人間と肉体関係をもったからだけではない。男も女も、自分の愛する人が別の誰かを愛しているかもしれないと思うと耐えられず、殺してしまったのである。要するにオセロの心情だ。

嫉妬が生得の感情であることを確かめるには、自分の幼い頃をふり返ってみれば十分だろう。兄弟か姉妹がいる人なら誰でもわかるにちがいない。いくつもの研究で証明されているとおり、きょうだい間の対抗意識はいたるところで見られる。テキサス工科大学が、人間に生きうつしの人形を使って実験を行なったところ、わずか生後六カ月の乳児であっても、母親が自分より人形を構っているのに気づくと癇癪を起こした。眉間にしわを寄せ、むずかり、口をへの字に曲げ、たいていは大脳辺縁系を余計に働かせて、自分が不機嫌であることをママに伝える。しかも、この行動はきょうだいがいない赤ん坊にも見られた。同じ大学の別の実験によれば、生後八カ月の赤ん坊は、母親がきょうだいとやりとりしているのを見ると、言葉や体を使って何とかしてそれを止めようとする。ぐずる、泣く、笑う。効果がありそうなら何でも試す［注釈25、26］。

大人の嫉妬心が、こうした幼い頃の反応に根差しているのは理解しやすい。だが、そもそも嫉妬心が人間に備わった理由はそう簡単には見えてこない。いったいなぜだろうか。負の感情で反応しても、私たちの役に立つとは思えない。だが、嫉妬は生き残り戦術になる。しかも、これほど幼い乳児に見られるのだから、生まれながらに組みこまれた戦術であるのは間違いない。

嫉妬がどういう点で生き残り戦術になるのだろうか。もしも自分が、現存する哺乳類のなかで最も無力な種類の一員であり、自分の身の安全を確保してくれるはずの母親が自分を構ってくれないとしたら、母親の気を引くことがにわかにきわめて重要な問題となる。過去の時代において、母親の注意をつなぎとめておける赤ん坊のほうが、そうでない赤ん坊よりも生きのびる確率が高かった。だからその遺伝子が残ったのである。大人の嫉妬は、赤ん坊の頃の戦術を新しい目的に応用したにすぎない。それもたいていは人間関係を壊す結果につながっている。ときに殺人にまで発展するのだから、嫉妬の衝動がいかに強烈かがわかるだろう。

精神科医のトマス・ルイス、ファリ・アミニ、およびリチャード・ラノンによると、このパターンは幼児期に大脳辺縁系に刻みつけられ、のちにさまざまな影響を及ぼす。私たちが幼い頃に集めた知識は、「意識のベールの下から子供に囁きかけ、人間関係とはどういうものか、それがどんな役割を果たしているか、何を期待していいか、関係をどう処理すべきかを教えてくれる」と三人は共著のなかで書いている。私たちは成長してからも、良くも悪くも過去の教えを無意識のうちに今の人間関係に当てはめる。この「大脳辺縁系が教えるパターン」があまりにもうまくいかないと、本人は大いに苦しむ羽目になる。「少年が少女に出会うが、（どこか少年の母親を思いださせる）その少女は要求が多く、彼の自由を抑えつける。ふたりは何年も悪戦苦闘し、日ごとにお互いへの恨みを募らせていく」［注釈27］

彼らの見方のとおりだとすれば、自分が何を望んでいるかは、意識よりも大脳辺縁系のほうがよく知っていることになる。親や愛する者とのあいだに築かれた幼い頃の関係は、強い引力をもっている。その引力から脱することは、私たちが一生をかけて取りくんでいく困難な仕事だ。子供時代に刻まれたパターンは完全には消えない。それが吉と出る場合もあれば、凶と出る場合もある。ウィンストン・チャーチルは、政治家の父（のちに精神に異常をきたす）と、社交生活に明け暮れる母のもとに生まれたが、少年時代はふたりともウィンストンから距離を置いていた。もしもこの両親に手ずから育てられていたら、彼はどんな指導者に、またどんな夫や父親になっただろうか。それは誰にもわからない。たぶん、最愛の乳母であるエリザベス・アン・エヴェレストの導きで幼年期から思春期への時代を過ごせたのがいちばんよかったのだろう。

もちろん、子供時代の行動は修正可能だ。人間はコオロギやカエルとは違って、ＤＮＡだけに支配されているわけではない。赤ん坊の頃に受けた強力な影響から絶対に抜けられないわけでもない。何と言っても私たちは学習の達人だ。時間をかけて行動の仕方を変え、生活や恋愛関係をたて直すことができる。大人になるとは、原始的な衝動を手なづけ、修正することと言っても過言ではない。衝動に身を任せて破滅するのではなく、その衝動から力を得られるようにするのだ。

すべての子供の大脳辺縁系が、制約されないまま大人になれたら、世界は今とはまったく違ったものになり、暴力も減っていたかもしれない。そのかわり、シェイクスピア、ジェイン・オースティン、トルストイ、ヘミングウェイ、ウッディ・アレン、アルフレッド・ヒッチコックなどは、魅力的な登場人物を奪われることになる。彼らの忘れがたい名作には、心に葛藤を抱え、何かに取りつかれたような人物が登場し、その魅力が私たちに本のページを繰らせ、また映画館の座席に釘づけにした。あらゆる文学とあらゆるエンターテインメントの土台は、私たちの大脳辺縁系と、そこから生まれる葛藤にある。

・・・・

大脳皮質が発達して膨らみ、古い野球ミットのようにしわが寄った。そして、もっと古い野球ボールのような大脳辺縁系を包んだ。私たちのこうした脳構造を考えるとき、再び思いだされるのがプラトンの二頭の馬だ。理性と感情である。フェロモン、ホルモン、ドーパミン。唇と舌に集まった神経。活性化される快楽中枢。これらが、私たちの原始的で感情的な部分にじつに心地よい囁きを聞かせる。その原始的な部分は、前頭前野のレーダーが届かないところでほとんどの仕事をこなしているため、私たちが意識的にコントロールするのはまず不可能だ。それでも、前頭前野は高次の中枢を駆使して、古い衝動の正体を見極め、衝動を減らし、手なずけ、回避しようと努めている。

理性と感情が結びつくせいで、偉大な芸術と凶悪な犯罪が、戦争と平和が、最良の時とこのうえない悲しみの時が生まれてきた。理性と感情が絡みあっていなければ、連続殺人犯も、ヒトラーも、宗教裁判の考案者も、何の罪もない人々の命を奪った理由をとても正当化できなかっただろう。彼らの行為は、念の入った合理的思考と激情の両方がなければ成りたたない。だが、ベートーベンが「交響曲第九番」のような気高く美しい曲を書いたのも、バッハが「トッカータとフーガニ短調」を作ったのも、私たちの脳が、頭と心、知性と感情を融合させることができたからだ。

これこそが、キスの大いなる贈り物ではないだろうか。もともとはフェロモンを取りこんで、自分に最もふさわしいＤＮＡをもつ相手を見つける手段だったかもしれない。今なおその目的を果たしている可能性はある。だが、キスは愛情と激情をひとつに溶けあわせて、人間ならではの経験を生みだしてもいる。ほかの行動にはない独特のやり方で、人と人を結びつけるのだ。キスは愛への扉を開き、愛ほど素晴らしい経験はない。たしかに私たちは、子供の頃に渡された大脳辺縁系の青写真を一生のあいだに何度も取りだし、大人の恋愛を無意識のうちにその図式に当てはめようとしている。だが、知性があるおかげで私たちには見事な学習能力が備わっていて、目覚しい変化を遂げることもできる。

この合理的で清潔な現代世界にあって、ときにキスが無分別で制御不能で非常に原始的に思え、それでいて温かく愛情深く心休まる思いをさせてくれるのは、このためだろうか。心と頭、DNAと知性、性欲と愛情。こうした相反する力が人間性の中核を、また私たちの私的な生活を形作っている。その力のすべてを、魂のこもった唇と唇がたった一回出会うだけでとらえることができる。大脳辺縁系が働いているのだ。原始的で、抑えがたく、感情的で、種々のフェロモンに動かされ、頭と心の両方に火をつける。キスをして、相手にあそこまで近づくと、太古の昔に作られた化学物質のカクテルが主導権を握り、知性を圧倒する。愛する人と抱きあっているとき、自分が正気を失ったかに思える反面、その狂気に身を任せて心ゆくまで浸っているのを感じるのは、このせいかもしれない。そして、理屈に合う合わないはどうでもよくなるのだ。

・・・・

人間とは、なんとさまざまな要素が入りまじった生き物だろうか。進化が作ったじつに不可解な作品である。ずんぐりした指や器用な指など、一見何の変哲もないものが一個の生物の未来を決めるなんて、なんとも奇妙な話だ。涙ひとつで、人間の心の複雑さがここまであらわになるというのも、考えてみれば不思議である。はたから見れば、どれにも顧みる価値があるとは思えない。だが、それが進化のやり方である。遺伝子が偶然に変異し、気候が変動し、ジャングルが後退し、山すらも動いた。こうした出来事がすべて重なって足の親指が進化し、私たちの祖先は立ちあがった。この新たな行動が、今度は祖先たちの対人関係や性的な関係を変え、出産の方法を改造し、新しい脳を作った。足の親指は手の親指を発達させ、道具作りを可能にもした。それが心の進化を促し、おそらくは最高の道具と言うべき言語を操れるようにさせた。言語のおかげで私たちは心をひとつにして文化を作りあげた。同時に、言語によって私たちは自己意識を得て、周囲の世界だけでなく自分自身を明確に認識できるようになった。

だが、人間はそれだけの存在ではない。言語がもつ論理や分別や、器用な手と脳が生みだす科学技術だけでは語れないのである。私たちの根底には野生動物の遺伝子がある。原始的な衝動がまだたくさん残っていて、それらが今なお私たちの中核を形作っている。そこが情熱や恐怖や欲求のみなもとであり、それらがあるから私たちは創造性豊かで、複雑で、人との絆を求める生き物になった。言語の誕生が一大事件だったのは間違いない。だが、言葉だけでは心の奥底にある感情を表現しつくせない。だから私たちは、互いに言葉を交わしあうだけでなく、キスをし、ともに泣き、ともに笑う。踊りや絵画や音楽で自分を表現しようとするのも同じ理由によるものだ。

人間はどうやって今のようになったのか。それを理解するのは一筋縄ではいかない。けれども私たちは、何としてもつきとめようと固く決意しているように思える。答えには永久にたどりつかない可能性もある。もしかしたらそんなことはどうでもよく、何かを追いかけているのがたまらなく好きなだけかもしれない。このやむにやまれぬ衝動こそが、私たちに鋭敏な知性を使わせ、謎を征服させる原動力となっている。だとしたら、謎を解く仕事をするには、動物的な情熱と人間らしい知性の両方が必要なのではないだろうか。太古の昔からあるＤＮＡと、新しく変異したＤＮＡを組みあわせるからこそ、自分が何者かを理解できるのだ。人間という、並外れて奇妙で、奇妙なほどに並外れた存在を。

エピローグ　サイバー・サピエンス――人類Ver.2.0

今日、自然はわれわれの視界からついに消えさったのかもしれない。
――O・B・ハーディソン・ジュニア

では、六〇〇万年の進化を経て、次に人類はどこに向かうのだろうか。進化と、新しく獲得した知性と、原始的な衝動と、私たちが今なお作りつづけている強力なテクノロジーは、この先人間をどう変えていくのだろう。

人類の現在の状況は、かつて自然が一度も見たことのないものである。なぜなら、私たちは単なる進化の副産物ではなく、今や私たち自身が進化をおし進める原動力となっているからだ。人間という動物は、原始的な感情や欲求をたくさん抱えこみ、それを知性と意識で増幅して、新世紀の扉を開けた。そして、新しい道具やテクノロジーをすさまじい速さで生みだすあまり、自分たちがもたらした変化になかなか追いつけずにいる。

この行きつく先はどこなのか。過去六〇〇万年がそうだったように、これからもさらに新しいニューロン群や新しい付属肢を発達させ、機能を改造していくのだろうか。もちろんそうだ。ただし、あなたが考えている方向には進まないかもしれない。進化はこれまで、DNAという理想的なパートナーとともにさまざまな変化を生じさせてきた。ところがよく見てみると、そのDNA自体が改造を求められることになりそうなのだ。進化はひそかに新しいパートナーを探していて、そのパートナーは私たちかもしれない。少なくとも、私たちが生みだすテクノロジーだ。

皮肉にも、進化は人間のような存在がなければ根本的な変化をもたらすことができない。その仕事をするには、高度な知能と感情、意識的な意図、原始的な衝動、複雑なコミュニケーションから得た大量の知識を、すべて融合させる必要がある。どれかひとつ欠けても未来は崩壊してしまう。少なくとも、人間並みの知性と意識をもった生物が存在する未来はない。創造と発明は、賢い頭脳だけでは成し遂げられない。情熱や、ときには恐怖が、明確に的を絞った意図によって火をつけられてこそ可能になる。知性と感情が組みあわさらなければテクノロジーは生まれない。車輪も、蒸気機関も、核爆弾も、コンピュータも発明されないにちがいない。世界も現在のような姿にはならなかったはずだ。私たちは今でもアフリカの暗い夜に身を寄せあい、闇のなかで待ちかまえる捕食動物から逃れることだけを考えて、どうにか暮らしていくのが精一杯だったかもしれない。火を味方につけることすら叶わなかっただろう。

しかし、私たちを今のような人間にした特徴の数々は、不思議な能力を授けてくれた。その能力は、人類が進化してきたこれまでの時代とは違って、私たちを猛烈な勢いで未来に向けて走らせている。人類の未来は、普通の人々には考えもつかない姿になるだろう。

一例としてハンス・モラヴェックの説を紹介しよう。モラヴェックはカーネギー・メロン大学の高名なロボット研究者である。一九八〇年代の後半、彼は人類の最期を予言する本を空き時間に黙々と書いた。その本、『電脳生物たち』が予測するシナリオでは、人類が核兵器や、自分たちでばらまいた病気で自滅するのでもなければ、自己増殖型のナノテクノロジーで解体されるのでもない。モラヴェックは、これまでの研究生活を人工知能ロボットに捧げてきただけあって、人類が自分たちの発明のせいで滅びるシナリオを考えた。彼が選んだその発明とは、ロボットである。

モラヴェックは次の著書『ロボット――単なる機械から卓越した知性へ』（邦題は『シェーキーの子どもたち――人間の知性を超えるロボット誕生はあるのか』）のなかで、新世代の技術が登場するたびにこのプロセスが少しずつ進んでいくと説明している。今日、技術革新のスピードは凄まじいので、二一世紀のなかばにはすでにかなりのところまで行く可能性がある。私たちはほぼ一〇年に一段のペースでロボットに進化のはしごを登らせ、ロボットをより賢く、より動きをスムーズに、より人間に近くしていく。はじめのうち、ロボットの知性は昆虫やグッピーと大差がない（現在はだいたいこの段階）。それから実験用のラット程度になり、次にサルやチンパンジー並みになって、ついには創造者よりも高い技術と高い適応性を身につけるに至る。当然ながら、たちまち疑問が湧く。「では、誰が支配するのか？」ホモ・サピエンスはほぼ二〇万年のあいだ、この惑星の食物連鎖の頂点に君臨してきた。なのに、もうその地位にはいられないのだろうか。進化の物語にきちんと記してもらえず、省略記号で表わされた狭いスペースに押しこまれて、新しいテクノロジーの前にネアンデルタール人の役割を演じる羽目になるのだろうか。人間と同じように自己意識をもつ道具に、言いかえれば、意識的に道具を作る生物がはじめて作った「意識をもつ道具」に、私たちは屈するのだろうか。

その答えはいやおうなく「イエス」である。進化は人類を通じて、新しい生物を作る新しい方法を見出すのだ。進化はこれまで四〇億年近くものあいだ、DNAと炭素を基盤にした脆弱な生物を使って自らのはしごを登らせてきた。だが、もうそれをしなくてすむ。


「最期」は映画の『ターミネーター』のような侵略によるものではない。進化のごく自然な成りゆきに従い、より環境に適応した種が、もはや存続するにふさわしくない種に少しずつとって代わるだけだ。これまでの進化との違いは、新しい種がDNAではなくシリコンと合金で作られている点と、私たちによって発明されたという点だけである。この新しい種がひとたび世に出れば、もう人類に用はない。

このとおりになるかどうかはまだわからない。だが、モラヴェックのシナリオは、ある重要な点を突いている。世界も、その上に乗っているものもすべて変化するのであり、私たちが変化をひき起こしているからと言って、その変化の影響をまぬかれるわけではないのだ。

・・・・

機械やロボットの発明にダーウィンの自然選択が関係してくるなんて、じつに奇妙な感じがする。私たちは普通、進化とは生命にかかわるものだと考えている。細胞と、DNAと、「生きた」生物が作る世界の話だと。機械は生きていないし、知性ももたないし、自然の力よりも経済の力に左右されていると私たちは思ってきた。だが、進化というものが、従来のイメージに基づく「生物」に限られるとはどこにも書いていない。それどころか、生物とテクノロジー、人間と機械のあいだの境界線は日に日に薄れている。私たちはすでに、テクノロジーにとって不可欠な一部になっている。

ホモ・ハビリスが「三爪チャック」の握り方で石を握り、はじめて燧石のナイフを作った日以来、私たちが道具を発明したのか、あるいは道具が私たちを発明したのかを判断するのは難しくなった。今や、コンピュータシステムが動かなくなったら世界経済は崩壊する。ノートパソコンに携帯端末、携帯電話にアイポッド。どれもますます小型に、ますます高性能になっていて、私たちはこれらなしには暮らしていけない。幹細胞療法に対しては賛否両論があるものの、遺伝子操作は日常的に行なわれている。分子《ナノ》サイズのコンピュータプロセッサもあれば、細胞レベルで働くマイクロ電子技術システム（ＭＥＭＳ）もある。神経とじかに接続する電子義肢もすでに登場した。パーキンソン病患者の脳や心臓疾患患者の心臓に、電子装置を埋めこむ処置もごく普通に実施されている。埋めこみ型の電子眼球の実験まで始まっているほどだ。繊維にもデジタルテクノロジーが織りこまれ、衣服が体の一部になる日がまた一歩近づいてきている。軍では、第二の皮膚とも呼ぶべき「戦闘服」を開発中で、これを着用すると、兵士の五感や筋力や、コミュニケーション能力が高まるだけでなく、弾丸が飛んでくる方向を三角法で測定することまでできるという。

次はどうなる？　話すこと、書くこと、芸術を通して自己表現をすることは、内なる感情を他者と分かちあう強力な手段だ。だが、新しい言語を覚えたり、ピアノを習ったり、橋や建物の設計を学んだりするのには何カ月も何年もかかる。新しいテクノロジー（バーチャルリアリティ、テレプレゼンス、デジタルインプラント、ナノテクノロジー）でコミュニケーションを加速することで、言葉を話さなくても意思の疎通を図れる日がくるだろうか。将来的には、デジタル・テレパシーとでも言うべきものでコミュニケーションをして、インターネットからファイルをダウンロードするように、情報や経験や、技術や感情までをも脳からダウンロードし始めるのだろうか。人間は機械になるのだろうか。それとも、機械のほうが人間の高性能バージョンになるのだろうか。このどれかひとつでも実現したら、どんな倫理問題がもちあがるだろう。どの時点で私たちは人間であるのをやめるのだろうか。

世界を代表する微生物学者のリン・マーギュリスは、テクノロジーと生物の境界線が薄れる現象は今に始まったことではないと主張してきた。二枚貝や巻貝の殻などは、生物の外見をまとったテクノロジーだとマーギュリスは語る［原注1］。私たちが築いた巨大な摩天楼、買物をするショッピングモール、乗りまわしている車。これらが種子の外皮とどれほど違っているだろうか、と。外皮や貝殻は生きていないけれど、内部にわずかな水分と炭素とDNAをもっていて、時がくれば複製する。私たちは殻のなかにある生命と殻とを区別していない。なぜオフィスビルや病院や、スペースシャトルが特別なのか。

別の言い方をすれば、生き物と、その生き物がたまたま作った道具を区別しているのは「私たち」であって、自然はそんな区別をしてはいない。進化のプロセスにとっては、道具も適応によって生まれた新たな特徴にすぎず、それがほかより優れていれば残すというだけのことだ。そう考えれば、ホモ・ハビリスが最初に作った燧石のナイフも貝殻と同様に生命の一形態になる。祖先のＤＮＡが変化して、足の親指や手の親指などが発達したように、燧石のナイフもまた、祖先を新たな進化の道へと送りだしてくれたものである。

テクノロジーを用いた適応が、私たちが普通に考える生命の範囲を逸脱しているとしても、その影響の大きさに変わりはない。しかも、その影響は生物の場合よりはるかに速いスピードで広がる。燧石のナイフがはじめて作られてから、進化の時計で言えばほんの一瞬のあいだに、私たちの食べる物は変わり、世界や他者とのやりとりの仕方も変化した。その変化によって私たちが生きのびる確率は高まった。脳は加速度的に増大し、そのおかげでもっとたくさんの道具が作れるようになり、それがさらなる脳の増大を呼んだ。私たちはそのプロセスを続けてきた。休むことなく、しだいにその速度と精巧さを増しながら。ますます複雑なテクノロジーを生みだしつづけて、ついには遺伝子工学にまでたどりついた。この技術をもってすれば、脳を生みだして道具を考案させたおおもとの染色体に手を加えることができる。だとすれば、私たちのテクノロジーはすべて私たち自身の延長であり、人間のあらゆる発明も、生物の進化が形を変えて現われているにすぎないことになる。

従来の進化観を改めるように迫るのはモラヴェックやマーギュリスだけではない。科学者で発明家のレイ・カーツワイルは、モラヴェックと同様に、技術革新のスピードが急激に高まっていると指摘する。また、やはりモラヴェックと同様に、人間並みの知性を備えた機械が二一世紀な

原注1　マサチューセッツ州西部にあるマーギュリス教授の自宅でのインタビューより。

かばには誕生しているだろうと予言する。モラヴェックと違うのは、それがロボットの形をとるとはかぎらないと考えている点だ。

カーツワイルのシナリオによると、人間は遺伝子操作で自らを作りかえて長く健康に生きるようになる。生まれもったDNAに頼っていたら、とうてい期待できないほど長く健康に。そのためにまず、遺伝子を手直しして病気を減らし、移植用の臓器を培養し、老化に伴う悲惨な状態をあらかた先延ばしにする。二〇二〇年代の後半には分子サイズのナノマシンを誕生させ、それをプログラムして、DNA本来の力だけではけっして成し遂げられない仕事をさせるようになる。

この技術が実用化されれば、老化を遅らすどころか若返ることも夢ではない。体内の分子をひとつひとつ掃除して作りなおしていけばいい。無数のニューロンがひしめく脳のなかにナノマシンを送りこめば、知性を高めることもできるだろう。記憶力は向上し、命令ひとつでまったく新しいバーチャル体験もできる。想像力もしかりで、強化していない現状の脳では思いもつかない発想を得ることができる。やがて（とはいえかなりの短期間で）、人類は完全なデジタル生物になるだろう。脳は分解・再構築されて、現在よりはるかに強力なデジタルバージョンとなる。

このシナリオは、モラヴェックの言う「脳からロボットへのダウンロード」と基本的に大きくは変わらない。違うのは、カーツワイルのほうが変化が徐々に起きると見ている点だ。どちらにしても、いずれ人類はテクノロジーと融合する。もちろん、両者のあいだにもともと垣根があったとすれば、の話だが。最終的には、ビット、バイト、ニューロン、原子の境界線は消えうせる。

人類は別の種に進化すると言ってもいいかもしれない。私たちはもはやホモ・サピエンスではなくなり、サイバー・サピエンスになる。なかばデジタルで、なかば生物。もって生まれたDNAと、もって生まれた運命から、ほかのどんな生物よりも遠く離れて生きる。自らの進化を舵取りできる生物となるのだ（「サイバー（cyber）」の語源は、ギリシア語で「舵取り」を意味するkybernetesからきている）。自然界にいまだかつてなかったまったく新しい状況である。

なぜ私たちは甘んじて機械に置きかえられるのだろうか。結局、ほかに選択肢がないからだ。人間の創造力はすでに環境を大きく変えてしまい、その変化に私たち自身がついていけていない。これ以上の皮肉があるだろうか。自分たちが生まれてきた世界とは、まったく異なる世界を作りあげたのだから。地球上に住む六五億の人間は、毎日数百万人単位で空飛ぶ機械に乗って移動し、人工衛星と光ファイバーケーブルで心と心をつなげ、一方で分子配列を変えながらもう一方で熱帯雨林を破壊し、栽培した作物を一夜のうちに何兆トンも出荷する。こういった世界は、二〇万年前に進化が形作った狩猟採取の遊牧民的な暮らしとは似ても似つかない。

つまり、新しいものを作るという人類の長年の習慣が、自分自身を窮地に追いこんでいる。私たちの道具は進化の一歩先を行って、世界をいっそう複雑なものに変えてきた。世界が複雑になればなるほど、すべてを支配下に置くためになおさら複雑な道具の発明が求められる。新しい道具があれば適応のスピードも上がるが、一歩前進するたびに別の何かを作らなくてはならない。そうやって作られるものはどんどん強力になっていくため、ひとつ作られるたびに世界は大きく変化し、その変化に適応するためにさらなる道具が必要になる。

生き残る道はただひとつ。もっと速く動き、もっと賢くなり、変化に応じて変化することだ。

そのためには自分の力を増強して、いずれは自分のＤＮＡから抜けだすしかない。さもなければ、私たちが作りつづけている新しい環境――体と心と頭を取りまく環境――を生きのびていけないのだ。

どれもありえない話だと思うかもしれない。ホモ・サピエンスは本当にサイバー・サピエンスに道を譲ってしまうのか。祖先が二〇〇万年前にテクノロジーの世界と生物の世界を合体させたように、サイバー・サピエンスが分子の世界とデジタルの世界を継ぎ目なく融合させていくのだろうか。だが、これまで進化はもっと奇妙な出来事をとりしきってきている。まず何十億年もかけて遺伝子を取りかえ入れかえして、人類を誕生させた。それから人類の脳は二〇万年をかけて私たちを変えていった。はじめは毛皮をまとい、石器を手にして走りまわっていたのに、今ではこのような現代世界に暮らしている。進化はありえない話の連続だ。生きのびようとする衝動が、一見ありえないと思えることをいやおうなく現実のものにしていく。人間自身がそのいちばんの証拠だろう。

こうしたシナリオが実現し、ＤＮＡ自体が恐竜と同じ道を歩むとしたら、サイバー・サピエンスはどんな生物になるのだろうか。私たちには答えようがない。ホモ・エレクトスにしても、自分たちの子孫がいつか映画を作り、コンピュータを発明し、交響曲を書くとは夢にも思わなかっただろう。それと同じだ。間違いなく言えるのは、私たちの子孫は私たちよりも知能が高いということだ。脳が複雑に並列接続されているのは同じだが、処理スピードは想像を絶する速さになる。では、私たちが頭蓋骨のなかに抱えているあの原始的な衝動はどうなるのだろうか。それから、言葉によらない無意識のコミュニケーション手段は？　笑いや、涙や、キスはどうなるだろう。サイバー・サピエンスもおもしろいジョークを理解するだろうか。素晴らしい詩を読んだときに、その良さを嚙みしめながら微笑むだろうか。自分の子供の機械製の髪をくしゃくしゃにしたり、愛する者の手を握ったりするだろうか。抑えきれない魂を込めて、むさぼるようなキスをするだろうか。彼らの脳や行動にも男女差があるだろうか。いや、そもそも「男女」の区別があるだろうか。フェロモンや、ボディランゲージや、神経質な笑いはどうなるだろう。もしかしたらどれもすでに役割を終えて、なくなっているかもしれない。サイバー・サピエンスも眠るだろうか。もし眠るなら、彼らも夢を見るだろうか。陰謀をめぐらし、噂話に花を咲かせ、嫉妬に我を忘れ、ひそかに計画を立てて誰かを殺すだろうか。人間の心の暗黒物質とも言うべき深い無意識を、彼らもまた抱えているだろうか（かりに機械が作った無意識であっても）。それともこうした原始的な神秘は、新しく作られた彼らの知性によってすべて白日のもとにさらされるのだろうか。

私たちがこうした問いに向きあわねばならない日は、予想以上に早いかもしれない。未来は日に日に速度を増して近づいてくる。

私自身は次のように考えたい。私たちがこれほど特別で、これほど人間的な存在になったのは、進化の遺産と進化の新しい工夫が合わさったからである。その工夫と遺産は、この先も置きざりにされることはないにちがいない。いや、置きざりにはできないのではないだろうか。進化はいつも、すでにあるものを使って次の工夫をしてきた。六〇〇万年もかけて容赦なく変化を加えてきたのに、私たちはいまだに動物だった時代の名残りを抱えている。その名残りのなかでもとくに役立つものは、たぶんこの先も残っていくだろう。多少重くても、えり抜きの荷物をいくつかもっていくのは悪くない。たとえ私たちが自然界の異端児でも。

謝辞

書くことは孤独な作業に見えるが、本当にひとりだけで成し遂げられるものではない。本を作りあげるのはいわば共同体による努力のたまものであり、本書も例外ではなかった。ということで、あなたが読んできたページを生むのには大勢の人たちに助けてもらった。彼らに心からお礼を言いたい。まずは、さまざまな分野で知的な重労働をこなしている科学者たちから。言語の進化に関してじつに興味深い研究を行なっているテレンス・ディーコン、マイケル・アービブ、ジャコモ・リゾラッティに。人間の意識について驚くべき事実を明らかにしてきたマイケル・ガザニガ、オリヴァー・サックス、ジェラルド・エーデルマンに。そして、リーキー一族、ドナルド・ジョハンソン、イアン・タッターソルをはじめとする大勢の人類学者たちに感謝したい。彼らは、アジアやアフリカやヨーロッパの土のなかから私たちの過去を掘りおこし、人類がいかにして今日に至ったかの手がかりを見つけてくれた。対人行動、笑うこと、泣くこと、および脳の発達の分野については、ロビン・ダンバー、ジェイン・グドール、ランドルフ・コーネリアス、パトリシア・グリーンフィールド、ロバート・プロヴァイン、ヘンリー・プロトキン、ディーン・フォークほかの研究に感謝している。彼らは人間の進化と行動のうち、二、三〇年前にはほとんど理解が進んでいなかった分野に具体的な中身を与えてくれた。スティーヴン・ピンカー、リン・マーギュリス、レイ・カーツワイル、ハンス・モラヴェック、ルイス・トマス、リチャード・ドーキンスの研究は、全般的に参考にさせてもらった。彼らはいつも、ほとんどどんなことについても新鮮で刺激的な解釈をしてくれる。ここにあげた人々はほんの一握りにすぎない。ほかにも大勢の研究者たちが、私たちがいかにして今のような人間になったかの解明に貢献している。

私のエージェント、ピーター・ソーヤーにもお礼を言いたい。彼はウォーカー・アンド・カンパニー出版社のジョージ・ギブソンを紹介してくれた。ジョージはこれまで出会ったなかで最高とも言うべき素晴らしい人物である。ピーターとジョージはいつも前向きにこのプロジェクトを支えてくれた。私の文章を編集してくれたのはジャクリーン・ジョンソンである。彼女がつねに辛抱強く、癇癪を起こさずに取りくんでくれたおかげで、執筆作業は単調な骨折り仕事ではなく喜びとなった。また、彼女は巧みな技術で、乱れた文章を滑らかで筋の通ったものに何度となく変えてくれた。

何人かの親しい友人は、いかに親しいかを証明するかのように、私の原稿をいろいろな段階で読んで意見を聞かせてくれた。なかでも、リチャード・トービン、シンディ・モーサイツ、両親のビルとローズマリー、ロビン・ワートハイマー、メアリー・マリン、ジェリー・ファーバー、タラ・マクレイミーにはとくにありがとうと言いたい。

最後に、誰よりも感謝しているのは、私の素晴らしいふたりの娘、モリーとハナだ。ソフトボールの試合やボートレースに参加しても、芝居を観にいっても、父親の心はしばしば太古のアフリカや脳の構造をさまよっていた。それでもふたりは不平ひとつ言わずに我慢してくれ、ユーモアのセンスを（私のユーモアのセンスも）錆びつかせず、いつも私にひとつのことをしみじみと感じさせてくれた。愛する者とともに笑い、キスをし、泣くことができる唯一の生物として生まれて、私たちはなんて幸せなんだろう、と。

――C・W

二〇〇六年、ペンシルヴァニア州ピッツバーグにて

訳者あとがき

人間とチンパンジーは、ＤＮＡを比べるかぎりほとんど同じで、わずか一・五パーセント程度しか違わないという。にわかには信じがたい数字である。外見にしろ何にしろ、ずいぶん異なっているとしか思えないからだ。だが、ＤＮＡ上の差異やこまごました相違点はさておいて、ヒトとサルのいちばん根本的な違いとは何なのだろう。人間を「人間らしく」している人間にしかない特徴とは何なのか。そして、それらはどのようにして進化してきたのか。こうした問いに答えることが本書、『この６つのおかげでヒトは進化した――つま先、親指、のど、笑い、涙、キス』のテーマである。

タイトルからもわかるとおり、本書では人間ならではの特徴を六つに絞った（副題のひとつめにある「つま先」とは具体的には足の親指、ふたつめの「親指」とは手の親指を指している）。著者はまず、すべてのおおもとである足の親指の進化から説きおこして、体の変化がいかにして心の変化をもたらし、人間らしい能力や行動へとつながったかを順を追って解説する。直立二足歩行、道具作り、発話能力や自己意識の獲得といった、進化における重要な出来事についても、いろいろな仮説を紹介しながらそのプロセスを考察していく。それだけではない。人類がこの先どう進化していくかという、いささか空恐ろしい未来予想図も見せてくれる。そのすべてがわかりやすい言葉で書かれているので、予備知識のない読者でも理解しやすいはずだ。人間の進化を概観するには絶好の入門書である。

とはいえ、体の特徴だけに注目するならまだしも、行動や知性といった側面を探ろうとすれば、すべてを推測に頼らざるをえない。なにしろ直接的な物証などないのだ。祖先たちの知性が化石になって残っているわけではないし、彼らの行動を記録したビデオがあるわけでもない。となれば、いわば状況証拠を丹念に積みあげて、できるだけ信憑性の高い絵を描くしかない。著者も五章でこう述べている。「私たちにできるのは、理にかなった推測をすることだけだ」と。本書の推測が「理にかなった」ものであるかどうかは読者の判断に委ねたい。しかし、幅広い分野の最新の研究成果を踏まえながら、じつに説得力のあるシナリオを組みたてたと言えるのではないだろうか。

著者はさまざまな情報を巧みに織りあわせ、人類進化の物語を見せるように連続性をもたせて提示するのがうまい。これについては、著者の経歴によるところも大きそうだ。著者のチップ・ウォルターは、現在はおもに科学ジャーナリストと大学の非常勤教授（文章作成術）として活躍しているが、かつてはアメリカの公共放送サービス（ＰＢＳ）で科学ドキュメンタリー番組の脚本・制作を手がけていた。視覚的なイメージをかき立てる場面が随所に挿入されている点も、内容の理解を助けている。

ところで、読者のなかには、「足の親指、手の親指、のど、笑い、涙、キス」という六つの組みあわせを不思議に感じた方もいることだろう。前の三つについては、人間の進化について書かれた本にはかならず取りあげられている。だが、後ろの三つが人間を人間たらしめているとは、私たちはあまり思っていないのではないだろうか。しかし、人間が知性だけの生き物ではなく感情の生き物でもあることを考えるなら、笑い、泣き、キスをするという三つの行動を外すわけにはいかないのだ。じつは、こうして感情面にも力点を置いているところに本書の大きな特徴がある。

「感情」について考えるとき、私たちは往々にして「理性や知性」と対立するものとしてとらえがちだ。感情には、「原始的、動物的、抑制すべき」といったイメージもある。だが、実際はそんな単純な図式では割りきれない。私たちの感情は、動物の衝動がそのまま残ったものとは違う。感情もまた大きく進化してきたのであって、それは人間に「知性があったから」だと著者は説く。知性と感情が密接に結びつき、互いに影響を及ぼしあってきたからこそ、人間の文化や発明や芸術が花開いた。人間ならではの豊かな経験ができるのも、そのふたつが絡みあっているからだと著者は指摘する。少なくとも、感情がどれだけ大切かは、私たちの誰もが身をもって経験しているはずだ。

ところが、これまでの人類進化の本は、知性や言語の面がクローズアップされる傾向にあったように思う。しかし、「人間はそれだけの存在ではない」と著者は言いきる。「言語がもつ論理や分別や、器用な手と脳が生みだす科学技術だけでは語れない」のだ、と（一〇章）。したがって、本書で扱う人間は、高い知性と言語と科学技術を備えているだけではない。泣きもすれば笑いもし、激情に駆られて我を忘れもする。つまり「人間臭さ」を併せもっている。人間臭さをないがしろにすることなく、その成りたちをも解きあかそうとしている点が、本書のユニークなところであり、大きな魅力ともなっている。

著者のウェブサイト（http://www.chipwalter.com/default.html）ならびに著者からのメールによれば、現在、やはり人間の本質に関する新しい本を執筆中だそうだ。その本のなかでも、知性と感情の結びつきが大きなテーマになるという。次作でも新鮮な視点を提供してくれることを期待したい。

本書はChip Walter著、*Thumbs, Toes, and Tears: And Other Traits That Make Us Human*の全訳である。刊行まではいろいろな方のお世話になった。この場を借りて感謝申しあげる。なかでも、本書を訳す機会を与えてくださり、的確な指摘で訳者の詰めの甘さを補ってくださった早川書房の佐藤博美さんに、心よりお礼を申しあげたい。

二〇〇七年八月

参考文献

Ackerman, Diane. *A Natural History of the Senses*. New York: Vintage Books, 1990. 『感覚の博物誌』岩崎徹・原田大介訳、河出書房新社、1996

Arbib, Michael A. "From Monkey-like Action Recognition to Human Language: An Evolutionary Framework for Neurolinguistics." *Behavioral and Brain Sciences* 28(2) (2005): 105-24.

Berck, Judith. "Before Baby Talk, Signs and Signals." *New York Times*, January 6, 2004.

Bronowski, J. *The Ascent of Man*. Boston: Little, Brown, 1973.『人間の進歩』道家達将・岡喜一訳、法政大学出版局、1987

Cane, Mark A., and Peter Molnar. "Closing of the Indonesian Seaway as a Precursor to East African Aridification around 3-4 Million Years Ago." *Nature* 411 (2001); 157-62.

Carey, Benedict. "Can Brain Scans See Depression?" *New York Times*, October 18, 2005.

Chalmers, David J. "The Puzzle of Conscious Experience." *Scientific American* 12(1) (2002): 90-100.

Child's Play. PBS, May 29, 1997.

Coghlan, Andy. "Laughing Helps Arteries and Boosts Blood Flow." *New Scientist* (March 7, 2005).

Conway, William. "The Congo Connection." *Wildlife Conservation* (August 1999) 18-25.

Coqueugniot, H., J.-J. Hublin, F. Veillon, F. Houet, and T. Jacob. "Early Brain Growth in *Homo erectus* and Implications for Cognitive Ability." *Nature* 431 (2004).

Corballis, Michael C. *From Hand to Mouth: The Origins of Language*. Princeton, N.J.: Princeton University Press, 2003.

Damasio, Antonio R. "How the Brain Creates the Mind." *Scientific American* 12(1) (2002): 4-9.

Darwin, Charles. *The Descent of Man*. Norwalk, Conn.: Heritage Press, 1972.『人間の進

化と性淘汰』長谷川眞理子訳、文一総合出版、1999-2000
——. *Origin of Species*. New York: Gramercy, 1995.『種の起原』八杉龍一訳、岩波書店、1990
Dawkins, Richard. *The Blind Watchmaker*. New York: W. W. Norton, 1987.『盲目の時計職人——自然淘汰は偶然か?』中嶋康裕ほか訳、早川書房、2004
Deacon, Terrence W. *The Symbolic Species*. New York: W. W, Norton, 1998.『ヒトはいかにして人となったか——言語と脳の共進化』金子隆芳訳、新曜社、1999
Dennett, Daniel C. *Consciousness Explained*. Boston: Little, Brown, 1991.『解明される意識』山口泰司訳、青土社、1998
——. *Freedom Evolves*. New York: Viking, 2003.『自由は進化する』山形浩生訳、NTT出版、2005
Diamond, Jared. *Guns, Germs, and Steel*. New York: W. W. Norton, 1997.『銃・病原菌・鉄——一万三〇〇〇年にわたる人類史の謎』倉骨彰訳、草思社、2000
Dick, Philip K. *Do Androids Dream of Electric Sheep?* New York: Random House, 1996.『アンドロイドは電気羊の夢を見るか?』浅倉久志訳、早川書房、1977
"Don't Knock Climate Change—It May Be the Reason We're Here." *Geology News* 23 (January 2001).
Donald, Merlin. *Origins of the Modern Mind—Three Stages in the Evolution of Culture and Cognition*. Cambridge, Mass.: Harvard University Press, 1991.
Downey, Charles. "Toxic Tears: How Crying Keeps You Healthy." *Health info*. 2000, EBSCO Publishing, Ipswich, Mass.
Dunbar, Robin. *Grooming, Gossip, and the Evolution of Language*. Cambridge, Mass.: Harvard University Press 1996.『ことばの起源——猿の毛づくろい、人のゴシップ』松浦俊輔・服部清美訳、青土社、1998
Dyson, Freeman, *Disturbing the Universe*. New York: Harper & Row 1979.『宇宙をかき乱すべきか——ダイソン自伝』鎮目恭夫訳、筑摩書房、2006
"Earliest Human Ancestors Discovered in Ethiopia: Discovery of Bones and Teeth Date Fossils Back More Than 5.2 Million Years." *ScienceDaily*, July 12, 2001.
Edelman, Gerald M. *Wider than the Sky: The Phenomenal Gift of Consciousness*. New Haven, Conn.: Yale University Press, 2004.『脳は空より広いか——「私」という現象を考える』冬樹純子訳、草思社、2006
Edelman, Gerald M., and Giulio Tononi. *Consciousness: How Matter Becomes*

Imagination. New York: Penguin Books, 2000.

——. *A Universe of Consciousness: How Matter Becomes Imagination*. New York: Basic Books, 2001.

Eiseley, Loren. *The Unexpected Universe*. Orlando, Fla.: Harcourt, Brace, 1969.

Flatt, Adrian E. "Our Thumbs." *Baylor University Medical Center Proceedings* 15 (2002); 380-87.

French, Mary Ann. "Grin and Bare It." *Boston Globe Magazine*, September 11, 2000.

Frey, William, and Muriel Langseth, *Crying: The Mystery of Tears*. San Francisco: Harper & Row, 1985.『涙——人はなぜ泣くのか』石井清子訳、日本教文社、1990

Gazzaniga, Michael S. *Mind Matters: How Mind and Brain Interact to Create Our Conscious Lives*. Boston: Houghton Mifflin, 1988.『マインド・マターズ——心と脳の最新科学』田中孝顕訳、騎虎書房、1991

——. *The Social Brain*. New York: Basic Books, 1985.『社会的脳——心のネットワークの発見』杉下守弘・関啓子訳、青土社、1987

——. "The Split Brain Revisited." *Scientific American* 12 (1)(2002): 26-31.

Gladwell, Malcolm. *The Tipping Point: How Little Things Can Make a Big Difference*. Boston: Little, Brown and Co. 2000.『急に売れ始めるにはワケがある——ネットワーク理論が明らかにする口コミの法則』高橋啓訳、ソフトバンククリエイティブ、2007

Goodall, Jane. *In the Shadow of Man*. Boston: Houghton Mifflin, 1988.『森の隣人——チンパンジーと私』河合雅雄訳、朝日新聞社、1996

Gould, Stephen J. *Ontogeny and Phylogeny*. Cambridge, Mass.: Harvard University Press, Belknap Press, 1997.『個体発生と系統発生——進化の観念史と発生学の最前線』仁木帝都・渡辺政隆訳、工作舎、1987

Greenfield, Patricia M. "Language, Tools, and Brain: The Ontogeny and Phylogeny of Hierarchically Organized Sequential Behavior." *Behavioral and Brain Sciences* 14(4)(1991): 531-51.

Grutzendler, Jaime, Narayanan Kasthuri, and Wen-Biao Gan. "Long-Term Dendritic Spine Stability in the Adult Cortex." Nature 420 (2002): 812-16.

Haier, Richard J., Rex E. Jung, Ronald A. Yeo, Kevin Head, and Michael T. Alkire. "Structural Brain Variation and General Intelligence." *NeuroImage* 23 (2004) 425-33.

Hall, Edward T. *The Silent Language*. Garden City, N.Y.: Doubleday, 1959.『沈黙のことば——文化・行動・思考』國弘正雄・長井善見・斎藤美津子訳、南雲堂、1966

Harrington, Jonathan. "Phonology and the Structure of Language." Class notes: MacQuarie University, Sydney, Australia, online at: http://www.ling.mq.edu.au/speech/phonetics/phonology/structure/structure.pdf.

Harris, Christine R. "The Evolution of Jealousy." *American Scientist* 92 (2004): 62.

Harris, Marvin, *Our Kind*. New York: Harper & Row, 1990.

Herrmann, Christoph S., Angela D. Friederici, Ulrich Oertel, Burkhard Maess, Anja Hahne, and Kai Alter. "The Brain Generates Its Own Sentence Melody: a Gestalt Phenomenon in Speech Perception." *Brain and Language* 85 (2003): 396-401.

Hickok, Gregory, Ursula Bellugi, and Edward S. Klima. "Sign Language in the Brain." *Scientific American* 12(1) (2002); 46-53.

Horgan, John. *The Undiscovered Mind: How the Human Brain Defies Replication, Medication, and Explanation*. New York: Simon & Schuster, 2000.『続・科学の終焉——未知なる心』筒井康隆監修、竹内薫訳、徳間書店、2000

"Human Brain Evolution Was a 'Special Event'" *Howard Hughes Medical Institute* 29 (December 2004).

"Human Intelligence Determined by Volume and Location of Gray Matter Tissue in Brain." *UCI Communications*, July 19, 2004.

Hurford, James R. "Language Beyond Our Grasp: What Mirror Neurons Can, and Cannot, Do for Language Evolution," in *Evolution of Communication Systems: A Comparative Approach*, ed. D. Kimbrough Oller and Ulrike Griebel (Cambridge, Mass.: The MIT Press, 2004): 297--313.

Jaynes, Julian. *The Origin of Consciousness in the Breakdown of the Bicameral Mind*. Boston: Houghton Mifflin, 1982.『神々の沈黙——意識の誕生と文明の興亡』柴田裕之訳、紀伊國屋書店、2005

Johanson, Donald C., and Edey A. Maitland. *Lucy: The Beginnings of Humankind*. London; Penguin, 1981.『ルーシー——謎の女性と人類の進化』渡辺毅訳、どうぶつ社、1986

Johanson, Donald C., and James Shreeve. *Lucy's Child: The Discovery of a Human Ancestor*. New York: William Morrow, 1989.『ルーシーの子供たち——謎の初期人

類、ホモ・ハビリスの発見』堀内静子訳、早川書房、1993
Johnson, D, R. "Retardation and Neotony in Human Evolution." *Human Evolution* (November 24, 2004). http://www.leeds.ac.uk/chb/lectures/anthl_06.html.
Johnson, Steven, *Emergence: The Connected Lives of Ants, Brains, Cities, and Software*. New York: Touchstone, 2001.『創発——蟻・脳・都市・ソフトウェアの自己組織化ネットワーク』山形浩生訳、ソフトバンクパブリッシング、2004
Kalin, Ned H. "The Neurobiology of Fear." *Scientific American* 12(1)(2002): 72-81.
Kempermann, Gerd, and Fred H. Gage. "New Nerve Cells for the Adult Brain." *Scientific American* 12(1) (2002): 38-44.
Kidd, Robert. "Evolution of the Rearfoot: A Model of Adaptation with Evidence from the Fossil Record." *Journal of the American Podiatric Medical Association* 89 (1999) 2-17.
Kimura, Doreen. "Sex Differences in the Brain." *Scientific American* 12(1) (2002): 32-37.
Knight, Will. "Computer Crack Funnier than Many Human Jokes." *NewScientist* 20 (December 2001).
Kobayashi, Yoshihiro. "Pheromones: The Smell of Beauty." Ph.D. diss., University of Colorado, 1997.
Koontz, Dean. *The Face*. New York: Bantam Doubleday Dell, 2004.
Kurzweil, Ray. *The Age of Spiritual Machines*. New York: Penguin, 1999.『スピリチュアル・マシーン——コンピュータに魂が宿るとき』田中三彦・田中茂彦訳、翔泳社、2001
——. *Are We Spiritual Machines?* Seattle, Wash.: Discovery Institute, 2002.
——. *The Singularity Is Near*. New York: Penguin, 2005.『ポスト・ヒューマン誕生——コンピュータが人類の知性を超えるとき』小野木明恵・野中香方子・福田実訳、日本放送出版協会、2007
Laitman, Jeffrey T. "How Humans and Their Closest Kin Perceive the World: The Special Senses of Primates." *The Anatomical Record* 281A (2004).
Lakoff, George, and Mark Johnson. *Philosophy in the Flesh: The Embodied Mind and Its Challenge to Western Thought*. New York; Perseus, 1998.『肉中の哲学——肉体を具有したマインドが西洋の思考に挑戦する』計見一雄訳、哲学書房、2004
Lambert, David, and the Diagram Group. *The Field Guide to Early Man*. New York: Facts On File, 1987.

Leakey, L. S. B., P. V, Tobias, and J. R. Napier. "A New Species of the Genus *Homo* from Olduvai Gorge." *Nature* 202 (1964): 7-9.

Leakey, Meave, and Alan Walker. "Early Hominid Fossils from Africa." *Scientific American* 13(2) (2003): 14-19.

Leakey, R. E. F. "Evidence for an Advanced Plio-Pleistocene Hominid from East Rudolf, Kenya." *Nature* 242 (1973) 447-50.

Ledoux, Joseph E. "Emotion, Memory, and the Brain." *Scientific American* 12(1) (2002): 62-71.

——. *The Emotional Brain*. New York: Simon & Schuster, 1998.『エモーショナル・ブレイン——情動の脳科学』松本元ほか訳、東京大学出版会、2003

——. *Synaptic Self: How Our Brains Become Who We Are*. New York: Penguin, 2003.『シナプスが人格をつくる——脳細胞から自己の総体へ』森憲作監修、谷垣暁美訳、みすず書房、2004

Leonard, William R. "Food for Thought." *Scientific American* 13(2) (2003); 62-71.『日経サイエンス』2003年3月号所収「美食が人類を進化させた」

Leonard, William R., Marcia L. Robertson, J. J. Snodgrass, and Christopher W. Kuzawa. "Metabolic Correlates of Hominid Brain Evolution." *CBP* 136 (2003): 5-15.

Lieberman, D. E., R. C. McCarthy, K. M. Hiiemae, and J. B. Palmer, "Ontogeny of Postnatal Hyoid and Larynx Descent in Humans." *Archives of Oral Biology* 46 (2001) 117-28.

Lumsden, Charles J., and Edward O. Wilson, *Genes, Mind, and Culture: The Coevolutionary Process*. 25th ed. New York: World Scientific, 2005.

Lutz, Tom. *Crying : The Natural and Cultural History of Tears*. New York: W. W. Norton 1999.『人はなぜ泣き、なぜ泣きやむのか？——涙の百科全書』別宮貞徳・藤田美砂子・栗山節子訳、八坂書房、2003

Margulis, Lynn, *Early Life*, Boston: Jones & Bartlett, 1984.

Margulis, Lynn, and Dorion Sagan. *Microcosmos*. New York: Simon & Schuster, 1991.『ミクロコスモス——生命と進化』田宮信雄訳、東京化学同人、1989

Marks, Jonathan. *What It Means to Be 98% Chimpanzee: Apes, People, and Their Genes*. Berkeley: University of California Press, 2003.『98%チンパンジー——分子人類学から見た現代遺伝学』長野敬・赤松眞紀訳、青土社、2004

Marrin, Minette. "Why Does It All End in Tears?" *Sunday Telegraph*, London,

December 16, 2001.

McNeill, Daniel. *The Face*, Boston: Little, Brown, 1988.

Moravec, Hans. *Mind Children*. Cambridge, Mass.: Harvard University Press, 1988.『電脳生物たち——超ＡＩによる文明の乗っ取り』野崎昭弘訳、岩波書店、1991

——. *Robot: Mere Machine to Transcendent Mind*. New York: Oxford University Press, 1999.『シェーキーの子どもたち——人間の知性を超えるロボット誕生はあるのか』夏目大訳、翔泳社、2001

Morris, Desmond, *Intimate Behaviour*. New York: Bantam Books, 1973.『ふれあい——愛のコミュニケーション』石川弘義訳、平凡社、1993

——. *The Naked Ape*. New York: McGraw-Hill, 1967.『裸のサル——動物学的人間像』日高敏隆訳、角川書店、1999

"The Oldest *Homo sapiens*. Fossils Push Human Emergence Back to 195,000 Years Ago." *ScienceDaily*, February 28, 2005.

Osborne, Lawrence, "A Linguistic Big Bang," *New York Times*, October 24, 1999.

Parachin, Victor. "Fears About Tears? Why Crying Is Good for You." *Vibrant Life* 11 (November 1992).

Perella, Nicolas J, *Kiss Sacred and Profane*, Berkeley: University of California Press, 1969.

Perlman David, "Fossils from Ethiopia May Be Earliest Human Ancestor," *National Geographic*, July 21, 2001.

Petito, Laura A., Siobhan Holowka, Lauren E, Sergio, and David Ostry, "Language Rhythms in Baby Hand Movements." *Nature* 413 (2001) 35-36.

Petitto, Laura Ann, Robert J, Zatorre, Kristine Gauna, E. J. Nikelski, Deanna Dostle, and Alan C. Evans. "Speechlike Cerebral Activity in Profoundly Deaf People Processing Signed Languages: Implications for the Neural Basis of Human Language." *PNAS* 97 (2000): 13, 961-13,966.

Pinker, Steven. *The Language Instinct*. New York: William Morrow, 1994.『言語を生みだす本能』（上・下）椋田直子訳、日本放送出版協会、1995

Plotkin, Henry. *Darwin Machines and the Nature of Knowledge*. Cambridge, Mass.: Harvard University Press, 1997.

Provine, Robert. *Laughter: A Scientific Investigation*. New York: The Penguin Group, 2000.

Quartz, Steven R., and Terrence J. Sejnowski. *Liars, Lovers, and Heroes*. New York: HarperCollins, 2002.

Rayl, A. J. S. "Humor: A Mind-Body Connection." *Scientist*, October 2, 2000.

Reader, Simon Matthew. "Outline and Abstract of 'Brain Size in Primates as a Function of Behavorial Innovation.'" Ph.D, diss., University of Utrecht.

Richter, Jean Paul. *The Notebooks of Leonardo Da Vinci*. Vol. 1. New York: Dover, 1970.

Ridley, Matt. *The Red Queen: Sex and the Evolution of Human Nature*. New York: HarperCollins, 2003.『赤の女王——性とヒトの進化』長谷川真理子訳、翔泳社、1995

Rizzolatti, Giacomo, and Laila Craighero. "The Mirror Neuron System." *Annual Review of Neuroscience* 27 (2004): 169-92.

Rizzolatti, Giacomo, Leonardo Fogassi, and Vittorio Gallese. "Motor and Cognitive Functions of the Ventral Premotor Cortex." *Cognitive Neuroscience* 12: 149-54.

——. "Neurophysiological Mechanisms Underlying the Understanding and Imitation of Action." *Nature* 2 (2001): 661-70.

Rodman, Peter., and McHenry, Henry. "Bioenergetics and Origins of Hominid Bipedalism." *American Journal of Physical Anthropology* 52 (1980): 103-106.

Rosenberg, Karen R., and Wenda R. Trevathan. "The Evolution of Human Birth." *Scientific American* 13 (2) (2003); 80-85.『日経サイエンス』2002年4月号所収「出産の進化」

Rossi, William A. "The Foot: Mother of Humanity; Mankind Owes Homage to Our Uniquely Human Feet, Without Which It Could Not Have Evolved to Its Present State." *Podiatry Management*, April 1, 2003.

Sacks, Oliver, *Anthropologist on Mars: Seven Paradoxical Tales*. New York: Random House, 1996.『火星の人類学者——脳神経科医と7人の奇妙な患者』吉田利子訳、早川書房、2001

Sagan, Carl. *The Dragons of Eden*. New York: Ballantine Books, 1977.『エデンの恐竜——知能の源流をたずねて』長野敬訳、秀潤社、1978

Samiei, Haleh V, "Why We Weep." *Washington Post*, January 12, 2000.

Sapolsky, Robert M. *A Primate's Memoir*. New York: Simon & Schuster, 2001.

Schick, Kathy D., and Nicholas Toth. *Making Silent Stones Speak: Human Evolution*

and the Dawn of Technology. New York: Touchstone Books, 1993.
Schwartz, Jeffrey H. *Sudden Origins: Fossils, Genes, and the Emergence of Species*. New York: John Wiley & Sons, 1999.
Skoyles, John R., and Dorion Sagan. *Up from Dragons*. New York: McGraw-Hill, 2002.
"Soil Suggests Early Humans Lived in Forests Instead of Grasslands," *ScienceDaily*, July 13, 2001.
Spice, Bryon. "New Species Right out of Box." Pittsburgh *Post-Gazette*, February 21, 1999.
Steinberg, Marlene, and Maxine Schnall. *The Stranger in the Mirror*. New York: HarperCollins, 2001.
Stout, Martha. *The Myth of Sanity: Divided Consciousness and the Promise of Awareness*. New York: Penguin, 2002.『おかしい人を見分ける心理学――ＰＴＳＤ、ウソつき、多重人格　あなたの身近な人の心の闇をのぞく』喜須海理子訳、はまの出版、2001
Tattersall, Ian. *The Fossil Trail: How We Know What We Think We Know About Human Evolution*. New York: Oxford University Press, 1995.『化石から知るヒトの進化』河合信和訳、三田出版会、1998
——. "Once We Were Not Alone." *Scientific American* 13(2) (2003): 20-27.
——. "Out of Africa Again . . . and Again?" *Scientific American* 13(2) (2003): 38-45.
Tattersall, Ian, and Jeffrey H. Schwartz. *Extinct Humans*. Boulder, Colo.: Westview, 2001.
Taylor, Timothy. *The Prehistory of Sex*. New York: Bantam Books, 1997.
"Teenagers Special: Brain Storm." *NewSeientist* 5 (March 2005).
Thomas, Lewis. *The Medusa and the Snail*. New York; Bantam Books, 1986.『歴史から学ぶ医学――医学と生物学に関する29章』大橋洋一訳、思索社、1986
Thorne, Alan G., and Milford H. Wolpoff. "The Multiregional Evolution of Humans," *Scientific American* 13(2) (2003): 46-53.
Trachtenberg, Joshua T., Brian E. Chen, Graham W. Knott, Guoping Feng, Joshua R. Sanes, Egbert Welker, and Karel Svoboda. "Long-Term in Vivo Imaging of Experience-Dependent Synaptic Plasticity in Adult Cortex." *Nature* 420 (2002): 788-94.
Van Hooff, Jan, *The Evolution of Laughter*. Transcript of Lecture: University of

Utrecht from a film by Joost de Haas. http://www.uni-duessldorf.de/WWW/MathNat/Ruch/Psy356-Handouts/The%20Evolution%20 of%20Laughter.pdf.

Vincent, Jean-Didier. *The Biology of Emotions*. Cambridge, Mass.: Basil Blackwell, 1990.

Wade, Nicholas. "A Biological Dig for the Roots of Language." *New York Times*, March 16, 2004.

——. "Comparing Genomes Shows Split Between Chimps and People," *New York Times*, December 12, 2003.

Weiner, Jonathan. *Time, Love, Memory: A Great Biologist and His Quest for the Origins of Behavior*. New York: Alfred A. Knopf, 1999.『時間・愛・記憶の遺伝子を求めて――生物学者シーモア・ベンザーの軌跡』垂水雄二訳、早川書房、2001

"Why Women Have Breasts." May 6, 2004. http://www.staff.ncl.ac.uk/nikolas.lloyd/evolve/breasts.html.

Wilcox, Sherman. "Gesture, Icon, and Symbol: What Can Signed Languages Tell Us About the Origin of Signs?" Online publication.

——. "The Invention and Ritualization of Language." Albuquerque: University of New Mexico, 1996.

Wills, Christopher. *The Runaway Brain*. New York: HarperCollins, 1993.『暴走する脳――脳の進化が止まらない!』近藤修訳、講談社、1997

Wilson, Edward O. *On Human Nature*. Cambridge, Mass: Harvard University Press, 1978.『人間の本性について』岸由二訳、筑摩書房、1997

Wilson, Frank R. *The Hand*. New York: Pantheon Books, 1998.『手の五〇〇万年史――手と脳と言語はいかに結びついたか』藤野邦夫・古賀祥子訳、新評論、2005

Wong, Kate. "An Ancestor to Call Our Own." *Scientific American* 13(2) (2003): 4-13.

Wright, James D. "Climate Change: The Indonesian Valve." *Nature* 411 (2001): 142-43.

Wright, Robert. *The Moral Animal: The New Science of Evolutionary Psychology* New York: Pantheon Books, 1994.『モラル・アニマル』(上・下)小川敏子訳、講談社、1995

Young, Emma. "Inside the Brain of an Alcoholic." *New Scientist*, February 4, 2006.

注　釈

プロローグ

1　*Microcosmos*（『ミクロコスモス——生命と進化』田宮信雄訳、東京化学同人、1989）より。同書は、科学ジャーナリストのドリオン・セーガンと、その母で微生物学者のリン・マーギュリスによる共著。

2　科学者で発明家のレイ・カーツワイルによると、ヒトゲノムはたしかに複雑だが、そこに含まれる情報量は比較的少ない。塩基対にして約30億個。換算すると60億ビットになり、バイトに直せば約８億バイトである（しかも重複が多い)。カーツワイルは著書*The Singularity Is Near*（『ポスト・ヒューマン誕生——コンピュータが人類の知性を超えるとき』小野木明恵・野中香方子・福田実訳、日本放送出版協会、2007）のなかで、ゲノムを圧縮すれば3000万バイトほどになるが、これはマイクロソフトのWordプログラムより小さいと指摘している。一方、ゲノムというきわめて単純な「プログラム」が始動して脳が作られると、その脳はゲノム自体より10億倍も複雑になる。たとえば人間の小脳には、脳全体の半数近い数のニューロンが含まれているのに、配線の指示を携えた遺伝子の数はごくわずか——情報量にして数万バイト——にすぎない。もちろん、脳を並外れた存在にしているのはその可塑性と能力——情報を集め、蓄え、操作し、新しい情報を生みだす能力——だ。それがあるからこそ、そもそもヒトゲノムの地図を作るなどということができたのである。

3　Carl Sagan, *The Dragons of Eden* (New York: Ballantine Books, 1977), p. 42.（『エデンの恐竜——知能の源流をたずねて』長野敬訳、秀潤社、1978）

一章　足の親指の不思議な物語

1　古人類学は厳密な科学ではない。ヒト、チンパンジー、ゴリラが共通の祖先から枝分かれしたのが具体的にいつかについては、いまだに熱い議論が戦わされている。ただ、500万年前〜600万年前の中新世末期に枝分かれが起きたという点ではおおかた

の意見が一致している。

2　James D. Wright, "Climate Change; The Indonesian Valve," *Nature* 411 (2001): 142-43.

3　近年、新しいふたつの化石が発見され、私たちの直接の祖先がいつどこで誕生したかについての議論が活発になっている。化石のひとつは2001年にチャドで発掘された頭蓋骨で、約600万年前のものと見られている。チャドと言えば、大地溝帯から2500キロ近く西に離れた地域だ。この化石はサヘラントロプス・チャデンシスと名づけられた。サヘラントロプスは、類人猿ではなく私たちの祖先にあたるとする意見もあれば、チンパンジーと人類の最後の共通の祖先だとの見方もある。答えを出すのは難しい。頭蓋骨の断片しか発見されていないため、その生物が直立二足歩行をしていたのか、四足歩行をしていたのかを知るすべがない。もうひとつの化石は、2001年にケニアのツゲンヒルズで発見されたオロリン・ツゲネンシスである。発見者は、オロリンもヒトの祖先であると主張しているが、サヘラントロプスと同様に、オロリンにも類人猿的な特徴とヒト的な特徴が混在している。今得られている情報から判断するかぎり、彼らを直接の祖先とするのには無理がある。ワシントンD.C.にある国立自然史博物館の人類起源プログラム責任者、リック・ポッツの次の言葉が、状況をいちばん端的に言いあらわしているかもしれない。「数年前には、アルディピテクス・ラミダス（議論の余地のないヒトの祖先として最も古いもの）が答えを語ってくれるのを待つという気運が高まっていた。私たちはそれが最も古いヒトだと考えていたのだ。新しく発見された化石に見られる［特徴の］類似点と相違点を考えると、孤立した集団がたくさんあって、それぞれが独立した進化を遂げたあと、再び集団がひとつになったと思われる。すべてに答えを出すのは非常に難しいだろう」

　私たちの祖先がいつ、どういう理由で直立歩行を始めたかについても、意見の一致を見ていない。最も広く受けいれられている説では、約600万年前から始まった気候変動で多くのジャングルが破壊され、その現実に対処するために祖先たちが直立したということになっている。当時はアフリカの大部分が森林に覆われていた。ところが、近年になって発見された化石は、この仮説に疑問を投げかけている。2001年、エチオピアのミドルアワッシュ渓谷で、頭蓋骨の断片、手の骨、腕の骨、鎖骨の断片が見つかった。その生物はアルディピテクス・ラミダス・カダバと名づけられ、約580万年前～520万年前に生息していたと見られた。ところが、併せて見つかった１個の足の指の骨は、その生物が直立できたことを示していた。この発見が奇妙な

のは、別の研究でこの地域の土壌を調べたところ、600万年前のエチオピアのその地域は森林に覆われていたことがわかったからである。サバンナと草原が広がったために後ろ足で立たざるをえなくなったのだとしたら、この生物がジャングルで暮らしながら直立歩行していたのはなぜなのか。指の骨が誤解を招く形をしているだけかもしれない。この生物が住んでいた森の向こうには開けた土地があって、直立歩行が必要になったのかもしれない。あるいは、化石になったこの生物が単なる進化の例外だったのかもしれない。この時代のヒトの祖先は「前適応」として、大木の枝の上を直立して歩いていたとの説もある。いずれにせよ、祖先となる生物は最終的に立ちあがり、東アフリカの開けたサバンナで進化を続けて、今日の私たちに至っている。

4 M. Brunet, et al., "A New Hominid from the Upper Miocene of Chad, Central Africa," *Nature* 418 (2002): 145-51; P. Vignaud, et al., "Geology and Paleontology of the Upper Miocene Toros-Menalla Hominid Locality, Chad," *Nature* 418 (2002): 152-55.

5 ラエトリの足跡に関する詳細は、http://www.asa3.org/archive/evolution/199505-10/0668.html参照のこと。

6 Donald Johanson and James Shreeve, *Lucy's Child: The Discovery of a Human Ancestor* (New York: William Morrow, 1989)（『ルーシーの子供たち――謎の初期人類、ホモ・ハビリスの発見』堀内静子訳、早川書房、1993）より。

7 ルーシーを調べた研究者のなかには、彼女が少なくとも部分的には樹上生活を送っていたと考える者がいる。手首の骨の１本が、ナックル歩行に適した形になっているためだ。霊長類のようにして歩きまわる習慣があったからこそ、その骨が残っていたのだと彼らは主張する。一方、骨があっても使われていたとはかぎらないとの見方もある。親知らずや盲腸と同じで、進化が残した遺物にすぎないのかもしれない。

8 これについての詳細は、http://www.webster.edu/%7ewoolflm/maryleakey/html参照のこと。

9 メアリー・リーキーのプロフィールについては、http://www.sciam.com/article.cfm?articleID=0006E1CC-7860-1C76-9B81809EC588EF21&pageNumber=2&catID=4がためになる。

10 Donald C. Johanson and Maitland A. Edey, *Lucy: The Beginnings of Humankind* (London: Penguin, 1981), p. 250.（『ルーシー――謎の女性と人類の進化』渡辺毅訳、どうぶつ社、1986）

11　ラエトリの足跡に対しては、人間らしくない部分もあるとの指摘がなされている。そうした説については、Ian Tattersall and Jeffrey H. Schwartz, *Extinct Humans* (Boulder, Colo.: Westview Press, 2001)を参照のこと。

12　アウストラロピテクス・アファレンシスは現代人より体が小さかった。雄の身長は150センチ程度で体重が45キロ程度。雌はさらに小さく、身長は約105センチで体重は約28キロだったと見られている。

13　化石記録からは、こうした事例が数多く見つかっている。有孔虫（殻に包まれた単細胞の原生動物）のような微生物や種々の三葉虫だけでなく、恐竜も例外ではない。約7500万年前の白亜紀にモンタナ平原からカナダ西部にかけてを徘徊していたダスプレトサウルス（「恐るべきトカゲ」の意）は、ティラノサウルス・レックスの子孫だが、短期間で進化した。

14　昆虫であれヒトであれ、HOX遺伝子は染色体上に数珠つなぎになって並んでいる。このように固まって順番に並んでいることが、ＨＯＸ遺伝子が連係して働くために必要なのではないかと研究者は考えている。たとえば、一番先頭に並んでいるＨＯＸ遺伝子が脳の後部の発達をコントロールし、二番目のＨＯＸ遺伝子が首の上部といった具合に、体軸に沿って順番にコントロールしていく。もしも順番が乱れたら、それぞれのＨＯＸ遺伝子が担当する部位はおかしな場所に発生してしまうだろう。

15　Jeffrey H. Schwartz, *Sudden Origins: Fossils, Genes, and the Emergence of Species* (New York: John Wiley & Sons, 1999)参照。

16　森林の生息環境については、http://www.sciencedaily.com/releases/2001/07/010712080455.htm および Kate Wong, "An Ancestor to Call Our Own," *Scientific American* 13(2) (2003), 4-13を参照のこと。

17　草原に木がないということは、木陰もない。これは、祖先が直立したきわめて大きな理由のひとつである。ジャングルでは木陰が十分にあるため、毛深く黒っぽい体をできるだけ太陽にさらさないようにするという必要がなかった。ところが、サバンナの暑い太陽の下では、立ちあがったほうが体全体が影になって熱波から守れるとともに、空気に触れる体表面積を広くできる。どちらにも体を冷やす効果がある。この点については、五章「空気を吸って言葉を吐く」でさらに詳しく解説している。

18　時速約3.2キロのスピードで移動する場合、チンパンジーは人間よりエネルギーを３分の１よけいに使う。これでは長距離の移動には向かない。（Rodman and McHenry, "Bioenergetics and Origins of Hominid Bipedalism," *American Journal of Physical Anthropology* 52 (1980): 103-106参照）。後年の研究もRodman and

McHenryの主張を支持していて、人間の直立二足歩行がチンパンジーの四足歩行よりエネルギー効率がいいことが確かめられている。

19 動物の構造から行動を類推する場合、結論は慎重に下さなくてはならない。とはいえ、化石から見るかぎり、頑丈型で歯の大きいアウストラロピテクスは、アウストラロピテクス・アフリカヌスのような華奢型に比べて、植物の根や木の実を栄養源とする傾向が強かったと考えられる。華奢型の猿人のほうは、肉食動物が食べのこした死骸や、潰れた骨のなかの骨髄などを食べるのに適していたようだ。似たようなことは、現代のゴリラとチンパンジーの食生活の違いからも見てとれる。ゴリラはほぼ全面的に菜食で、それに適した歯とあごをもっている。一方チンパンジーは、ジェイン・グドールの研究からも明らかなように、手に入ったときには肉を食べる。仲間と協力して、カワイノシシや小型のサルを狩る場合もある。パラントロプス・ロブストスにとっては、菜食主義だったことが最終的に身を滅ぼす原因となったようだ。彼らの系統はおよそ150万年前に消滅したらしく、今のところ別の化石は見つかっていない。どうやら、虫や根や果実だけでなく、動物性の脂肪やタンパク質で食生活を補うことができた猿人のほうが、生き残るうえで有利だったと見られる。

二章　立ちあがった者たちの恋のかけ引き

1 Charles Darwin, *The Descent of Man* (Norwalk, Conn.: Heritage Press, 1972), p. 187.（『人間の進化と性淘汰』長谷川眞理子訳、文一総合出版、1999-2000）

2 このテーマについては、以下を参照のこと。

Berscheid, Ellen, and Harry T. Reis. "Attraction and Close Relationships," Daniel T. Gilbert, Susan T. Fiske, and Gardner Lindzey, eds., *Handbook of Social Psychology* (New York: McGraw-Hill, 1998), pp. 193-281.

Harper, B. "Beauty, Statute and the Labour Market: A British Cohort Study," *Oxford Bulletin of Economics and Statistics* 62 (December 2000): 773-802.

Fisher, Helen. *Why We Love: The Nature and Chemistry of Romantic Love* (New York: Henry Holt, 2004).（『人はなぜ恋に落ちるのか？——恋と愛情と性欲の脳科学』大野晶子訳、ソニー・マガジンズ、2005）

Cash, T. F., B. Gillen, and D. S. Burns. "Sexism and 'Beautyism' in Personnel Consultant Decision Making," *Journal of Applied Psychology* 62 (1997): 301-10.

Clark, M. S. and J. Mills. "Interpersonal Attraction in Exchange and Communal Relationships," *Journal of Personality and Social Psychology* 37 (1979): 12-24.

Cunningham, M. R. "What Do Women Want?" *Journal of Personality and Social Psychology* 59 (1990): 61-72.

Singh, D. "Adaptive Significance of Female Physical Attractiveness: Role of Waist-to-Hip Ratio," *Journal of Personality and Social Psychology* 65 (1993): 293-307.

Cunningham, M. R., A. R. Roberts, A. P. Barbee, P. B. Duren, and C. H. Wu. "Their Ideas of Beauty Are, on the Whole, the Same as Ours: Consistency and Variability in the Cross-Cultural Perception of Female Physical Attractiveness," *Journal of Personality and Social Psychology* 68 (1995): 261-79.

De Santis, A. and W. A. Kayson. "Defendants' Characteristics of Attractiveness, Race, and Sex and Sentencing Decisions," *Psychological Reports* 81 (1999): 679-83.

3 Timothy Taylor, *The Prehistory of Sex* (New York: Bantam Books, 1996).

4 S. R. Richards, F. E. Chang, B. Bossetti, W. B. Malarkey, and M. H. Kim, "Serum Carotene Levels in Female Long-Distance Runners," *Fertil Steril.* 43, no. 1 (1985): 79-81; C. H. Wu and G. Mikhail, "Plasma Hormone Profile in an Ovulation," *Fertil Steril.* 31, no. 3 (1979): 258-66.

5 Nikolas, Lloyd, "Why Women Have Breasts" (http://www.staff.ncl.ac.uk/nikolas.lloyd/evolve/breasts.html参照)。

6 ローゼンバーグとトリーヴァスンだけでなく、ケント州立大学のC・オーウェン・ラヴジョイやルイジアナ州立大学のロバート・G・テイグも、さまざまな化石の恥骨と骨盤を調べた結果、アウストラロピテクスの産道は人間より大きかったと結論づけている。それでも、赤ん坊は体を前か後ろに回転させなければ産道に肩がつかえたと考えている。ということは、赤ん坊が生まれてくるときには、母親の背側を向いている場合と腹側を向いている場合があったことになる。いずれにしても、ごく平均的なチンパンジーの出産に比べたら困難であることに変わりはなく、他者の手助けが必要だったはずだ。Karen Rosenberg and Wenda R. Trevathan, "The Evolution of Human Birth," *Scientific American* 13(2) (2003)（『日経サイエンス』2002年４月号所収「出産の進化」）より。C. Owen Lovejoy, "The Evolution of Human Walking," *Scientific American* (November 1988)も参照のこと。

7 ホモ・ハビリスとされる化石はいろいろな種類が見つかっているが、ホモ・ハビリスではないのではないかと指摘されているものが多数ある。古いものは230万年前にさ

かのぼる。

8 Stephen Jay Gould, *Ontogeny and Phylogeny* (Cambridge, Mass.: Harvard University Press, Belknap Press, 1997), pp. 372-73.（『個体発生と系統発生――進化の観念史と発生学の最前線』仁木帝都・渡辺政隆訳、工作舎、1987）

9 同上、pp. 352-56。詳しくはhttp://www.serpentfd.org/a/gouldstephenj1977.htmlを参照のこと。

10 Gould, *Ontogeny and Phylogeny*, p. 401.（邦訳前出）

三章　発明の母

1 http://www.microscopyu.com/galleries/confocal/meissnerscorpusclesprimate.html では、マイスナー小体の仕組みを説明した短い映像を見ることができる。

2 シェイクスピアは英語の語彙と表現法に多大な影響を与えた。彼が作った新語は1700個以上にのぼる（そのほか、私たちが日々使用しているさまざまな慣用句を編みだしたのは言うまでもない）。ほとんどの新語は、名詞を動詞にしたり、動詞を形容詞にしたり、それまで一緒に用いられたことのない２語をつなげたりすることで生みだされた。既存の単語に接頭辞や接尾辞をつけたす場合もあれば、まったく新しい単語を作る場合もあった。次の単語は、この偉大な吟遊詩人が編みだした新語のほんの一部である。advertising（広告）、amazement（驚嘆）、arouse（起こす）、assassination（暗殺）、backing（後援）、bandit（盗賊）、bloodstained（血染めの）、bump（衝突する）、buzzer（やかましいもの）、circumstantial（付随的な）、cold-blooded（冷血の）、compromise（妥協）、dauntless（豪胆な）、dawn（夜明け）、dishearten（意気阻喪させる）、drugged（毒薬の入った）、dwindle（衰える）、frugal（倹約な）、generous（気前のよい）、gloomy（陰鬱な）、gossip（噂話）、gust（突風）、hobnob（うち解ける）、impartial（公明正大な）、invulnerable（不死身の）、lackluster（どんよりした）、laughable（おかしい）、lonely（孤独な）、luggage（旅行かばん）、lustrous（つややかな）、madcap（向こう見ずな）、majestic（堂々とした）、mimic（真似る）、monumental（不朽の）、moonbeam（月光）、obscene（わいせつな）、olympian（威厳のある）、outbreak（勃発）、radiance（光輝）、rant（大言壮語する）、remorseless（無慈悲な）、savagery（野蛮）、scuffle（つかみ合いをする）、submerge（沈める）、summit（頂上）、swagger（闊

歩する)、torture(拷問)、tranquil(平穏な)、undress(服を脱がせる)、unreal(非現実的な)、worthless(価値のない)、zany(道化者)。もっと知りたければ、http://shakespeare.about.com/library/weekly/aa042400a.htmまたは*Coined by Shakespeare* by Jeffrey McQuain and Stanley Mallessone(Springfield,Mass.: Merriam-Webster,1998)を参照のこと。

3　チンパンジーの道具使用(およびアフリカの自然に暮らす彼らの生活様式全般)については、Jane Goodall, *In the Shadow of Man*(『森の隣人――チンパンジーと私』河合雅雄訳、朝日新聞社、1996)を参照のこと。

4　John Napier, *Hands*, rev.ed. (Princeton, N.J.: Princeton University Press, 1993), p. 55.

5　Mary Marzke, "Evolution," K. M. B. Bennett and U. Catilello, eds, *Insights into the Reach to Grasp Movement* (Amsterdam: ElsevierScience B.V., 1994), chapter.

6　Kathy D. Schick and Nicholas Toth, *Making Silent Stones Speak: Human Evolution and the Dawn of Technology* (New York: Touchstone Books, 1993).

7　1986年7月21日からオルドヴァイ渓谷で開始された発掘調査で、ホモ・ハビリスの体の重要な部分が見つかり、骨格が組みたてられた(有名な化石標本のひとつにOH62と呼ばれるものがある)。

それまでは、ホモ・ハビリスは現代人の祖先でホモ・エレクトスの直接の祖先なのだから、手足の長さの比率も現代人に近いと見られていた。ところが、OH62からは、ハビリスの手足の長さが予想以上に類人猿に似ていることがわかる。

現代人の場合、腕の上部の骨(上腕骨)は脚の上部の骨(大腿骨)よりはるかに短い。現代の類人猿の場合、上腕骨と大腿骨の長さはほぼ同じである。つまり、ホモ・ハビリスの体の構造は、現代人よりも、類人猿やアウストラロピテクス・アファレンシスに近かったことになる。しかも、OH62は体が小さかった。身長は120センチ程度しかなく、おそらく女性である。だとすれば、男女で体の大きさにかなりの開きがあったと見られ、その点でも類人猿やアウストラロピテクス・アファレンシスに近いと言える。現代人の場合、男女の体格差はそれほど大きくないからだ。どちらの発見も、科学界を驚かせた。

8　「私たちは、幼いときから日常世界でごく普通に暮らしているだけで、自動的かつ無意識のうちにこうした基本メタファーの膨大な体系を獲得している。私たちに選択の余地はない。融合が起きる時期に神経が接続されるため、私たちにとっては何百もの基本メタファーを使って物事を考えるのが自然なのである」。*Philosophy in the*

Flesh by George Lakoff and Mark Johnson (New York: Perseus, 1998), p. 47.（『肉中の哲学——肉体を具有したマインドが西洋の思考に挑戦する』計見一雄訳、哲学書房、2004）

9 レイコフの教え子のひとり、スリニ・ナラヤナンの研究より。詳細は、http://www.google.com/search?q=Narayanan+neural+theory&ie=UTF-8&oe=UTF-8を参照のこと。

10 P. M. Greenfield, "Language, Tools, and Brain: The Ontogeny and Phylogeny of Hierarchically Organized Sequential Behavior," *Behavioral and Brain Sciences* 14 (1991), 531-51, およびP. M. Greenfield. "Language, Tools, and Brain Revisited," *Behavioral and Brain Sciences* (1991): 531-95.

11 人間がこの点で動物と違うのは、動物の場合は精神生活が肉体の経験によって形作られているせいもある。イルカやクジラは、自分で発した音波の反響をもとに外界を感知するとともに、さまざまな舌打ち音を使いわけてコミュニケーションをとることができる。カール・セーガンは著書*The Dragons of Eden* (New York: Ballantine Books, 1977)（邦訳前出）, pp. 107-8のなかで、こう指摘している。「最近のじつに独創的な仮説によれば、イルカどうしがコミュニケーションをするとき、自分が表現したい物体の音波反響の特徴を再現しているという。この仮説については現在詳しく吟味されている。この説でいけば、イルカはサメを表す単語を『言う』のではなく、サメに音波を当てたときの反響音のスペクトルを、それに相当する舌打ち音で表現していることになる。……もしそうなら、イルカどうしのコミュニケーションは一種の擬音語であり、音の周波数で絵を描いているとも言える。この場合なら、サメの戯画だ。こうした言語が具体から抽象へと拡張されてもおかしくはないだろう。……だとすればイルカは、自分で経験したことではなく、自分で想像したことに基づいて見事な音声のイメージを描けることになる」。こう考えると、音波を使った反響定位（これがイルカにとっての手と目に相当する）が舌打ち音（イルカ版の言語）を形作っていると言える。イルカがセーガンの言うような飛躍を遂げたのかどうかは、まだ明らかになっていない。

12 Sherman Wilcox, "The Invention and Ritualization of Language" Barbara J. King, ed., *The Origins of Language* (Santa Fe, N. Mex.: School of American Research Press, 1999).

13 M. A. Arbib, "From Monkey-like Action Recognition to Human Language: An Evolutionary Framework for Neurolinguistics," *Behavioral and Brain Sciences*（改

訂版、2004年２月１日）および同論文の解説に対する著者の反応（2004年８月22日）より。

14　日本の研究者が被験者に左右反転メガネを装着させ、脳が適応していく過程をｆＭＲＩ（機能的磁気共鳴画像法）で47回にわたって撮影した。このメガネをかけて右手でボールをつかむと、メガネが像を左右反転させるために、実際には左手でつかんだように見える。ゆがんだ信号を受けとることに被験者の脳が慣れるまでに、ほぼ１カ月を要した。実験から明らかになったのは、適応する過程でやはりブローカ野がかかわっていることだ。目と手から送られる信号を再度協調させる仕事をブローカ野が行なっているのである。これにより、ブローカ野が発話の中枢だけでなく、物体を手で扱ったり操作したりする際の協調運動にも欠かせないことが確かめられた。

　ＵＣＬＡ医学部のマルコ・イアコボーニがもっと最近に実施した別の実験では、誰かが指を動かす課題を行なっているのを被験者が見ていると、被験者のブローカ野が画像で「明るくなる」（活動している）のがわかった。"Cortical Mechanisms of Human Imitation," *Science* 286 (1999): 25-26.

15　Charles Darwin, *The Descent of Man, and Selection in Relation to Sex* (Norwalk, Conn.: Heritage Press, 1972).（邦訳前出）

16　「ミーム」とは、オックスフォード大学の動物行動学者、リチャード・ドーキンスの造語である。遺伝子が生物のなかで保存されているのは、生物の生存を可能にする形質をもたらしてくれるからだ。それと同じで、ミームと呼ばれるアイデアや概念が文化のなかで生き残り、繁栄し、受けいれられるのは、それが役に立つものだからだとドーキンスは主張する。馬に乗るというミームは、移動の手段としてきわめて効率がよいため、世界じゅうの文化で採用された。農業というミームは、辺境の地にわずかに残る狩猟採集民族を除けば、やはり世界じゅうで受けいれられている。ＤＶＤで映画を見る、あるいは電子メールでやりとりするというのもミームで、非常に成功している。直立二足歩行や、発話や、音楽を可能にした遺伝子が、遺伝子プールに何度も戻され、また引きだされているのと同じだ。

四章　言語誕生の前夜

1　言語の起源についての仮説の詳細は、Eric P. Hamp and E. H. Sturtevant,

Linguistic Change: An Introduction to the Historical Study of Language (Chicago: University of Chicago Press, 1961)を参照のこと。

2 デレック・ビッカートンの著書、*Roots of Language* (Ann Arbor, Mich.: Karoma Publishers, 1981)（『言語のルーツ』筧壽雄・西光義弘・和井田紀子訳、大修館書店、1985）より。

3 非言語コミュニケーションに関する広範囲にわたる興味深い（ただし散発的な）調査と、その背景となる科学については、http://members.aol.com/nonverbal2を参照のこと。

4 音声言語が誕生したのは、わずか20万年前だとする説がある。言葉を発するためには相手に近づき、かなりの時間向かいあう必要があるが、私たちにはまだそれが完全にはできずにいる。たとえば、見ず知らずの人に話しかけるときには、自律神経の交感神経系（「戦うか逃げるか」）に負荷がかかる。その結果、心拍数が増え、瞳孔が開き、手が冷たく湿っぽくなる。大脳辺縁系の視床下部も指令を出して脳下垂体から循環器系にホルモンを分泌させる。それが血流を増やし、汗をかかせ、不安を高める。

気が動転していたり、怯えていたり、戸惑ったりしているとき、私たちはなかなか相手の目を見ることができない。私たちは優しく子供の髪をくしゃくしゃにしたり、頬をなでたり、子供の手を握って彼らを守ったりする。また、何も語らなくても心を触れあわせて、愛する人と一緒に過ごしたりする。

5 Daniel McNeill, *The Face* (Boston: Little, Brown, 1998).

6 顔面筋の詳細については、http://www.bbc.co.uk/science/humanbody/body/factfiles/facial/frontalis.shtmlを参照のこと。

7 P. Ekman and W. V. Friesen, "The Repetoire of Non-verbal Behavior: Categories, Origins, Usage, and Coding," *Semiotica* 1 (1969): 49-98. http://face-and-emotion.com/dataface/nsfrept/psychology.html参照。顔で表現される基本的な感情については、http://face-and-emotion.com/dataface/emotion/expression.jspを参照のこと。

8 *National Geographic*, May 1997; p. 89参照。

9 15世紀に生きたレオナルド・ダ・ヴィンチが、いつものようにフィレンツェの丘を歩きまわっているときにホモ・エレクトスの骨を発見したとしよう。いくらダ・ヴィンチが細部を観察する達人でも、その骨が現代人のものではないと見抜くのは難しかったにちがいない。ダ・ヴィンチは人体の構造に並々ならぬ興味をもっていた。取りつかれていたと言ってもいい。有名な彼のノートは、手、脚、前腕、頭、鼻、

目などの素描画で溢れている。彼はそれぞれの部位を他と比較することで、人体がいかに均整が取れているかを浮きぼりにしている。

10　最近の発見により、ホモ・ハビリスもアフリカを出て中東や南ロシアの一部に進出していたらしきことがわかっているが、ホモ・エレクトスはさらに遠くまで移動した。エレクトスの骨はインドネシアやオーストラリアからも見つかっている。かつては、約140万年前に道具作りの技術が向上したこと——つまりアシュール文化期の握斧の登場——が彼らの出アフリカを可能にしたと考えられていた。ところが、新しい発見からは、ホモ・エレクトスがいわば生まれたとたんに走りだしたようなものであることがうかがえる。ラトガーズ大学の地質年代学者、カール・スウィッシャー3世率いるグループは、アフリカ以外にある最古のエレクトスの遺跡（インドネシアとグルジア共和国）が180万年前～170万年前にさかのぼることを発見した。エレクトスがはじめて登場したときと、最初の出アフリカが、ほとんど同時であるかに思える。なぜだろうか。答えは食料だ。動物は何を食べるかによって、生きのびるための活動範囲が決まる。肉食動物は、同じ大きさの草食動物よりも広い領域を必要とする。より遠くまで徘徊しないと、生きていくためのカロリーが摂取できないからだ（肉食動物の食料は植物よりつかまえにくい）。

最近まで、アフリカを出た最初の祖先はホモ・エレクトスだと考えられていた。しかし、1999年から2001年にかけて、古地理学者のダヴィド・ロルドキパニーゼは、グルジア（旧ソ連）のドマニシで頭蓋骨の断片を発見し、その生物の脳がホモ・ハビリス程度の大きさだったことをつきとめた。その生物はホモ・ハビリスに似てはいるが、ハビリスとエレクトスの中間にくるものとみなされ、ホモ・ジョルジクスと名づけられている。

11　Rick Gore, "The Dawn of Humans: Expanding Worlds," *National Geographic* 191, no.5 (1997): 91-92参照。

12　同上、84-109.

13　ホモ・エレクトスの詳細については、http://www.wsu.edu:8001/vwsu/gened/learn-modules/top_longfor/timeline/erectus/erectus-a.htmlを参照のこと。

14　霊長類の場合、まず皮質脊髄路が進化して、頭頂葉後部、補足運動野、前運動野、および一次運動野という新皮質内の領域が、頸部および胸部の脊髄前角内介在ニューロンと運動ニューロンにつながった。これらの脊髄ニューロンは、腕や手指の筋肉をコントロールして、物を正確に握るといった技術を要する動作をつかさどっている。同じくらい重要なのが、下側頭葉新皮質のいくつかの領域が進化したことで、

その結果、複雑な形を認識できるようになった。また、下側頭葉皮質によって手の反応力が高まり、顔の識別もできるようになった。

その後、皮質延髄路が進化して顔面神経と接続したことで、意図的に顔の表情（微笑みなど）を作れるようになった。科学者の考えでは、その次にブローカ野の神経経路が発達し、ブローカ野から皮質延髄路を通って複数の脳神経につながる回路ができ、それが筋肉をコントロールして今の私たちのように話ができるようになった。ブローカ野から出発する回路は、皮質脊髄路を通って頸椎や胸椎の神経にもつながり、手話表現や言語的な手真似ができるようにしている可能性もある。

15 D. McNeill, "So You Think Gestures Are Nonverbal?," *Psychological Review* 92, no.3 (1985): 350-71も参照のこと。

16 Iverson, J. M., O. Capirici, and M. C. Caselli. "From Communication to Language in Two Modalities," *Cognitive Development* 9 (1994): 23-43

17 Michael C. Corballis, *From Hand to Mouth: The Origins of Language* (Princeton, N.J.: Princeton University Press, 2003)参照。

18 Takeshi Nishimura, Akichika Mikami, Juri Suzuki, and Tetsuro Matsuzawa, "Descent of the Larynx in Chimpanzee Infants," *PNAS* 100 (2003): 6930-33参照。

19 http://www.abc.net.au/science/news/stories/s862604.htm参照。

20 ガルシアは、まだしゃべれない赤ん坊との手話のやり方について本を書き、ビデオも製作している。Joseph Garcia, *Sign with Your Baby: How to Communicate with Infants Before They Can Speak* (Bellingham, Wash.: Stratton-Kehl Publications, 2001)（『まだしゃべれない赤ちゃんと会話する魔法のサイン』アスコム、2007、DVDブック）参照。

21 ベイツが2003年に亡くなる前に*New York Times*紙に引用された言葉。

22 早くから手話を始めるとＩＱが高くなるというのは、すぐには理由がわからないかもしれないが、じつは理にかなっている。言語能力とＩＱには関連がある。また、手の動きをコントロールする脳領域は、話すときに肺やのどや唇や口に信号を送る脳領域と同じだ。言葉と手振りは、ニューロンで考えると文字どおりつながっているわけである。この研究（アクレドロが103人の児童を対象に実施）からはもうひとつの事実も明らかになった。赤ん坊が手話を覚えたり使ったりすることが、発話への移行を助けるのである。たとえば、手話のできる子供が「プリーズ（お願い）」ではなく「プウィーズ」、「トゥースブラッシュ（歯ブラシ）」ではなく「トゥーフブラッシュ」などと誤った発音をしていた場合、そのことを手話で指摘してあげると、

正しい発音をマスターできるようになる。ということは、不思議な話だが、手話を教わっていなくても、のどと舌と肺の能力が生まれつき高くて普通より早く話しはじめた子供は、のちに知能が高くなる可能性がある。言いかえれば、ほかの子供より賢いから早く話しはじめるのではなく、早く話しはじめる能力があるからのちに賢くなるのだ。

23　さまざまな手の動きについては、http://www.dartmouth.edu/~lpetitto/nature.html の画像を参照のこと。

24　言うまでもないが、赤ん坊は四六時中手や腕を動かしている。では、ただ手を振りまわしているのと本物の手話喃語を研究者はどうやって区別したのだろうか。彼らは赤ん坊の動きをビデオで撮影し、オプトエレクトロニクスを駆使した追跡システムであらゆる手の動きを三次元的に記録した。その結果、親が手話を使っている赤ん坊は、赤ん坊特有の突発的で無秩序な素早い手の動きに加えて、もっとゆっくりした独特の手の動きをすることがわかった。しかもその動きは、体の前の限定された位置でのみ行なわれた。その位置は、すべての手話が「話される」場所だったのである。

25　アメリカ手話でコミュニケーションをする子供が複雑なジェスチャー（複雑な文章を話すことに相当する）をどうにか身につけても、手話を完全にマスターするまでにはかなり苦労をする。それは、同じ年齢の子供が話し言葉に苦労するのと変わらない。ソーク研究所のアースラ・ベルージは、言葉を話す子供も手話を使う子供も、10歳になっても同じ文法ミスを犯すことに気づいた。ある実験では、複雑な物語を物語るときには、どちらの子供も登場人物たちを混同してしまった。これは、子供がコミュニケーションをはかる手段が手話であろうと音声であろうと、言いたいことを形にするにはブローカ野とウェルニッケ野を利用しているからだ、とベルージは考えている。

26　身振りと発話は密接に結びついている(*Hand to Mouth: The Origins of Language*, by Michael C. Corbalis [Princeton, N.J.: Princeton University Press, 2002], p. 100参照)。コーバリスの考えでは、発話と身振りが一体となってひとつのコミュニケーション体系を作っている。だとすれば、どちらも共通する神経メカニズムを使ってそれぞれをコントロールしていることがうかがえる。発話と身振りは競合しているのでなく、それぞれが統合されたコミュニケーションの一部だとコーバリスは見ている。

ひどい事故や脳卒中などのせいで発話能力が完全に失われても、手話を用いれば効

果的なコミュニケーションがとれるケースが多い。ところが、そもそも真似をしたり身振りをしたりする心的能力が失われると、精神病か重度の認知症にかかったとみなされると、ほとんどの心理学者は考えている。

27 ここでひとつ奇妙な事実がある。言葉を話せる人が失語症にかかっても、アメリカ手話を使えば効果的に「話す」ことができる。だとすれば、手話をつかさどる脳領域と発話をつかさどる脳領域は完全に同じではないことになる。それでも、非常によく似た脳領域を利用していることは間違いない。S. W. Anderson, H. Damasio, A. R. Damasio, et al., "Acquisition of Signs from American Sign Language in Hearing Individuals Following Left Hemisphere Damage and Aphasia," *Neuropsychologia* 30 (1992): 329-40参照のこと。この事実は、脳の適応力の高さを如実に物語っている。まるで、胃袋がセルロースやブリキ缶を消化できるようになるかのようだ。

28 ペティートとロバート・ザトーレ（マギル大学）は、重度の聴覚障害者11名と、耳の聞こえる人10名の脳をＰＥＴスキャンで調べた。言葉が不自由でアメリカ手話を使っている人は、おもに左脳を使って手話を理解していることが以前の研究からすでに明らかになっていた。耳の聞こえる人が、話し言葉を理解するのに左脳を使うのと同じである（大多数の人はウェルニッケ野もブローカ野も左脳にある）。

ＰＥＴスキャンからわかったのは、聴覚障害のない人が頭のなかをかき回して適切な言葉を探しているとき（この気持ちは誰でもわかるはずだ）、たいていの人は左脳の下前頭葉皮質の特定領域を使ってその考えをとらえ、表現していることだ。興味深いことに、聴覚障害のある人が適切な手話をなかなか探せずにいるときにも、まったく同じ領域が活動する。また、聴覚障害のある被験者が、文法的には正しいが何の意味もない手の動きを理解しようとするときには、側頭平面と呼ばれる領域が活動した。耳の聞こえる人が、無意味な音節の羅列を理解しようとしているときにも、まったく同じ領域が活動する。

29 Lawrence Osborne, *New York Times*, October 24, 1999.

30 Ann Senghas, Sotaro Kita, and Asli Ozyurek, "Children Creating Core Properties of Language: Evidence from an Emerging Sign Language in Nicaragua," *Science* 305 (September 17, 2004).

31 http://www.dartmouth.edu/~lpetitto/optopic.jpg参照。

五章　空気を吸って言葉を吐く

注　釈

1 *Discourse on Method and Mediations*, trans. L. Lafleur (1637)(Indianapolis, Ind.: Bobbs-Merrill, 1960).（『方法序説』谷川多佳子訳、岩波書店、2001）

2 直立のもうひとつの利点は、太陽にさらす面積を減らせることである。人間のように二足で立ち、全体が細長い円筒形になると、ゴリラやライオンよりもはるかに太陽の標的になりにくい。ゴリラが多雨林に住み、ライオンが夜に獲物を狩るのを好むのは、このせいかもしれない。

3 Marvin Harris, *Our Kind* (New York: Harper & Row, 1990), pp. 52-53.

4 William R. Leonard, "Food for Thought," *Scientific American* 13(2) (2002)（『日経サイエンス』2003年3月号所収「美食が人類を進化させた」)。カリフォルニア大学デイヴィス校のヘンリー・M・マッケンリーが試算した古人類の体のサイズをもとに、ロバートソンとレナードはヒトの祖先が脳を維持するために安静時にどれだけのエネルギーを必要としたかを計算した。その結果、体重36〜39キロ程度で脳容量が450ccの平均的なアウストラロピテクスの場合は、安静時エネルギーの11パーセントを脳活動にふり向けていたとの答えが出た。また、ホモ・ハビリスの場合は、体重が56〜59キロ程度で脳容量が900ccなので、1日の消費カロリー1500kcalのうち、17パーセントに相当する260kcalを安静時に消費していた可能性がある。

5 http://www.anthro.fsu.edu/people/faculty/falk/radpapweb.htmより。この論文は、のちに*The Evolution in Mammals of Nervous Systems*, vol. 5, ed. Todd M. Preuss and Jon H. Kaas (New York: Elsevier-Academic Press, 2004) に収録されている。

6 医師のミシェル・カバナックとイネー・ブリネルは、解剖用の死体の頭蓋冠をマッサージすることでこの問題の答えを見出した。血液は、頭蓋骨の外側から静脈網を通って頭蓋骨内の板間静脈に入り、それから脳頭蓋の内側に入る。

7 カバナックとブリネルの論文は、http://www.show.scot.nhs.uk/wghcriticalcare/rational%20for%20human%20selective%20brain%20cooling.htmを参照のこと。

8 M. A. Baker, "A Brain-Cooling System in Mammals," *Scientific American* 240 (1979): 130-139.

9 Preuss and Kaas, eds., *The Evolution of Primate Nervous Systems*. http://www.anthro.fsu.edu/people/faculty/falk/radpapweb.htmも参照のこと。

10 言いかえれば、もともとは過熱を防ぐために発達し、脳の増大を妨げる要因を取りのぞいたシステムが、脳に栄養を供給するうえでも一役買ったのではないか。その結果、急速にニューロンの数を増やすことができたのではないか。

11 人類が話している言語はおよそ6800種類。あなたがボルネオのジャングルの小屋で生まれようと、ブロンクスのノースセントラル病院で生まれようと、その6800種類のすべてを発音できる能力をもってこの世にやってくる。つまり、カラハリ砂漠のクンサン族特有の舌打ち音も、中国東部で話される北京語の歌うような抑揚も、ドイツ語によくある強く重い響きの長い単語も、すべて発音できるのだ。

12 Rachel Smith, "Foundations of Speech Communication," October 8, 2004; http://kiri.ling.cam.ac.uk/rachel/8oct04.ppt

13 Terrence W. Deacon, *The Symbolic Species* (New York: W. W. Norton, 1998), pp. 247-50.（『ヒトはいかにして人となったか――言語と脳の共進化』金子隆芳訳、新曜社、1999）

14 私たちが言葉をしゃべるとき、ほとんどのプロセスは無意識のうちに行なわれる。「s」の音をどうやって出そうかとか、「the」という単語をどう発音しようかとか、そんなことは考えていない。それでも、話すときは普段の腹からの呼吸パターンを変えているので、明らかに発話は意図的なものであって、無意識ではない。私たちがいつも何も考えずにやすやすと話ができるのは、7、8歳くらいになるまでに話す練習を十分に積んでいるせいかもしれない。優れたピアニストが、よく知っている曲であればどんなに複雑であっても、どこでどうキーを叩くかなどと考えずに弾けるのと同じだ。第二の天性になっている。

15 具体的な数字については、言語学者のなかで見解が分かれている。英語にも（もちろんほかの言語にも）いろいろな訛りや方言があるため、ふたつの異なる音なのか、同じ音を少し違うふうに伸ばしているだけなのかの線引きが難しい。音に付随する意味も重要である。「ある言語では、同じ『p』音でも発音の仕方で意味が変わり、それぞれの音が異なる音素として分類されている。たとえばタイでは、有気音の『p』（空気を吹きだしながら発音する）と無気音の『p』を区別する」。*Encyclopædia Britannica*, 2004の「音素」の説明より。*Encyclopædia Britannica* Premium Service, November 24, 2004, http://www.britannica.com/eb/article?tocId=9059762参照。

16 アフリカのコイサン族は141個の音素を用いている。人間が発音しうるありとあらゆる音が彼らの言語に含まれているわけだ。Barbara F. Grimes, ed., *Ethnologue: Languages of the World*, 13th ed. (Summer Institute of Linguistics, 1996). http://64.233.161.104/search?q=cache:Z6Wp6IGHokYJ:salad.cs.swarthmore.edu/sigphon/papers/deboer97.ps.Z+maximum+number+phonemes+language&hl=en&

client=safariも参照のこと。

17　身振りや表情と同じく、プロソディの起源も古い。プロソディのなかのある種の要素は、4億年前にさかのぼり、シルル紀の海を泳いでいた口のない魚のエラの動きに端を発している。

18　アメリカ心理学会刊行の*Neuropsychology*誌2003年1月号に、興味深い論文が掲載された。ベルギーの心理学者が、感情が心のなかでどう処理されるかについて調べたもので、執筆者はヘント大学のギー・フィンガーハウツ、セリーヌ・ベルクモース、ナタリー・ストローバントである。彼らは、言葉の内容が左脳で処理され、言葉に付随する感情が右脳で処理されるのを確認した。

19　「マカクザルのF5野にある手のニューロンについての以前の研究を補うため、Ferrari et al. (2003)はF5野にある口の運動ニューロンを調べ、そのニューロンの約3分の1が、サルがほかのサルの口の動きを見ているときにも活動するのを発見した。この『口ミラーニューロン』の大半は、食物摂取に関連する口の動き、たとえば食物をくわえる、吸う、割るといった動作の実行と観察に際して活動した。口ミラーニューロンの別のグループも、食物摂取に関連する動きを実行するときに活動したが、いちばん強く活動したのは、コミュニケーションとしての口のジェスチャー（舌鼓を打つなど）を見たときだった。ひとつの動作が、類似の動きがかかわる活動全体を連想させるものとなる。これは、ニューロンが、ニューロンの発火パターンから連想することを学習しているという仮説とうまくなじむ。明確に分類されたデータを学習しているわけではない。したがって、ミラーニューロンになる可能性のあるニューロンは、厳密に言えばミラーニューロンになることを目指しているわけではない。ミラーニューロンになる可能性は高いかもしれないが。観察されたコミュニケーションのための動作は以下のとおり（『ミラーニューロン』を効果的に活動させた、実施された動作をカッコ内に示す）。舌鼓を打つ（吸う、吸って舌鼓を打つ）、唇を突きだす（唇でくわえる、唇を突きだす、舌鼓を打つ、くわえる、噛む）、舌を突きだす（舌を伸ばして触れる）、歯を鳴らす（歯でくわえる）、唇と舌のどちらかもしくは両方を突きだす（唇でくわえて舌を伸ばす、唇でくわえる）。このことから、コミュニケーションのためのジェスチャー（効果的にニューロンを活動させた観察された動作）は、発話における発声とは遠く隔たるものであると私たちは考える」M. A. Arbib, "From Monkey-like Action Recognition to Human Language: An Evolutionary Framework for Neurolinguistics," *Behavioral and Brain Sciences* 28(2)(2005): 105-24より。

20　のどの形状が進化したおかげで、祖先たちはほかの霊長類より多彩な音を出せるようになった。のどの変化が起きなければ、今の私たちがイメージするような言語はとうてい生まれなかっただろう。チンパンジーに言葉を話させようとしてもうまくいかないのは、このためである。また、ゴリラのココが「話をする」ときは、声ではなく手話を使うのもそれが原因だ。

21　言語が、進化による適応として脳に組みこまれた機能であるという考え方は、1950年代にはじめてノーム・チョムスキーが強力に提唱したものである。

22　http://www.ling.upenn.edu/courses/Spring_2001/ling001/origins.htmlより。

23　上記に引用されたアービブの研究と、Robin Dunbar, *Grooming, Gossip, and the Evolution of Language* (Cambridge, Mass.: Harvard University Press, 1996), p. 48.（『ことばの起源――猿の毛づくろい、人のゴシップ』松浦俊輔・服部清美訳、青土社、1998）を参照のこと。

六章　私は私――意識の誕生

1　人間はどんな動物よりも悩み疲れている。私たちは心配をするのだ。心配をするということ自体、じつは驚くべき能力と言える。まだ起きていない出来事を想像し、うまくいかないかもしれないことを事細かに逐一思いうかべる。あれかこれかと思いめぐらせ、計画を立て、最悪の事態を想定し、それにどう対処すればいいかを考える。心配をしているときは、未来を予測しようとしているのと同じだ。複数の未来を予測する場合もある。ほかの動物は心配などしない。彼らも恐怖や、不安すら感じている可能性がある。それでも心配をしないのは、脳にその能力がないからだ。

不安から計画が生まれる。計画の立案ができるのは、前頭葉にある特殊な構造と化学反応のおかげだ。人間の前頭葉は地球上で最も大きく、最も複雑に配線されている。私たちが計画を立て、想像し、発明し、陰謀をめぐらせ、人をだまし、隠し事をし、嘆き悲しむのも、前頭葉の前頭前野の働きだ。前頭前野がなければ、ベッドから出ることも、日常生活を送ることも、たくさんの人との関係を維持してそこにつねに注意を払うこともできなくなる。

心配する能力は、精神生物学者のヘンリー・プロトキンが「不確かな未来問題」と呼んだ現象と不思議なつながりをもっている。プロトキンによると、人間の暮らしが「不確かな未来問題」を体現していると最初に指摘したのは生物学者のＣ・Ｈ・

ウォディントンだった。しかし、プロトキンはさらに議論を進めて、興味深いレベルにまで引きあげた。

自分の未来が不確かであると考えるためには、まず未来を想像できなくてはならない。また、有無を言わせぬ遺伝子の命令からも自由でなければならない。脳が発達すればするほど（たとえ脳自体がもともとはＤＮＡの産物であろうとも）、生後の適応力が高くなる。人間の前頭前野の画期的なところは、地球上のどんな脳よりも変化に対する適応力がはるかに高い点だ。そのことが、私たちをＤＮＡに縛られない存在にしている。この適応力があるからこそ、生まれる前からあったわけではない携帯電話を使いこなすことができるし、フィンランド人であれインドネシア人であれイヌイット族であれ英語を話せるようになる。

2 K. Fleming, T. E. Goldberg, and J. M. Gold, "Applying Working Memory Constructs to Schizophrenic Cognitive Impairment," A. S. David and J. C. Cutting, eds., *The Neuropsychology of Schizophrenia* (Hillsdale, N.J.: Erlbaum, 1994).（『精神分裂病の神経心理学』岩波明ほか監訳、星和書店、1999）

3 Steven W. Anderson, Antonio Bechara, Hanna Damasio, Daniel Tranel, and Antonio R. Damasio, "Impairment of Social and Moral Behavior Related to Early Damage in Human Prefrontal Cortex," *Nature Neuroscience* 2, no.11 (November 1999): 1032-37.

4 フィニアス・ゲイジに関する詳細は、http://www.deakin.edu.au/hbs/GAGEPAGE/Pgstory.htmを参照のこと。

5 大脳皮質に存在するシナプスの数は、じつに60兆個にのぼる。G. M. Shepherd, *The Synaptic Organization of the Brain* (New York: Oxford University Press, 1998), p. 6より。ただし、C・コッホは240兆という数字をあげている。*Biophysics of Computation: Information Processing in Single Neurons* (New York: Oxford University Press, 1999), p. 87より。この囲み記事内のさまざまなデータや数字については、http://faculty.washington.edu/chudler/facts.html#brainも参照のこと。

6 Christopher Wills, *The Runaway Brain* (New York: Harper Collins, 1993), p. 262.（『暴走する脳――脳の進化が止まらない！』近藤修訳、講談社、1997）

7 Stephen Pinker, *The Language Instinct* (New York: William Morrow, 1994), p. 368.（『言語を生みだす本能』椋田直子訳、日本放送出版協会、1995）

8 Oliver Sacks, *The Man Who Mistook His Wife for a Hat* (New York: Touchstone Books, 1998).（『妻を帽子とまちがえた男』高見幸郎・金沢泰子訳、晶文社、1992）

9 Oliver Sacks, *A Leg to Stand On* (New York: HarperCollins, 1984)（『左足をとりもどすまで』金沢泰子訳、晶文社、1994）より。患者のなかには、体の片側のコントロールをすべて失ってしまって、それが別の人格を備えているように思える者がいる。ある男性などは、自分の片腕が勝手に決断をして、いきなり自分の服を脱がせはじめるのを感じたという。

10 G. G. Gallup, "Self-Awareness and the Emergence of Mind in Primates," *American Journal of Primatology* 2 (1982): 237-48.

11 ある意味では、免疫系も自己と非自己を区別するために進化したと言える。あなたの免疫系は、何があなたで何があなたでないかを分子レベルで「理解」している。あなただと認識できないものが体内に入ってくると、侵略者とみなされて、かならず攻撃される。臓器移植が難しいのはこのためだ。普通、ドナーの臓器は「あなたではない」と認識されて攻撃されてしまうのである。関節炎やＡＩＤＳ、狼瘡といった自己免疫疾患は、免疫系が自分の体の一部を部外者と「誤診断」を下して破壊しようとするために起きる病気で、そのせいで死に至る場合もある。

12 胃や肝臓や、大腸の毛細血管などで時々刻々と行なわれている情報のほとんどは、大脳皮質に伝わらない。

13 Gerald M. Edelman and Giulio Tononi, *Consciousness: How Matter Becomes Imagination* (New York: Penguin Books, 2000), p. 49、およびGerald M. Edelman, *Wider than the Sky: The Phenomenal Gift of Consciousness* (New Haven: Yale University Press, 2004).（『脳は空より広いか――「私」という現象を考える』冬樹純子訳、草思社、2006）

14 エーデルマンは、幼児期や思春期の脳が、ダーウィンの自然選択と同じ仕組みでシナプスを選択しながら発達していくという「神経ダーウィニズム」という仮説の提唱者でもある。この説は今では広く受けいれられている。

七章　言葉、毛づくろい、異性

1 E. B. Keverne, N. D. Martinez, and B. Tuite, "Beta-endorphine Concentrations in Cerebrospinal Fluid of Monkeys Are Influenced by Grooming Relationships," *Psychoneuroendocrinology* 14 (1989): 155-61.

2 Robert M. Seyfarth and Dorothy L. Cheney, "Meaning and Mind in Monkeys,"

Scientific American (December 1992).サバンナモンキーのような人間以外の霊長類は、人間の発話に似たやり方でコミュニケーションを図っているかに見える。しかし、彼らが他者の心の状態を認識している気配はない。http://cogweb.ucla.edu/CogSci/Seyfarth.html参照。Robin Dunbar, *Grooming, Gossip, and the Evolution of Language* (Cambridge, Mass.: Harvard University Press, 1996), p. 68（邦訳前出）も参照のこと。

3　Jane Goodall, *In the Shadow of Man* (Boston: Houghton Mifflin, 1998).（邦訳前出）

4　*Machiavellian Intelligence: Social Expertise and the Evolution of Intellect in Monkeys, Apes, and Humans*, ed. Richard W. Byrne and Andrew Whiten（『マキャベリ的知性と心の理論の進化論——ヒトはなぜ賢くなったか』藤田和生・山下博志・友永雅己監訳、ナカニシヤ出版、2004年）。バーンとホワイトゥンは、ともにセントアンドリューズ大学の心理学研究所の研究者である。

5　R. Byrne and A. Whiten, “The Thinking Primate’s Guide to Deception,” *New Scientist* 116, no. 1589 (1987): 54-57.

6　Dunbar, *Grooming, Gossip*, p. 63.（邦訳前出）

7　ダンバーのグループが行なった別の研究によれば、私たちが会話を維持できる人数は自分以外に３人（全部で４人）である。それより増えると、会話はうまくいかない。したがって、パーティで３人が話しているところに２人が加わると、誰かが話に入れなくなるか、グループがふたつに分かれて別々の会話を始める。

8　詳細や参考文献についてはhttp://cogweb.ucla.edu/CogSci/Seyfarth.html参照のこと。

9　チンパンジーは一日の2割を他者の毛づくろいに充てている。私たちは一日の４割を他者との交流に費やしている。そこでダンバーは両者の差を２で割り、他者との交流に充てる時間が３割になるとサルのような毛づくろいではうまくいかなくなると考えている。

10　Dunbar, *Grooming, Gossip*, pp. 111-14（邦訳前出）。ダンバーは、ほんのつけたし程度の記述ではあるが、ホモ・エレクトスの最後のひとりはこの種の原始的な言語を発達させていたのではないか、と述べている。

11　Steven Pinker, *The Language Instinct* (New York: William Morrow, 1994), p. 314（邦訳前出）参照。

12　Dunbar, *Grooming, Gossip*, p. 123.（邦訳前出）

13　Barbara Strauch, *The Primal Teen* (New York: Doubleday, 2003).（『子どもの脳はこんなにたいへん！——キレる10代を理解するために』藤井留美訳、早川書房、

2004)

14 Pinker, *The Language Instinct*, p. 369.（邦訳前出）

15 電話帳や方程式の羅列を読むより、小説を読むほうがおもしろいのはこのためだ。物語のテーマは人間関係であり、それこそが私たちの興味をそそる。対人関係をうまく処理できるかどうかが、私たちの幸福を左右し、日常生活において大きな意味をもっている。

16 L. Cosmides and J. Tooby, "Cognitive Adaptations for Social Exchange." J. H. Barkow, L. Cosmides, and J. Tooby, eds., *The Adapted Mind* (Oxford: Oxford University Press, 1993), pp. 162-228.

17 次の問題を解いてみてほしい。あなたに４枚のカードが配られるとしよう。そのうち２枚には８か３の数字が書かれていて、残り２枚にはＥかＺの文字が書かれている。カードは４枚とも、数字や文字を見せた状態で配られる。カードの裏には、表とは異なる数字や文字が書かれている。そのとき、片面に母音がついたカードの場合は、その裏面がかならず偶数というルールがあるとする。このルールどおりであることを確かめるには、どのカード（またはどのカードとどのカード）を裏返せばいいだろうか。

これは、そう簡単に答えが出る問題ではない。事実、この問題に挑んだ人の75パーセントが答えを間違えた。ほとんどの人は、「Ｅのカード」と答えるか、「Ｅのカードと８のカード」と答える。だが、偶数のカードの裏がどうなっているかはこのルールとは関係のない問題だ。答えは、Ｅのカードと３のカードを裏返すことである。そうすれば、すべての可能性を明らかにできる。

問題がこういう形で出されると、私たちは混乱する。人間の頭脳は、純粋に抽象的な問題よりも対人的な状況を処理するほうが得意だからだ。その証拠に、カリフォルニア大学サンタバーバラ校の科学者、リーダ・コスミデスは、この問題を次のように作りかえた。まず、カードを配る話をやめ、テーブルを囲んで４人の人間が座っている、という場面設定にした。ひとりは16歳で、ひとりは20歳。ひとりはソフトドリンクを飲んでいて、ひとりは酒を飲んでいる。法律で定められた飲酒可能年齢が18歳だとすると、法律違反がないかどうかを確かめるには４人のうち誰に質問をすればいいだろうか。これなら、ほとんどの人にとって答えは明らかである。16歳の人と、ビールを飲んでいる人をチェックすればいい。16歳の人がビールを飲んでいるか、ビールを飲んでいる人が18歳未満であれば、法律違反だ。Cosmides and Tooby, "Cognitive Adaptations"より。

18　「心の理論」は諸刃の剣でもある。他者が何を考えているかを推測するのに役立つのは事実だ。だが、いつも正確に推測できるとはかぎらないために、人生のさまざまな誤解を生む要因ともなる。たとえば、オセロは（イアーゴの入れ知恵で）妻のデスデモーナが自分を裏切っていると考え、あげくに彼女を殺してしまった。だが、すべてはオセロの想像力の産物だったのである。本当の彼女は献身的に夫に尽くす女性で、裏切りなど考えたこともなかった。外国人嫌悪、人種差別、テロリズム、戦争は、同種の誤解に根差している。

19　右利きの人の97パーセントは、左脳に言語中枢をもっている。右脳に言語中枢がある人は、左利きの19パーセントにすぎない。それ以外の人は左脳に言語中枢があるか、言語中枢が左右の脳半球にまたがっているかのどちらかである。Pinker, *The Language Instinct*, P. 306.（邦訳前出）

20　同上。

21　Dunbar, *Grooming, Gossip*, p. 138（邦訳前出）参照のこと。

22　左脳は言語の処理に優れているだけでなく、ときにそれ以上の力を発揮する。ほとんどの分離脳患者は、単語の認識を左脳のみで行なっている。だが、少数の人は、その仕事を左右どちらの脳半球でもこなすことができる。ただし、右脳で処理するときは、左脳ほどはうまくできない。

たとえば、左脳でも右脳でも言語を処理できる人は、どちらの脳半球を使った場合も、意味のある本物の単語に含まれる一文字を認識するほうが、意味のない単語やでたらめな文字列のなかから一文字を認識するより容易にできる。ただし、右脳のほうが左脳よりも作業に時間がかかり、しかも単語が長くなればなるほど「心を決める」のに時間がかかる。

また、分離脳患者の右脳は文法的なミスを犯しやすい。動詞の時制を変えたり、単数形を複数形にしたり、所有格を言ったりするのにも苦労する。左脳には、すべての話し言葉に共通する文法的な原則を理解するメカニズムが備わっているとする考え方を、こうした実験結果は支持しているとガザニガは語る。

分離脳患者のなかには、右脳に提示されたものを言葉で言いあらわせる者もいる。このことは、分離脳には自らを再構築する並外れた能力があることを如実に物語っている。脳梁切断手術を受けて10年以上たってから、右脳で言葉をしゃべれるようになったケースまである。

23　ガザニガは、自らの仮説が発展していく過程を、何冊かの素晴らしい著書にまとめている。たとえば、*The Social Brain* (New York: Basic Books, 1984)（『社会的脳―

—心のネットワークの発見』杉下守弘・関啓子訳、青土社、1987)、*Mind Matters* (Boston: Houghton Mifflin, in association with MIT Press and Bradford Books, 1998)（『マインド・マターズ——心と脳の最新科学』田中孝顕訳、騎虎書房、1991)、*The Mind's Past* (Berkeley, Calif.: University of California Press, 2000)などである。

24 http://www.sciencedaily.com/release/2005/02/050223122209.htmおよび "The Oldest Homo Sapiens: Fossils Push Human Emergence Back to 195,000 Years Ago," *ScienceDaily* (February 28, 2005)参照。http://www.sciencedaily.com/releases/2005/02/050223142230.htmも参照のこと。

25 これは「アフリカ単一起源説」と呼ばれ、ミトコンドリアＤＮＡ（ｍｔＤＮＡ）の解析結果をベースにしている。mtＤＮＡは女性だけに受けつがれるもので、変異を起こす頻度が予測しやすいため、科学者にとっては絶好の分子時計の役割を果たしている。ｍｔＤＮＡを用いれば、現代人が地球を移動しながら進化してきた度合いを計ることができる。もちろんこの説にも異論はある。2000年、オーストラリア国立大学のアラン・ソーン率いる研究者チームは、ニューサウスウェールズ州で1974年に発掘されていた「マンゴ・マン」のＤＮＡを調べた。マンゴ・マンが生きていたのは６万年前だが、ソーンらによればマンゴ・マンのｍｔＤＮＡはほかの同時代の人類と一致しない。それは、「アフリカ単一起源説」に疑問の余地があることを示していると彼らは主張している。もしかしたら人類は異なる生物のよせ集めで、ある者はヨーロッパ、ある者はアジアやオーストラリア、ある者はアフリカと、孤立した異なる地域でホモ・ハビリスからそれぞれが進化したのかもしれない。その後それぞれが他地域に広がり、互いに出会って、現代の人類が誕生したのかもしれない。http://news.bbc.co.uk/1/hi/sci/tech/1108413.stm参照。

26 Noam Chomsky, *Syntactic Structures* (The Hague: Mouton, 1957)（『文法の構造』勇康雄訳、研究社出版、1963)、および*Knowledge of Language: Its Nature, Origin, and Use* (New York: Praeger, 1986).

27 もちろん、思考力はあるかないかのどちらかというわけではない。人間以外にも、高い知能を備えた動物は地球上にたくさんいる。クジラ、イルカ、ゴリラ、チンパンジー、オランウータン。イカやカラスもそうだ。動物の知能の度合いはさまざまで、抽象的な思考力の高いものもいれば、そうした能力をまったくもたないものもいる。だが、人間ほど高い脳力に恵まれている動物はいない。私たちが築いてきた手の込んだ文化が、その紛れもない証拠である。

注　釈

八章　叫び声から笑い声へ

1　Adams & Kirkevold, "Looking, Smiling, Laughing and Moving in Restaurants: Sex and Age Differences," *Environmental Psychology and Nonverbal Behavior* 3 (1978): 117-21.

2　今や伝説ともなっている逸話によれば、ダグラスは笑い声の大部分を「レッド・スケルトン・ショー」から録音して、自分が考案した機械（「チャーリーズ・ボックス」「ラフ・ボックス」などと呼ばれる）に保存していた。「スケルトン」ではパントマイムが数多く演じられたため、演者の話し声に邪魔されずにきれいな笑い声と拍手だけを録音することができた。

3　笑いに関するフロイトの研究の大半は、1905年に *Wit and Its Relation to the Unconscious*, translated by Joyce Crick (New York: Penguin Classics, 2003)という題名で出版されている。

4　冗談が受けるためには、笑いの源が話し手と聞き手とで同じでなければならないとフロイトは考え、その状態を「精神的消費の経済」と呼んだ。無意識のうちに抑圧していた危険な発想が表現されても、その表現が軽いものであるために緊張が和らぎ、私たちはほっとして笑う。赤ん坊が、思ったほど状況が危険ではないとわかって笑うのと同じだ。この結果、二種類の喜びが生じるとフロイトは考えた。ひとつは安堵の喜び。もうひとつは、思いがけない新鮮な形で言葉遊びをすることの単純な楽しさである。

5　作家で詩人のドロシー・パーカーは、予想外の洒落た言葉を吐く名人で、20世紀を代表する機知に富んだ人物だった。ひとつの文章のなかに、愉快で意外なふたつの考えを対立させ、喜劇的な効果を醸しだせる場面があれば、彼女はその機会を逃さなかった。1933年には、舞台劇「湖」でのキャサリン・ヘプバーンの演技について次のような論評を書いた。「彼女はじつに印象的な演技をした。ありとあらゆる感情をＡからＢまで表現してみせた」。イェール大学の卒業ダンスパーティに招かれたときは、そっけなくこう言いはなった。「［ここにいる］女の子が全員、縦につながって寝転がっていたとしても、ぜんぜん驚かなかったでしょうね」。失恋した女性にはこんなアドバイスを送っている。「ひとりのろくでなし（バスタード）に卵をぜんぶ入れちゃだめよ」（本来の成句は「ひとつのバスケットに卵をぜんぶ入れるな」で、「ひとつの事業やひとりの人にすべてを賭けるな」という意味。バスケットとバスタードをか

けているが、英語の文章ではどちらの言葉も文章の最後にくるので、驚きの効果が大きい）

6 これらの事実は、トロントにあるヨーク大学のヴィノー・ゲールと、ロンドン大学神経学研究所のレイモンド・ドランの研究によって明らかになったものである。ふたりは、笑いを生む心の変化が脳のどこで起きるのかをつきとめようと考えた。そのため、14人の健康な被験者に２種類のジョークを聞かせ、その間、彼らの脳をｆＭＲＩでスキャンした。ジョークの半分は「サメのジョーク」のような言葉の意味にかかわるもの。残り半分は「洒落」である。比較対照するために、まったくパンチの効いていない落ちも聞かせた。その結果、ジョークの種類が異なると、まったく別の脳領域で処理されることがわかってふたりは驚く。意味にかかわるジョークは側頭葉のネットワークを使うのに、洒落は発話を扱う脳領域の近くで処理された。“The Functional Anatomy of Humor,” *Nature Neuroscience*, vol. 4: 3 (March 2001), p. 237参照。

7 ラフラボのコンピュータは、サイトに投稿された笑い話すべての単語数を数えた。その結果、103語でできている笑い話が最もおかしいとわかる。第一位に輝いた「ハンター」の笑い話は102語だった。

8 1930年代と40年代には、さまざまな精神障害を治療する目的でロボトミー手術が行なわれたが、ロボトミーではまさにこの脳領域が破壊されやすい。ロボトミー後、患者の思考力は失われなくても、不幸にして性格が変わり、他者と繊細に気持ちを通わせる能力が奪われることが多かった。

9 Itzhak Fried, Charles L. Wilson, Katherine A. MacDonald, Eric J. Behnke, Division of Neurosurgery and Departments of Neurology and Psychiatry and Biobihavioral Sciences at the UCLA Medical School, “Consciousness and Neurosurgery,” *Nature* 391 (February 12, 1991).

10 Daniel N. Stern, *Interpersonal World of the Infant* (New York: Basic Books, 2000).（『乳児の対人世界』小此木啓吾・丸田俊彦監訳、神庭靖子・神庭重信訳、岩崎学術出版社、1989-1991）

11 赤ん坊が、くすぐられるとすぐに笑うタイプである場合、その親はよりいっそう体を使った遊びをしようとするだろう（子供が笑ってくれるのが嬉しくてますます遊ぶ気になる）。くすぐりを含む遊びが、体を使ったそのほかの愉快な遊びへと広がり、ゆくゆくは心の遊びや言葉遊びに発展する。その結果、子供はどんな種類のユーモアに対しても笑うようになる。A. J. Fridlund and J. M. Loftis, “Between Tickling and Humorous Laughter: Preliminary Support for the Darwinian-Hecker

Hypothesis," *Biological Psychology* 30 (1990): 141-50.

12 ダーウィンは1872年に、一緒にいて居心地のいい相手からくすぐられることが重要だと述べている。「心が楽しい状態になっていなければならない。子供が見知らぬ人からくすぐられたら、怖くて悲鳴をあげるだろう」。作家のアーサー・ケストラーも1964年に同じような文章を書き、くすぐられて笑うことができるのは、くすぐられる側がその行為を無害な遊びで本気ではないと認識しているときだけだ、と指摘している。

13 R. R. Provine and Y. L. Yong, "Laughter: A Stereotyped Human Vocalization," *Ethology* 89 (1991): 115-24.

14 これはなぜかと言うと、四足動物は、足やひづめが地面に着くときに息を吸って胴体をしっかり支えなければならないからだ。そうしないと、必要な空気を肺に入れておけなくなる。

15 私たちが走るとき、走る速さと距離にもよるが、一歩につき4回も呼吸をすることがある。ところが、ほかの哺乳類は、一歩ごとに1回呼吸をする以外に選択肢がない。だとすれば、チーターが時速100キロでガゼルを追いかけているときには、すごい速さで呼吸をしていることになる。Robert Provine, "Laughter, Tickling, and the Evolution of Speech and Self," *Current Directions in Psychological Science* 13(6) (December 2004): 215.

16 体の構造の変化が笑いの性質を決めた例をひとつあげよう。普通、発話をコントロールする筋肉が優位に立つのは、私たちが意識的にそうすべきだと考えたときである。たいていの場合は笑いを止めることができ、呼吸を調節して、しゃべりたいときにしゃべることができる。ところが、あまりに激しく笑いすぎると、原始的なメカニズムが主導権を手放すのをいやがるため、笑いが収まるまでは一言も話せないことがある。

17 これは、モリスの初期の説の少なくとも一部を敷衍したものである。初期の説でモリスは、笑いは「遊びの」攻撃から進化したと考えた。遊びであるから、怖い状況に見えて、じつはまったく怖くない。微笑みも、声を出す笑いも、儀式化された攻撃の一種なので、動物が遊ぶときに見せる儀式化された表情や反応と関連がある。状況が実際には悪くないと気づいたとき、動物は安堵を覚える。笑いはその安堵から生まれる。人間の場合は顔の表情が豊かなので、より明確なメッセージを送ることができる。

18 これは泣くときにも当てはまる。たいていの場合、泣きながら話をするのは難しい。

笑うことや泣くことをコントロールできないということは、唇や舌、横隔膜や肺に命令を下す運動系が、笑い声を生みだしている脳領域では意識的に制御できないことを意味している。発話の場合はこれが逆で、呼吸やプロソディといった機能をコントロールし、音声出力の微妙な調節をらくらくとやってのける。言いかえれば、笑うことや泣くことが今のような形になったのは発話のあとかもしれないし、発話と同時かもしれないが、その起源ははるかに古い無意識のコミュニケーション、たとえば動物の叫び声や呼び声にまでさかのぼる、ということだ。

19 Jane Goodall, *The Chimpanzees of Gombe: Patterns of Behavior* (Cambridge, Mass.: Harvard University Press, 1986).（『野生チンパンジーの世界』杉山幸丸・松沢哲郎監訳、杉山幸丸ほか訳、ミネルヴァ書房、1990）参照。

20 N. Cousins, *The Anatomy of an Illness* (New York : Bantam Doubleday Dell, 1991)（『笑いと治癒力』松田銑訳、岩波書店、2001)、および "The Laughter Connection," *Head First: The Biology of Hope and the Healing Power of the Human Spirit* (New York: Penguin Books, 1989).（『ヘッド・ファースト――希望の生命学』上野圭一・片山陽子訳、春秋社、1992）

21 "Psychoneuroimmunology of Laughter" Lee Berk, Dr. PH, from *Journal of Nursing Jocularity* 7, no. 3 (1997): 46-47; http://www.jesthealth.com/art26jnj9.html参照。

22 Robert R. Provine, "Laughter," *American Scientist* 84, no. 1 (1996): 38-47.

23 *Esquire magazine* (February 7, 1999)によると、女性が男性に求めるいちばんの条件は、自分を笑わせてくれることだった。

24 マイケル・J・オーレン（コーネル大学心理学部）およびジョー・アン・バチョロウスキー（ヴァンダービルト大学心理学部）による "Reconsidering the Evolution of Nonlinguistic Communication: The Case of Laughter" 参照のこと。彼らも基本的に、笑いが動物の呼び声から進化したとしている。ただし、ほかの説と異なるのは、動物が呼び声をあげるときになんらかのメッセージを意図しているわけではないと考えている点だ。彼らの説によれば、動物の呼び声の目的は、仲間に影響を与えて特定の行動をとらせることにある。したがって、叩く前にまず叫んで、あとからその叫びが叩いたのと同じ効果をあげたことを知る。だが、はじめから仲間を怖がらせようとして叫んでいるわけではない。別の言い方をすれば、呼び声は具体的な象徴的意味をもたないということだ。ただ反応をひき起こすためにのみ存在する。これは笑いにも当てはまるとふたりは考えている。

九章　涙を流す奇妙な生き物

1　少なくともひとつの研究によれば、ほとんどの赤ん坊の産声はC音もしくはCシャープ音だという。人間の耳がいちばん聞きやすい音であり、ピアノの鍵盤の中央にある音でもある。Tom Lutz, *Crying: A Natural and Cultural History of Tears* (New York: W. W. Norton, 2001), p. 161.（『人はなぜ泣き、なぜ泣きやむのか？——涙の百科全書』別宮貞徳・藤田美砂子・栗山節子訳、八坂書房、2003）参照。

2　S. Chevalier-Skolnikoff, "Facial Expression of Emotion in Nonhuman Primates," P. Ekman, ed., *Darwin and Facial Expressions* (New York: Academic Press, 1973), pp. 11-89.

3　嘘泣きが難しい理由のひとつはこの点にある。真に迫った嘘をつくことはできても、偽りの涙を流すのは容易ではない。俳優でさえ、キューを受けて泣くときには、心の深いところにある感情を呼びおこさなければ涙を流せないのが普通だ。通常、私たちは意図的に涙をコントロールすることはできない。これに関連して、テレンス・ディーコンは著書*The Symbolic Species* (New York: W. W. Norton, 1998), p. 236（邦訳前出）でこう述べている。「知覚が反射的に呼び声につながる点や、それに感情が伴う点は、私たちヒトに生得の呼び声、すなわち笑うことと泣くことの『伝染しやすさ』によく表れている」

4　ルパート・シェルドレイクが実施した調査より。http://www.sheldrake.org/papers/Telepathy/babies.html参照。

5　http://www.24hourscholar.com/p/articles/mi_m1175/is_n1_v30/ai_19013604#continue参照。

6　ザハヴィはイスラエルの生物学者である。彼が1975年にはじめて「ハンディキャップ理論」を提唱したときには、まじめにとりあってもらえなかった。だが、近年になってオックスフォード大学のアラン・グラフェンが行なった巧妙な数学モデリングによって、ザハヴィの理論の正しさが裏づけられた。ザハヴィとグラフェンによれば、動物どうしが出合って、そこで己の力を宣伝することが大きな意味をもつとき（そういうケースは非常に多い）、宣伝を真に受けてもらえるのはそれに代償が伴う場合だけである。

7　「嘘泣き」についての詳細は、Dario Maestripieri, "Parent-Offspring Conflict in Primates," *International Journal of Primatology* 23, no. 4, August 2002を参照のこ

と。

8　赤ん坊と泣き方についての詳細は、http://www.signonsandiego.com/-uniontrib/20050316/news_1c16crying.htmlを参照のこと。

一〇章　唇の言語

1　ルネサンス時代のイタリアでは、上流階級の女性が自分の魅力を高めるため、ベラドンナ（イタリア語で「美しい女性」の意）の液を点眼して瞳孔を広げていた。あいにくベラドンナは毒草でもあるため、短期的には所期の効果をあげても、長期的には好ましからぬ影響が現われる場合もあった。

2　あるウェブサイト（http://www.coolnurse.com/kissing.htm）の情報によれば、英国歯科医師会のピーター・ゴードンは次のように述べている。「食後の口内は、糖溶液や酸性の唾液がいっぱいだ。これらは歯垢の原因になる。キスは、自然が作った洗浄プロセスと言える。キスの刺激で唾液が流れやすくなるため、歯垢レベルを正常に戻してくれる」

3　ロンドン大学ユニヴァーシティカレッジで形成再建術の責任者を務めるガス・マグラウザー教授は、キスのメカニズムを調べることを通して、口腔の奇形を治す方法を探っている。彼の研究は、すでにベル麻痺患者の役に立っている。

4　二章でも取りあげたように、同様のことが女性の乳房についても言え、乳房が尻を再現しているのかもしれない。

5　Meg Cohen Ragas and Karen Kozlowski, *Read My Lips: A Cultural History of Lipstick* (San Francisco: Chronicle Books, 1998).

6　1653年に出版された随筆 “Loathsomeness of Long Haire” より。

7　Kristoffer Nyrop, *The Kiss and Its History* (Auburn, Calif.: Singing Tree Press, 1968); Diane Ackerman, *A Natural History of the Senses* (New York: Vintage Books, 1990)（『感覚の博物誌』岩崎徹・原田大介訳、河出書房新社、1996）

8　経口避妊薬を飲んでいて妊娠できない女性は、自分と正反対の免疫系をもつ男性のシャツを好まず、逆に、自分と似た免疫系をもつ男性を好んだ。また、被験者となった女性は、いちばん気に入ったＴシャツのにおいを嗅いだら、前の恋人を思いだしたと語った。ここから何らかのパターンが読みとれないだろうか。

9　http://www.antecint.co.uk/main/rm/boarmate.ram参照。

10 http://www.mum.org/mensy71a.htm参照; Martha K. McClintock, "Menstrual Synchrony and Suppression," *Nature* 229 (1971): 244-245.

11 ミシガン大学助教授のチェンチー・チャンは、色覚が進化したためにフェロモンで異性を引きつける必要がなくなったと考えている。彼が2003年に*Proceedings of the National Academy of Sciences* (June 17, 2003)に発表した論文によると、サルや、アフリカとアジアに暮らした初期の祖先は、色覚を得たことによって、雌の皮膚が性的な合図を送って微妙に変化したのに気づきやすくなった。ヒトや一部の類人猿は、鼻にフェロモンレセプターを作る遺伝子を今でももっているのだが、突然変異を起こしてもはや機能していない、とチャンのチームは結論づけている。

12 Randolph E. Schmid, "Gay Men Respond Differently to Pheromones," Associated Press, May 10, 2005

13 視床下部は神経系と内分泌系をつなぐ中継基地の役割を果たしており、脳と体がいかに複雑に絡みあっているかを見事に示している。視床下部は、神経ホルモン（ホルモン放出ホルモンと呼ばれる）を合成・放出することによって、脳下垂体前葉を刺激して別のホルモンを放出させる。視床下部から分泌されるそうしたホルモンのひとつが、性腺刺激ホルモン放出ホルモン（ＧｎＲＨ）だ。ＧｎＲＨを分泌するニューロンは、大脳辺縁系とつながっている。大脳辺縁系は性欲や感情のコントロールに深くかかわっている。

14 Nicolas J. Perella, *The Kiss: Sacred and Profane* (Berkeley: University of California Press, 1969)参照。

15 Raj Kaushik, "Science of a Kiss," *Toronto Star*, February 10, 2004.

16 Richard J. Haier, Rex E. Jung, Ronald A. Yeo, Kevin Head, and Michael T. Alkire, "The Neuroanatomy of General Intelligence: Sex Matters," *NeuroImage* 25 (2005): 320-27.

17 Doreen Kimura, "Sex Differences in the Brain," *Scientific American* 12(1) (2002): 32-37.

18 Simon Baron-Cohen, *The Essential Difference: The Truth About the Male and Female Brain* (New York: Perseus, 2003).（『共感する女脳、システム化する男脳』三宅真砂子訳、日本放送出版協会、2005）

19 つながりを示す直接的な証拠はないものの、このニューロン群が、最初のミラーニューロンが進化した領域にきわめて近いというのは興味深い。

20 Kimura, "Sex Differences in the Brain."

21 その一方で、こういう能力があると何事も深く考えすぎて、対人関係について過度に思いなやんだり、物事を悪いほうにばかり考えたりしがちになる。女性のほうが概して落ちこみやすいのは、このあたりに手がかりがあるかもしれない。

22 大昔なら、こうした能力があれば、子育てで忙しい最中に群れから見捨てられないように気を配る助けになっただろう。だが、現代では明らかなマイナス面がある。物事を考えすぎる人は、不安をなくしたいという思いが強すぎるため、一緒にいて愉快な存在ではない。もちろん女性ばかりではなく、はからずも人を遠ざける特徴は男性にもある。女性が落ちこみやすいのと同じくらい顕著なのが、アルコール中毒や薬物中毒、あるいは反社会的行為に走りやすい点だ。

ミシガン大学の心理学者、スーザン・ノーレン＝ホークセマによると、女性は気持ちが動揺したときのことを何度も反芻し、マイナス思考とマイナスの感情にはまり込む。対人関係についてはとりわけそれが顕著だ。失意と絶望にどこまでも落ちこんでいきやすい。

23 「世紀の裁判」と称された裁判のなかで、ソーの弁護人はすぐに「brainstorm」（直訳すると「脳の嵐」で「精神錯乱」のこと）という言葉を作りだした。英語のなかでもいちばん新しい単語の部類に入る。

24 Christine R. Harris, "The Evolution of Jealousy," *American Scientist* (January-February 2004): 61-71.

25 ライバルのきょうだいをやっつける方法は尽きることがない。よちよち歩きの幼児であってもそうだ。私にはモリーとハナというふたりの娘がいて、モリーが３歳年上である。ハナが生まれたとき、モリーと一緒に彼女のママと新しい妹を迎えに病院に向かう途中、モリーはあることを思いついた。「ハナを階段の下まで落としちゃおうよ」。それはよくないことだからとモリーに理由を説明すると、モリーはしばらく考えて、こう言った。「わかった。それじゃ、階段の途中までにする」

26 Harris, "The Evolution of Jealousy," 61-71.

27 三人の共著、*A General Theory of Love* (New York: Vintage, 2001)より。

この６つのおかげでヒトは進化《しんか》した
つま先、親指、のど、笑い、涙、キス
2007年8月20日　初版印刷
2007年8月25日　初版発行
＊
著　者　チップ・ウォルター
訳　者　梶《かじ》山《やま》あゆみ
発行者　早　川　　浩
＊
印刷所　三松堂印刷株式会社
製本所　大口製本印刷株式会社
＊
発行所　株式会社　早川書房
東京都千代田区神田多町2－2
電話　03-3252-3111（大代表）
振替　00160-3-47799
http://www.hayakawa-online.co.jp
定価はカバーに表示してあります
ISBN978-4-15-208850-5　C0040
Printed and bound in Japan
乱丁・落丁本は小社制作部宛お送り下さい。
送料小社負担にてお取りかえいたします。